"十四五"时期国家重点出版物出版专项规划项目（重大出版工程）

中国工程院重大咨询项目

中国生态文明建设发展研究报告

中国工程院"中国生态文明建设发展研究"项目组

刘 旭 郝吉明 王金南 胡春宏 张守攻 吴丰昌 主编

科学出版社

北 京

内 容 简 介

本书由中国工程院组织编写,全书共分为 5 篇 17 章。第 1 篇系统梳理了生态文明的理论体系和重要意义,总结了党中央在生态文明建设方面的顶层设计和近年来中国生态文明建设事业所取得的进展和成就。第 2 篇主要梳理了生态文明的理论研究进展、中国工程院开展的系列生态文明战略研究成果及国内部分智库生态文明研究的成果。第 3 篇主要总结了中国生态文明建设的成功实践模式,并从流域、区域、行业、工业园区等不同尺度、不同领域,以实践案例形式进行展现。第 4 篇着重聚焦中国生态文明建设的绩效评估,提出了一整套完整的评估方法和指标体系,并对中国生态文明指数和重点区域生态文明指数进行评估。第 5 篇总结了中国生态文明建设的历程、研究成果及实践模式,对未来中国生态文明战略研究方向进行了展望。

本书适合政府管理人员、政策咨询工作者,以及广大科研从业者和关心中国生态文明建设的人士阅读,也适合各类图书馆馆藏。

图书在版编目(CIP)数据

中国生态文明建设发展研究报告/刘旭等主编. —北京:科学出版社,2022.3

"十四五"时期国家重点出版物出版专项规划项目 重大出版工程
中国工程院重大咨询项目

 ISBN 978-7-03-071759-7

Ⅰ.①中… Ⅱ.①刘… Ⅲ.①生态环境建设–研究报告–中国
Ⅳ.①X321.2

中国版本图书馆 CIP 数据核字(2022)第 037271 号

责任编辑:马 俊 孙 青 / 责任校对:郑金红
责任印制:吴兆东 / 封面设计:无极书装

科 学 出 版 社 出版
北京东黄城根北街 16 号
邮政编码:100717
http://www.sciencep.com

北京中科印刷有限公司 印刷

科学出版社发行 各地新华书店经销
*

2022 年 3 月第 一 版 开本:787×1092 1/16
2022 年 3 月第一次印刷 印张:13 1/4
字数:315 000
定价:150.00 元

(如有印装质量问题,我社负责调换)

"中国生态文明建设发展研究"
项目组成员名单

顾　　　问：周　济　中国工程院原院长，院士

沈国舫　中国工程院原副院长，院士

杜祥琬　中国工程院原副院长，院士

钱　易　清华大学，院士

丁一汇　中国气象局，院士

李文华　中国科学院地理科学与资源研究所，院士

陈左宁　中国工程院副院长，院士

组　　　长：刘　旭　中国工程院原副院长，院士

常务副组长：郝吉明　清华大学，院士

副　组　长：王金南　生态环境部环境规划院院长，院士

胡春宏　中国水利水电科学研究院副院长，院士

张守攻　中国林业科学研究院，院士

吴丰昌　中国环境科学研究院，院士

主要执笔人：蒋洪强　生态环境部环境规划院，研究员

陈吕军　清华大学，教授

高吉喜　生态环境部卫星环境应用中心，研究员

张林波　山东大学，教授

吴文俊　生态环境部环境规划院，副研究员

段　扬　生态环境部环境规划院，助理研究员

赵　亮　清华大学，博士后

卢琬莹　清华大学，工程师

侯　鹏　生态环境部卫星环境应用中心，研究员

舒俭民　中国环境科学研究院，研究员

虞慧怡　中国环境科学研究院，助理研究员

各专题组及主要成员

专题一　中国生态文明建设的发展历程专题组

王金南　生态环境部环境规划院，院士

蒋洪强　生态环境部环境规划院，研究员

吴文俊　生态环境部环境规划院，副研究员

段　扬　生态环境部环境规划院，助理研究员

刘年磊　生态环境部环境规划院，副研究员

卢亚灵　生态环境部环境规划院，副研究员

张　伟　生态环境部环境规划院，副研究员

专题二　中国生态文明建设的研究成果专题组

郝吉明　清华大学，院士

陈吕军　清华大学，教授

王　丹　北京化工大学，教授

许嘉钰　清华大学，副教授

田金平　清华大学，副教授

赵　亮　清华大学，博士后

陈亚林　清华大学，高级工程师

刘锐剑　北京化工大学，讲师

彭　猛　清华大学，博士后

卢琬莹　清华大学，工程师

盛永财　清华大学，工程师

马思宁　清华大学，博士

专题三　中国生态文明建设的实践模式专题组

胡春宏　中国水利水电科学研究院副院长，院士

高吉喜　生态环境部卫星环境应用中心，研究员

侯　鹏　生态环境部卫星环境应用中心，研究员

吴文俊　生态环境部环境规划院，副研究员

段　扬　生态环境部环境规划院，助理研究员

乔　琦　中国环境科学研究院，研究员

韩永伟　中国环境科学研究院，研究员

李庆旭　中国环境科学研究院，副研究员

张双虎　中国水利水电科学研究院，教授级高级工程师

吕　娜　生态环境部卫星环境应用中心，助理工程师

孙晨曦　生态环境部卫星环境应用中心，工程师

专题四　中国生态文明发展水平评估专题组

吴丰昌　中国环境科学研究院，院士

张林波　山东大学，教授

舒俭民　中国环境科学研究院，研究员

虞慧怡　中国环境科学研究院，博士后

贾振宇　中国环境科学研究院，助理研究员

刘　学　中国环境科学研究院，助理研究员

赵晓丽　中国环境科学研究院，研究员

李岱青　中国环境科学研究院，研究员

前　　言

党中央、国务院高度重视生态文明建设。党的十八大以来，以习近平同志为核心的党中央坚持把生态文明建设作为统筹推进"五位一体"总体布局和协调推进"四个全面"战略布局的重要内容。生态文明建设功在当代、利在千秋，是中华民族永续发展和实现"两个一百年"重大目标的必要保障。

生态文明是人类文明发展的一个新的阶段，即工业文明之后的文明形态，是人类为保护和建设美好生态环境而取得的物质成果、精神成果和制度成果的总和，是贯穿于经济建设、政治建设、文化建设、社会建设全过程和各方面的系统工程，反映了一个社会的文明进步状态及人类对于经济发展和生态环境辩证关系的思考，是以人与自然、人与人、人与社会和谐共生、良性循环、全面发展、持续繁荣为基本宗旨的社会形态。

生态文明建设是中国特色社会主义道路的重要理论与实践创新。为了更好地总结中国生态文明建设的发展历程、相关研究成果、成功的实践模式和绩效评估情况，中国工程院决定组织开展《中国生态文明建设发展研究报告》（以下简称《报告》）编写工作。《报告》由刘旭院士、郝吉明院士牵头编写，王金南院士、胡春宏院士、张守攻院士、吴丰昌院士、蒋洪强研究员、陈吕军教授、高吉喜研究员、张林波研究员等一批专家参与编写。《报告》共分为5篇17章。第1篇系统梳理了生态文明的理论体系和重要意义，总结了党中央在生态文明建设方面的顶层设计、习近平生态文明思想以及近年来我国生态文明建设事业所取得的进展和成就。第2篇主要梳理了生态文明的理论研究进展、中国工程院开展的系列生态文明战略研究成果及国内部分智库生态文明研究成果。第3篇主要总结了我国生态文明建设的成功实践模式，并从流域、区域、行业、工业园区等不同尺度、不同领域，以实践案例形式进行展现。第4篇着重聚焦我国生态文明发展水平评估，提出了一整套完整的评估方法和指标体系，并对中国生态文明指数和重点区域生态文明指数进行评估。第5篇总结了中国生态文明建设的历程、研究成果及实践模式，对未来中国生态文明战略研究方向进行了展望。

《中国生态文明建设发展研究报告》编写组

2020 年 11 月

目　　录

第 2 篇　中国生态文明建设的研究成果

第3篇　中国生态文明建设的实践模式

第 4 篇　中国生态文明发展水平评估

第5篇 中国生态文明建设的总结与展望

第1篇

中国生态文明建设的发展历程

第1章 生态文明建设的背景与重要意义

1.1 生态文明的概念与内涵

1.1.1 生态文明的概念

按照人类文明形态的演变进程，国内外不同学者对生态文明进行了定义，从不同角度给出了见解，大致如下。

1）广义的角度。生态文明是人类的一个发展阶段，这种观点认为，人类至今已经历了原始文明、农业文明、工业文明三个阶段，在对自身发展与自然关系深刻反思的基础上，即将迈入生态文明阶段。

2）狭义的角度。生态文明是社会文明的一个方面。生态文明是继物质文明、精神文明、政治文明之后的第四种文明。物质文明、精神文明、政治文明与生态文明这"四个文明"一起，共同支撑"和谐社会大厦"。

3）发展理念角度。生态文明是一种发展理念。生态文明与"野蛮"相对，指的是在工业文明已经取得成果的基础上，用更文明的态度对待自然，拒绝对大自然进行野蛮与粗暴的掠夺，积极建设和认真保护良好的生态环境，应对气候变化，改善与优化人与自然的关系，从而实现经济社会可持续发展的长远目标。

从发展历程来看，生态文明是继原始文明、农业文明、工业文明之后的一种新的文明形态；从与其他文明形态的区别来看，生态文明是相对于高生产率、高消耗、高污染和生态破坏严重的工业文明而言的，它强调高效率、高科技、低消耗、低污染、整体协调、循环再生与健康持续，也被认为是"生态化的工业现代化"。生态文明理念的实质是将生态环境作为人类持续健康发展的基础，任何超出生态承载力的发展，都将带来不良甚至是严重的后果。

从人与自然和谐的角度来看，生态文明以尊重和维护自然为前提，以人与自然、人与社会和谐共生为宗旨，以建立可持续的生产方式和消费方式为内涵，以引导人们走上持续、和谐的发展道路为着眼点。生态文明强调人的自觉与自律，强调人与自然环境的相互依存、相互促进、共处共融。

总的来说，生态文明是人类文明发展的一个新的阶段，即工业文明之后的文明形态，是人类为保护和建设美好生态环境而取得的物质成果、精神成果和制度成果的总和，是贯穿于经济建设、政治建设、文化建设、社会建设全过程和各方面的系统工程，反映了一个社会的文明进步状态及人类对于经济发展和生态环境辩证关系的思考，是以人与自然、人与人、人与社会和谐共生、良性循环、全面发展、持续繁荣为基本宗旨的社会形态。建设生态文明，要以把握自然规律、尊重自然为前提，以人与自然、环境与经济、人与社会和谐共生为宗旨，以资源环境承载力为基础，以建立节约环保的空间格局、产业结构、生产方式、生活方式以及增强永续发展能力为着眼点，以建设资源节约型、环境友好型社会为本质要求。

1.1.2　生态文明的内涵

生态文明是人类文明发展的新阶段，是人类社会继工业文明之后出现的更复杂、更进步、更高级的人类文明形态，代表更完善的人与自然、人与社会和人与人的生态关系。生态文明是人类为保护和建设美好生态环境而取得的物质成果、精神成果和制度成果的总和，是贯穿于经济建设、政治建设、文化建设、社会建设全过程和各方面的系统工程，反映了一个社会的文明进步状态及人类对于经济发展和生态环境辩证关系的思考。

生态文明的基本内涵可以从三个方面去理解：一是人与自然的关系；二是生态文明与现代文明的关系；三是生态文明建设与时代发展的关系。首先，生态文明体现了人与自然的和谐关系。生态文明提倡认识自然、尊重自然、顺应自然、保护自然、合理利用自然，反对漠视自然、滥用自然和盲目干预自然，是人类与自然和谐相处的文明。其次，生态文明是现代人类文明的重要组成部分。生态文明是物质文明、政治文明、精神文明、社会文明的重要基础和前提，没有良好和安全的生态环境，其他文明就会失去载体。具体而言生态文明的内涵主要体现在以下四个方面。

在自然观上，要求尊重自然，树立生态自然观。生态文明的自然观是在积极挖掘和吸取古今中外传统文化思想的有益成分，以及现代自然科学特别是生态学等学科的研究成果的基础上，以克服机械决定论自然观、解决人与自然冲突关系为目的所形成的一种新的自然观。生态文明的自然观要求人们在改造自然的过程中，必须遵从客观规律，按客观规律办事。在生态文明建设过程中，应首先正确认识自然界的变化规律，正确认识人与自然的关系，在充分考虑自然界对社会发展的制约性基础上，再按照客观规律去调节人与自然的关系，以实现人与自然的和谐及社会的永续发展。

在价值观上，要求承认自然的价值，树立生态价值观。生态文明的兴起，是对传统的主观价值论的颠覆和超越。必须牢记"自然界不仅对人有价值，而且它自身也具有价值"。生态文明正是在这个意义上既肯定自然的内在价值，又突出人的自我价值。因此，生态价值观作为生态文明兴起过程中对传统价值观变革的理论成果，是生态文明观的重要内容。生态价值观以生态世界观为指导，坚持整体的、有机联系的、和谐共生的原则。从这些原则出发，生态文明强调人与自然的内在联系，肯定生态要素对人类生活日益突出的作用，坚持人对自然的伦理义务与责任，反对唯物质主义和人类中心主义，倡导物质追求与精神追求的统一，从而实现人与自然的协同进化。

在生产方式上，要求转变经济发展方式，实现产业生态化。"高投入、高消耗、高排放"的传统粗放的经济发展方式在促进经济总量大幅度提升的同时，也给生态、环境和资源带来了巨大的损害和消耗，是不可持续的。生态文明谋求社会经济发展与自然生态的协调，改变以往那种高投入、高消耗、高排放、不循环的产业模式，转变生产方式，建设以生态规律为指导的生态化产业。这就决定了生态文明不仅要实现经济发展的目标，更要注意提高生态质量。生态文明时代需要产业生态化，产业生态化已成为当今世界发展的潮流。我们需要建立完善的产业生态化市场机制，其主要手段有产业结构调整、产品结构优化、环境设计、绿色技术开发、资源循环利用和污染控制等。我们可以借鉴国外较为完善的产业生态化市场机制，建立有利于中国生态产业发展的市场机制。

在生活方式上，要求适度消费，树立绿色消费观。传统的社会生活方式之所以对自然环境造成破坏，是因为其核心价值是物质主义的，它把满足人的无限的物质欲望作为第一目的，采用各种手段去挖掘、诱导和满足感观享受，结果必然导致对自然资源无休止的索取。生态文明的消费观是一种适度的节制消费观，避免或减少对环境的破坏，崇尚简朴、自然和保护生态等为特征的新型消费行为和过程。人类的消费水平必须与生态环境容量相适应，以基本满足人们的物质文化需要为目标，做到适度消费、合理消费、绿色消费，使生态环境能够维持自我修复能力，保证人类社会永续发展。

生态文明的本质特征体现在包容性、多样性和整体性的价值判断，资源节约和环境友好的可持续发展理念。生态文明更加强调整个人类、整个地球的整体性与统一性。社会的发展意味着既要满足当代的需要，又不损害子孙后代满足需要的能力和资源。推进生态文明的本质是要把生态文明建设放在突出地位，融入经济建设、政治建设、文化建设、社会建设的各个方面和全过程；推动生产和生活方式的根本性变革，不仅要在资源环境工作中，还要在各个领域深刻融入该理念、原则和目标。在经济（物质文明）建设方面，努力推进经济增长方式从低效率、污染严重的粗放型增长向高效率、绿色集约型增长转变；在政治（政治文明）建设方面，加强生态文明制度建设，完善资源环境领域的立法，深化资源环境管理体制建设；在文化建设方面，树立健康的环境伦理观，倡导全社会参与和共同行动，弘扬生态文明理念；在社会建设方面，推行生态文明教育，提倡绿色消费的生活方式，努力改善环境质量，提升人民健康水平。

1.2　生态文明建设的重大意义

1.2.1　推动马克思主义生态文明理论与当代中国相结合

生态文明建设的理论和要求丰富了马克思主义的内涵，推动了其朝新角度发展，让理论覆盖面变得更广，从本质上看生态文明理论也可以理解为具有生态性的马克思主义理论。理论各要素增长要具有生态性。当今时代中，生态破坏严重，环境问题引发了自然灾害，迫使人们不得不重新梳理人与自然的关系，在党的十八大会议上党中央就明确了生态文明的相关思想，是基于马克思主义创新而成的，其具有丰富内涵。

（1）国家文明与生态息息相关

人类文明高度发展是基于生态平台实现的。从历史发展脉络看，四大文明古国最早都具有丰富的土壤资源、森林资源及水资源，这些自然资源为国家生存发展给予了支持。但随着发展，文明古国逐渐衰落，逐步退出了历史舞台，很大一部分原因是生态环境被破坏，文明载体不存在，文明古国失去了支架，自然成为"空巢"之国。生态发展决定了国家文明，这一理论理清了生态与文明的关系。基于文明发展看，生态文明思想丰富了马克思主义思想。

（2）"生命共同体"是马克思哲学思想的体现

人与自然和谐共生，两者融合一体构成了有机体，自然源源不断地为人们提供资源，反之人们又为自然发展提供养料。人类已经成为生态系统中的一员，因此要承担看护自然的责任，同时对于自然因素要给予保护，一旦在某一环节上出现了问题，就会引起连锁反应，而结果就会出现马克思主义哲学论述中的恶性结果。

（3）丰富了马克思主义人本思想

本着人本主义，习近平同志在对生态文明阐述中丰富了马克思人文关怀的思想，以人为本，以群众需求为主导，把生态建设提升到民生福祉层次上，并表示人们之前的行为是为了追求生活，现在则是追求生态。

（4）生态生产力丰富马克思生产力思想

市场经济的初步发展还存在很多不完善之处，资本逐利趋势下，人们只看中眼前的利益却忽视了长远发展。这与马克思理论中的生态危机结果不谋而合，促使人们对发展与保护的关系展开深刻辨析。基于此内容，生态文明思想强调了生态保护的重要性，"金山银山"我们需要，"绿水青山"我们更需要。良好生态发展是生产力的基础保障，为建设和谐社会，实现经济持续发展提供了指引。

1.2.2 中国特色社会主义理论体系的深化发展

党的十七大将中国特色社会主义理论体系作为中国发展的指导思想，并在十八大上明确了其发展内涵，并将生态文明思想也植入社会主义理论体系中，这是中国特色社会主义体系的延伸。在国家总体布局中，生态文明建设逐步提上日程，构建了"五位一体"的发展格局。"五位"分别代表经济、政治、文化、社会、生态文明，"一体"则是五项因素共同构成的社会主义总体布局。基于此，生态文明与其他四项建设对等发展，这一调整更是从中国实践发展上，总结而出的战略内容及部署。"五位一体"的总体布局作为崭新的理论成果，为中国未来的发展指明了方向，并对中国特色社会主义体系的完善开辟了新视角。总体上看，其发展体现了以下三个理论。首先，生态文明是对邓小平理论的延伸和发展，邓小平理论明确阐述了社会主义的内涵，探讨了社会主义建设的步骤。"贫穷不是社会主义"，该理论一经提出，就受到各界的支持，它对社会主义本质有了新的认识，并推动了国家经济的全面发展。我国温饱问题基本上解决了，当前面临的重要任务则是生态环保问题，生态环保问题成为制约中国特色社会主义发展道路的一块硬石头，若是不正视，并切实解决掉，很容易将前面所取得的社会主义建设成果付之一炬。共同富裕是生活水平和生活质量全面提升的目标，只有保证良好生态环境才能实现共同富裕。社会主义发展到今天，要解决的不仅有共同富裕问题，还要积极应对生态破坏问题。因此可以看出破坏生态不符合社会主义的要求。其次，生态文明是对"三个代表"思想的延伸，"三个代表"思想阐述了党建内涵、党建核心，它作为关于党的思想理论，与生态文明建设有着千丝万缕的联系。生态文明建设需要有一支拥护生态建设、愿意为生态文明发展付出努力的党的队伍，这也是维护广大人民群众根本利益的要求。人民利益是什么？从生态视角看，就是清新空气、新鲜食物、良好环境等，总之生态环境良性发展就是人民利益的体现。最后，生态文明是对科学发展观的践行，科学发展观指导了社会建设和发展，未来要实现什么样的发展结果，如何实现发展目标等。生态文明立足科学发展观，受其指导，但是又高于其指导，它是对中国生态环境发展的高度概述，又对中国社会主义中的矛盾给予积极回应，并以全面的解决方案处理经济发展与环境保护的矛盾。生态文明建设与其他建设成为了战略发展内容，要实现发展与保护的协调，所有以破坏环境为代价的发展都是不允许的，生态环境位置的高度与其他建设发展紧密联系。可以说没有生态文明建设，其他四项建设工作也就失去了意义，甚至不能正常开展。生态文明建设支撑了社会主义四大建设工作，更以新视角分析了人类社会发展规律以及人类社会建设规律，推动中国特色社会主义体系再度升华。

1.2.3　新常态下指导中国未来绿色发展的行为准则

党的十九大报告指出，生态文明建设成效显著表现之一是"全党全国贯彻绿色发展理念的自觉性和主动性显著增强"，强调要"推进绿色发展""倡导简约适度、绿色低碳的生活方式。"党和国家充分认识到绿色发展的必要性、紧迫性，并把推动绿色发展摆在生态文明建设突出位置。生态文明建设理念倡导绿色文化价值观。绿色文化是绿色发展的灵魂，贯穿了绿色发展的全方面，体现在美丽中国建设的全过程。在美丽中国建设过程中弘扬绿色文化，让绿色价值观深入人心，对于我国转变经济发展方式，促进绿色发展具有重要指导意义。

生态文明建设要求人们一方面形成绿色生产方式和生活方式，另一方面加强应对气候变化，控制温室气体。形成绿色生产生活方式，推动绿色发展，是建设美丽中国的重要途径，贯穿美丽中国建设的始终。首先，形成绿色生产方式。绿色生产方式是推动绿色发展的重要载体、重要支撑，是建设美丽中国的重要环节。培育发展新兴产业，推动产业结构绿色化转型，将生态农业、绿色制造业、现代服务业作为重点发展产业，促进生态循环农业、生态观光旅游及有机农林等为代表的现代绿色产业发展。推动形成绿色低碳循环发展产业经济体系，优化产业结构，培育经济发展新优势；大力推进绿色生产。在产品生产过程中，尽量避免使用有害物质，减少产品材料和能源资源的浪费，保证生产过程清洁和产出成品清洁，减少污染排放、资源浪费。在使用能源过程中，推进能源生产和消费革命，加大对太阳能、风能、水能等可再生、无污染清洁能源的综合开发利用。壮大节能环保产业、清洁生产产业，健全清洁低碳、安全高效的能源体系，真正实现经济效益、生态效益、社会效益相统一；建立健全绿色发展绩效考核评价体系。完善包括经济、社会、生态和人的全面发展在内的发展考核评价体系，将资源消耗、环境损害、生态效益纳入体系当中，从资源利用、环境治理、环境质量、生态保护、增长质量、绿色生产、公众满意度等方面评价区域生态文明建设现状与进程。形成体现绿色生产要求的多渠道和全方位的目标体系、考核办法、奖惩机制，为推动绿色生产提供制度保障。其次，形成绿色生活方式。建立和形成健康文明的绿色生活方式，是推动绿色发展的实践途径。树立绿色生活理念。思想是行动先导，理念是实践指南。加大绿色生态理念的宣传教育，倡导"简约适度、绿色低碳"的生活理念。树立新的价值观、生活观和消费观，以绿色消费、节约资源、保护生态环境为荣，以铺张浪费、加重生态负担为耻。普及绿色生活知识，建立完善的生态伦理知识教育体系。将绿色生活知识渗透到各层次、各环节国民教育体系中，加强社会生态科学知识教育普及，让绿色生活、环境保护理念深入人心。通过多途径、多方位建立绿色生活服务和信息交流平台，在全社会传播绿色生活科学知识和实践方法，加强全民的生态意识、低碳意识、节约意识、环保意识。再次，推动绿色消费。绿色消费是推动形成绿色生活方式的核心内容，是加快全民绿色行动的重要渠道。要坚持"量入为出、适度消费"的基本原则，提高人们对绿色产品的辨别能力和认可度。大力倡导科学、低碳、环保、循环的绿色消费方式，引导公众树立绿色消费理念，形成正确的消费观。

1.2.4 有力彰显了中国在国际社会的生态环境责任

习近平在党的十九大报告中强调要构建"人类命运共同体"，并将其作为新时代坚持和发展中国特色社会主义的基本方略之一，写入新修改的党章，同时多次在国际会议上倡导构建人类命运共同体，彰显了中国共产党不仅要为中国人民谋生态幸福、生态利益，也要为全人类的生态幸福而奋斗的决心和大国担当。2013年3月，习近平在访问俄罗斯时首次提出"命运共同体"理念。2015年3月，习近平在博鳌亚洲论坛上发表了"迈向命运共同体 开创亚洲新未来"的主旨演讲。2015年9月，习近平在第七十届联合国大会一般性辩论时再次强调要"构建以合作共赢为核心的新型国际关系，打造人类命运共同体"。2017年1月，习近平在联合国日内瓦总部演讲时指出"构建人类命运共同体，关键在行动"。2017年2月，"构建人类命运共同体"理念首次被写入联合国决议中，上升为国际共识，表明这一理念已经在国际范围内得到广泛认可，被国际社会广泛接受。

世界只有一个地球，地球是人类赖以生存的唯一家园，保护地球是人类义不容辞的责任和义务。近百年来，随着工业文明的发展，全球气候变暖、冰川融化、海平面上升、森林减少、臭氧层破坏、资源短缺、环境污染、生物多样性减少等生态破坏现象频繁发生。构建人类命运共同体理念，推动世界各国相互合作，共同携手，自觉、积极地采取行动，打造"和而不同、兼收并蓄"的生态文明沟通协商体系，把我们共同的地球家园建设成一个生态良好的美丽家园。这些都为推动人类发展进步、维护全球生态和谐、建设国际和平事业、变革全球治理体系、构建新型国际关系、建立公平正义的全球新秩序指明了方向，体现了我国的国际情怀和大国担当。

第 2 章　　中央生态文明建设顶层设计

2.1　　生态文明的提出与发展历程

2.1.1　党的十六大与生态文明的萌芽

2002 年 11 月，党的十六大提出了新的发展道路和目标。大会指出："坚持以信息化带动工业化，以工业化促进信息化，走出一条科技含量高、经济效益好、资源消耗低、环境污染少、人力资源优势得到充分发挥的新型工业化路子。"这是生产方式的一次巨大变革。大会进一步指出：到 2020 年"可持续发展能力不断增强，生态环境得到改善，资源利用效率显著提高，促进人与自然的和谐，推动整个社会走上生产发展、生活富裕、生态良好的文明发展道路。"生态环境影响人与人、人与社会的关系，如果污染无法遏制、生态环境受到严重破坏，人与人的和谐、人与社会的和谐则无从谈起。随后，在 2003 年，党的十六届三中全会又提出了坚持以人为本，树立全面、协调、可持续的科学发展观，把"统筹人与自然和谐发展"在内的"五个统筹"作为贯彻落实科学发展观的根本方法和必然途径，突显了生态文明建设的重要性。胡锦涛在讲话中明确指出："必须促进社会主义物质文明、政治文明和精神文明协调发展，坚持在经济发展的基础上促进社会全面进步和人的全面发展，坚持在开发利用自然中实现人与自然的和谐相处，实现经济社会的可持续发展。这样的发展观符合社会发展的客观规律。"这就把可持续发展、人与自然的和谐作为科学发展观的一项根本要求和重要内涵，突出了其重要性。2004 年，在中央人口资源环境工作座谈会上的讲话中，胡锦涛强调："坚持用科学发展观来指导人口资源环境工作。"他认为，自然界是一切生物的摇篮，是人类赖以生存和发展的基础。保护自然就是保护人类，建设自然就是造福人类。因此，要大力保护自然，在发展经济时也要考量自然的承载力；禁止过度开发自然资源，坚持科学发展；建立和维护人与自然相对平衡的关系。这次讲话不仅阐明了在新形势下人与自然和谐发展的紧迫性和重要性，还就如何在科学发展观的指导下做好环境保护和资源节约工作，从观念转变、政策制定、市场机制、法治建设等方面勾画出了蓝图，指明了发展路径。

2005 年 10 月，党的十六届五中全会通过的《中共中央关于制定国民经济和社会发展第十一个五年规划的建议》提出："要把节约资源作为基本国策，发展循环经济，保护生态环境，加快建设资源节约型、环境友好型社会，促进经济发展与人口、资源、环境相协调。推进国民经济和社会信息化，切实走新型工业化道路，坚持节约发展、清洁发展、安全发展，实现可持续发展。"进一步发展了十六大关于生态建设的思想。

党在十六大所构建的生态发展蓝图是：第一，农业经济系统的运行需要与生态系统相协调，建设中国特色农业现代化，通过建立环境友好型农业生产体系和资源节约型农业生产体系实现农业生产中生态环境保护与经济发展同步，转变粗放型农业生产方式，实现对生态环境的保护和有效利用；第二，大力发展环境科技与产业，加快环境恢复和降低经济发展对环境造成的负面影响；第三，统筹区域发展，积极推进西部大开发，通过调整产业结构、改变经济增长模式，形成东西部协调发展的新局面，重塑人与自然之间的和谐关系。

2.1.2　党的十七大与生态文明的提出

2007年，党的十七大召开。这次会议对我国的生态文明建设意义重大。

首先，十七大报告从国家战略的角度明确提出了"生态文明"的概念。报告明确提出要建设生态文明，形成节约能源资源和保护生态环境的产业结构、增长方式、消费模式，改善生态环境，树立生态文明观念。胡锦涛明确提出了要促进国民经济又好又快发展的任务。实现又好又快发展，是全面落实科学发展观的本质要求，也是树立正确政绩观的具体体现。我们应坚持保护优先、开发有序，走生态文明发展道路，建设资源节约型、环境友好型社会。树立人与自然和谐相处的文化价值观。坚持预防为主、综合治理，强化从源头防治污染和保护生态。这些对策使建设资源节约型、环境友好型社会的战略思路更加具体、更加清晰。

其次，十七大报告把生态文明建设提高到至关重要的战略地位。报告指出："坚持节约资源和保护环境的基本国策，关系人民群众切身利益和中华民族生存发展。必须把建设资源节约型、环境友好型社会放在工业化、现代化发展战略的突出位置，落实到每个单位、每个家庭。"生态文明建设与科学发展观之间具有内在的一致性。生态文明建设既追求经济发展又要求保护生态，这充分反映了科学发展观的第一要义。生态文明建设要求维护广大人民群众的根本利益，把人的生存和发展作为最高价值目标，统筹人与自然的和谐发展，不断满足人们日益增长的物质文化需要。让人们在优美的环境中工作和生活，反映了"以人为本"的核心理念。

最后，十七大报告明确制定了生态文明建设的战略思路。胡锦涛从体制、制度和政策等方面提出了促进生态文明建设的具体方案。一方面，提出了可持续发展的新机制，"要完善有利于节约能源资源和保护生态环境的法律和政策，加快形成可持续发展体制机制。落实节能减排工作责任制。"另外，提出建设的多维思路，如"开发和推广节约、替代、循环利用和治理污染的先进适用技术，发展清洁能源和可再生能源，保护土地和水资源，建设科学合理的能源资源利用体系，提高能源资源利用效率""发展环保产业，加大节能环保投入""重点加强水、大气、土壤等污染防治，改善城乡人居环境"等。

2010年10月，党的十七届五中全会通过了《中共中央关于制定国民经济和社会发展第十二个五年规划的建议》，明确提出坚持把建设资源节约型、环境友好型社会作为加快转变经济发展方式的重要着力点。为此，必须"加快建设资源节约型、环境友好型社会，提高生态文明水平"，并将"树立绿色、低碳发展理念，以节能减排为重点，健全激励和约束机制，加快构建资源节约、环境友好的生产方式和消费模式，增强可持续发展能力"作为总的要求。至此，我国成为世界上第一个提出生态文明建设目标的国家。生态文明不只是我党的路线方针，更是全中国乃至全人类的共同诉求。十七大以来，党对生态文明理论开始深入探索，并取得了许多理论成果，为加强中国生态治理，促进生态环保和中国特色社会主义建设提供了坚实的理论基础。

2.1.3　党的十八大到十九大"生态文明"的深化

党的十八大以来，以习近平同志为核心的党中央高度重视社会主义生态文明建设，坚持把生态文明建设作为统筹推进"经济建设、政治建设、文化建设、社会建设、生态文明建设"——"五位一体"总体布局和协调推进"全面建成小康社会、全面深化改革、全面推进依法治国、全面从严治党"——"四个全面"战略布局的重要内容，坚持节约资源和保护环境的基本国策，坚持绿色发展，把生态文明建设融入各项建设之中，加大生态保护建设力度，推动生态文明建设在重点突破中实现整体推进。

（1）党的十八大与生态文明的完善

十七大首次把生态文明建设写进大会报告，十八大提出要全面落实经济建设、政治建设、文化建设、社会建设、生态文明建设"五位一体"的国家总体布局，并将生态文明建设放在突出地位。在此基础上，十八大报告指出："坚持节约资源和保护环境的基本国策，坚持节约优先、保护优先、自然恢复为主的方针，着力推进绿色发展、循环发展、低碳发展，形成节约资源和保护环境的空间格局、产业结构、生产方式、生活方式，从源头上扭转生态环境恶化趋势，为人民创造良好生产生活环境，为全球生态安全作出贡献。"在发展总方针上，十八大确立了生态文明建设在社会主义建设中的突出地位。

在具体执行措施上，十八大提出了"生态价值"和"生态产品"概念，将生态文明融入和贯穿于经济建设之中。报告指出："深化资源性产品价格和税费改革，建立反映市场供求和资源稀缺程度、体现生态价值和代际补偿的资源有偿使用制度和生态补偿制度。积极开展节能量、碳排放权、排污权、水权交易试点。加强环境监管，健全生态环境保护责任追究制度和环境损害赔偿制度。"通过经济手段来促进生态环境的改进。这是党中央第一次使用这一概念。"生态产品"是自然物质生产过程创造的产品，是有经济价值的。它在社会物质生产过程中的使用需要付费，对它的破坏或损害需要补偿。将生态文明融入经济建设之中，才能避免踏上"先污染后治理"的老路；引导经济走绿色发展之路，更加有力地支持可持续发展。

十八大明确制定了建设生态文明的具体方案，将生态文明建设纳入中国特色社会主义事业"五位一体"总体布局，首次把"美丽中国"作为生态文明建设的宏伟目标。党中央从制度层面系统制定了保护生态环境的政策，将"中国共产党领导人民建设社会主义生态文明"写入党章。我们要建立国土空间开发保护制度，完善最严格的耕地保护制度、水资源管理制度、环境保护制度；建立体现生态文明要求的目标体系、考核办法、奖惩机制；加强环境监管，健全生态环境保护责任追究制度和环境损害赔偿制度。此外，还要"加强生态文明宣传教育，增强全民节约意识、环保意识、生态意识，形成合理消费的社会风尚，营造爱护生态环境的良好风气。"只有让环保意识深入民心，并从制度层面加以规范，才能促进生态文明建设。

2013 年 11 月召开的十八届三中全会进一步强调了生态文明建设，对推进生态文明体制改革做出重要部署。《中共中央关于全面深化改革若干重大问题的决定》指出："建设生态文明，必须建立系统完整的生态文明制度体系，实行最严格的源头保护制度、损害赔偿制度、责任追究制度，完善环境治理和生态修复制度，用制度保护生态环境。"具体来说，要健全自然资源开发管理制度，明确在利用这些资源的同时，也要承担起保护资源的责任；划定生态保护红线，明确最基本的生态环境保护要求，维护一定生态环境质量必须坚持的防护底线；改革生态环境保护管理体制，使用国家权力对自然资源进行管理。这次大会，为狠抓"落实生态文明建设"提供了积极有效的行动方案。

2015 年 10 月，习近平在十八届五中全会上首次提出五大发展理念，即"创新、协调、绿色、开放、共享"的发展理念。会议指出，坚持绿色发展，必须坚持节约资源和保护环境的基本国策，将绿色发展理念放在突出位置。要切实推进低碳发展，注重循环发展、安全发展、均衡发展。促进人与自然和谐共生，推动建立绿色低碳循环发展产业体系。习近平还就如何建设生态文明做了具体阐述。总而言之，建立完整的生态文明体系，既是全面深化改革的重要内容，又是加强生态文明建设的核心任务。建设新时代的"生态文明模式"，走上中华民族伟大复兴之路。

（2）党的十九大与生态文明建设的推进

十九大总结过去、立足现在、谋划未来。十九大报告是十几年来共产党人推进社会主义建设的集中反映。该报告中所蕴含的生态文明思想，体现了构建生态文明的新境界，是党和人民携手走向"人与自然和谐共处"的最好诠释。

2017 年 10 月 18 日，习近平在中国共产党第十九次全国代表大会上，做了题为《决胜全面建成小康社会 夺取新时代中国特色社会主义伟大胜利》的报告。报告首先总结了过去五年在中国共产党领导下我国所发生的历史性变革，充分肯定了过去五年我们党在生态文明制度体系、重大生态保护工程进展、生态环境治理等方面所取得的可喜成就。正如《2017 中国生态环境状况公报》所佐证的那样："全国大气和水环境质量进一步改善，土壤环境风险有所遏制，生态系统格局总体稳定，核与辐射安全有效保障，人民群众切实感受到生态环境质量的积极变化。"可以预见，在以习近平为核心的党中央的正确领导下，社会主义生态文明建设事业会"百尺竿头更进一步"。

其次，报告明确提出坚持和发展中国特色社会主义的总任务，就是实现社会主义现代化和中华民族的伟大复兴。而生态文明，就是实现这一目标的基本保障。习近平指出，建设生态文明是中华民族永续发展的千年大计，必须树立和践行"绿水青山就是金山银山"的发展理念。要坚持节约资源和保护环境的基本国策，像保护眼睛一样保护生态环境。显然，这就需要我们坚持把节约优先、保护优先、自然恢复作为基本方向，把绿色发展、循环发展、低碳发展作为基本途径，把深化改革和创新驱动作为基本动力，切实把工作抓紧抓好，营造清新绿色的美丽中国。"推进绿色发展"、"着力解决突出环境问题"、"加大生态系统保护力度"以及"改革生态环境监管体制"等问题，都是目前生态文明建设事业中的主要矛盾和难点问题。

再次，报告认为推动构建"人类命运共同体"也离不开中国的生态文明建设。习近平认为，中国希望"构筑尊崇自然、绿色发展的生态体系""始终做世界和平的建设者、全球发展的贡献者、国际秩序的维护者"。这一表述，不禁让人想到习近平主席在联合国日内瓦总部向世界发出的振聋发聩的"中国声音"："我们不能吃祖宗饭、断子孙路，用破坏性方式搞发展……我们应该遵循天人合一、道法自然的理念，寻求永续发展之路。"在当前世界处于大发展、大变革、大调整时期的背景下，人类面临许多共同挑战，环境污染、生态破坏、气候变化等非传统安全威胁持续蔓延，不稳定性、不确定性问题非常突出。因此坚持环境友好、合作应对气候变化，才能保护好人类赖以生存的地球家园。承袭中西方传统的生态智慧，构建人类命运共同体，全面推进生态文明建设，承担世界环境保护责任，是习近平为全球治理和人类发展贡献的中国方案与中国智慧，也是中国为构建绿色、和谐、良好的国际格局所做出的贡献。

最后，报告着意为中国未来的生态文明建设和绿色发展指明了方向、规划了路线。习近平从"推进绿色发展"、"着力解决突出环境问题"、"加大生态系统保护力度"和"改革生态环境监管体制"四个方面论述了如何实现生态文明体制改革、建设美丽中国。具体而言，在战略层面，要将建设生态文明提升为"千年大计"，将"美丽"纳入国家现代化目标之中；在执行层面，要统筹"山水林田湖草"系统治理，将更多"优质生态产品"纳入民生范畴；在监管层面，需要设立自然资源资产管理和自然生态监管机构；在教育层面，需牢固树立"社会主义生态文明观"，全力推进生态文化教育。这些切实可行的指导方针，不仅是习近平早期生态思想的延续，更是十六大以来共产党人集体智慧的结晶。

总之，十九大报告把"坚持人与自然和谐共生"作为新时代坚持、发展中国特色社会主义的 14 条基本方略之一，充分体现了社会主义生态文明观的新境界。历史经验告诉我们，人类只有遵循自然规律，充分借鉴中国传统和世界各国的生态智慧，才有可能在环境保护和资源利用方面少走弯路。只有坚持走生态文明的发展道路，选择资源节约、环境友好的发展方式，同时推动人类命运共同体以应对全球环境问题，才能保护好人类赖以生存的地球家园。习近平总书记所提出的"绿水青山就是金山银山""像对待生命一样对待生态环境"等论述，具有鲜明的时代特征和现实意义，是生态思想史上的又一次新飞跃。

2.2　生态文明建设总体部署

党中央、国务院高度重视生态文明建设，对推进生态文明建设作出一系列重要部署。中共中央、国务院《关于加快推进生态文明建设的意见》明确了生态文明建设目标是：到 2020 年，资源节约型和环境友好型社会建设取得重大进展，主体功能区布局基本形成，经济发展质量和效益显著提高，生态文明主流价值观在全社会得到推行，生态文明建设水平与全面建成小康社会目标相适应。

推进生态文明建设，总体上要把握六个重要原则。一是坚持把改革创新作为推进生态文明建设的基本动力。健全国土空间开发、资源节约利用、生态环境保护的体制机制，以最严格的制度、最严密的法制，为生态文明建设提供可靠保障。二是坚持尊重自然、顺应自然、保护自然的基本理念。始终牢记破坏自然就是损害人类自己，保护自然就是保护人类自己。把人类活动控制在自然能够承载的限度内，实现人与自然和谐发展。三是坚持在发展中保护、在保护中发展的基本要求。发展是解决我国所有问题的关键，保护则是实现可持续发展的关键，两者同等重要、不可偏废，要走出一条经济发展与生态保护"双赢"的道路。四是坚持节约优先、保护优先、自然恢复为主的基本方针。在资源利用上把节约放在首位，在环境改善上把保护放在首位，在生态建设上以自然恢复为主，从源头上扭转生态环境恶化趋势。五是坚持绿色发展、循环发展、低碳发展的基本路径。把推动绿色、循环、低碳发展作为转方式、调结构、上水平的重要抓手，加快形成节约资源和保护环境的空间格局、产业结构、生产方式、生活方式，全面增强可持续发展能力。六是坚持政府主导、企业主体、多方参与、全民行动的基本工作格局。政府要发挥引导、支持和监督作用，企业要积极承担重要责任和义务，每个人都要养成自觉保护生态环境的良好习惯。

推进生态文明建设，具体要把握好以下重点任务。

2.2.1 优化国土空间开发格局

国土是生态文明建设的空间载体。要根据中国国土空间多样性、非均衡性、脆弱性特征，按照人口资源环境相均衡、经济社会生态效益相统一的原则，统筹人口、经济、国土资源、生态环境，科学谋划开发格局，促进生产空间集约高效、生活空间宜居适度、生态空间山清水秀。全面推进国土空间规划体系落地实施，坚持节约优先、保护优先、自然恢复为主的方针，在资源环境承载能力和国土空间开发适宜性评价的基础上，科学有序统筹布局生态、农业、城镇等功能空间，划定生态红线、永久基本农田、城镇开发边界等空间管控边界以及各类海域保护线，强化底线约束，为可持续发展预留空间。坚持"山水林田湖草是生命共同体"的理念，加强生态环境分区管制，量水而行，保护生态屏障，构建生态廊道和生态网络，推进生态系统保护和修复，依法开展环境影响评价，既是落实生态文明建设的具体内容和手段，同样也是实践生态文明建设的空间保障。

2.2.2 加快转变经济发展方式

（1）全面优化产业布局

落实主体功能区划，以生态空间管控引导构建绿色发展格局，把资源环境承载力作为国土开发的基本要求，严把产业政策关、资源消耗关、环境保护关，管控开发强度，严禁"两高一资"产业和项目，有序退出过剩产能。对重大经济政策和产业布局开展战略环评和规划环评。严格控制七大重点流域干流重化工等高环境风险项目。加快生态环境敏感区、城市建成区内钢铁、化工、冶炼、水泥、平板玻璃、造纸、医药等重污染企业环保搬迁改造。禁止落后淘汰产能向中西部地区转移、污染企业"上山下乡"。

（2）推进绿色化与创新驱动深度融合

坚决摒弃以牺牲生态环境换取一时一地经济增长的做法，把提高质量和效益作为推动发展的立足点，把创新驱动作为发展基点，推进绿色化与各领域创新深度融合发展。推进供给侧结构性改革，利用互联网、智能化技术，培育新动能，壮大新兴产业，促进传统产业转型升级，构建绿色产业链体系。因地制宜发展生态农业、生态旅游等产业，将生态资源转化为富民优势。大力发展低能耗的先进制造业、高新技术产业、现代服务业、节能环保产业，促进绿色制造和绿色产品生产供给，推动制造业向价值链高端攀升。

加快培育新技术、新产业、新业态，把绿色生态优势转化为新经济发展优势，形成经济增长新动能。

（3）绿色改造与淘汰落后产能相结合升级传统产业

综合运用经济、法律和技术等手段，鼓励传统产业实施绿色化改造，加快化解过剩产能，淘汰落后产能。推进制造业绿色化、生态化改造，从设计、原料、生产、采购、物流、回收等全过程强化产品全生命周期绿色管理。2020 年年底前，完成钢铁、有色金属、化工、石化、水泥、造纸、农副食品加工、印染等行业清洁化改造。进一步严格能源消耗、污染物排放标准，加快淘汰落后产能，提前一年完成"十三五"钢铁、水泥、电解铝、平板玻璃等重点行业淘汰落后产能目标任务。构建工业产出和产能利用监测体系、溯源平台。

（4）全面推进碳达峰和碳中和

截至 2019 年年底，我国碳强度较 2005 年降低约 48.1%，非化石能源占一次能源消费比例达 15.3%，提前完成我国对外承诺的到 2020 年的目标，为百分之百落实国家自主贡献，努力实现碳达峰目标和碳中和愿景奠定了坚实的基础。应加大经济转型的强度和力度，实现创新驱动、绿色发展。发展数字经济、高新技术产业，以数字化推进低碳化，控制高耗能、重化工业发展，调整产品和产业结构。同时大量采用先进的技术，促进产业升级换代。同时加强能源替代，到 2050 年，中国必须建成一个以新能源和可再生能源为主体的"近零排放"的能源体系，非化石能源在整个能源体系中的占比要达到 70%～80% 或以上。加快推进碳市场制度建设、基础设施建设，尽早实现发电行业上线交易。"十四五"期间，在确保实现碳市场平稳运行的基础上，加快扩大市场覆盖范围，完善温室气体自愿减排交易体系，实现全国碳市场的平稳有效运行和健康持续发展。

2.2.3　加大环境污染综合治理和加快生态保护修复

（1）加快解决大气、水、土壤污染等突出环境问题

一是坚决打赢"蓝天保卫战"。制定打赢"蓝天保卫战"三年作战计划，确定具体"战役"。从地域看，要以京津冀及周边、长三角、汾渭平原等重点区域为"主战场"，强化区域联防联控。从主要措施看，要协调有关部门加快产业结构、能源结构和交通运输结构调整，狠抓秋冬季重污染天气应对。整治"散乱污"企业，压减煤炭消费量，减少机动车污染，强化区域联防联控联治，积极主动应对重污染天气，确保各项污染物浓度持续下降、重污染天数不断减少，地级及以上城市空气质量达标率稳步提升。

二是着力开展清水行动。坚持"山水林田湖草"系统治理，深入实施新修改的水污染防治法，坚决落实《水污染防治行动计划》，扎实推进河长制、湖长制实施，确保污染严重水体较大幅度减少，饮用水安全保障水平持续提升。要统筹水资源、水环境、水生态，抓两头、促达标，保好水、治差水。实施流域环境和近岸海域综合治理，大力整治不达标水体、黑臭水体和纳污坑塘，严格保护良好水体和饮用水水源，加强地下水污染综合防治。

三是扎实推进净土行动。土壤污染与大气、水污染不同，做好风险管控是第一位的。要以重金属污染突出区域农用地以及用途拟变更为居住和商业等公共设施的污染地块为重点，强化土壤风险管控。加快推进土壤污染状况详查，建设土壤环境监测网络。实施农用地分类管理，划定农用地土壤环境质量类别，分别采取相应管理措施，保障农产品质量安全。建立污染地块动态清单和联动监管机制，将建设用地土壤管理要求纳入城市规划和供地管理，严格用地准入，防范人居环境风险。针对典型受污染农用地、污染地块有序推进土壤污染治理与修复。

四是全面整治农村环境。贯彻乡村振兴战略，推进城镇环境保护基础设施和服务向农村延伸，建立农村环境保护基础设施长效运行维护机制。加强环境监管执法，倒逼秸秆和畜禽粪污资源化利用，减少农业面源污染。强化生活垃圾、生活污水治理，开展农村人居环境整治行动。推进行政村环境综合整治全覆盖。建成一批宜居、宜业、宜游的美丽乡村，让人民群众"望得见山、看得见水、记得住乡愁"。

五是有效防控环境风险。系统构建事前严防、事中严管、事后严惩的全过程、多层次风险防范体系。强化固体废物与垃圾处置和化学品环境管理，提高危险废物处置水平。严格落实核与辐射安全监管。推进"邻避"问题防范和化解，及时妥善处理各类环境矛盾纠纷，坚决守牢环境安全底线。

（2）加快生态保护与修复

坚持减少污染物排放量和扩大环境容量并重，加大生态系统保护与修复力度，增强环境自净能力，提升生态系统服务功能，间接改善环境质量。

一是构建并严守"三线一单"（生态保护红线、环境质量底线、资源利用上线和环境准入负面清单）。要严守生态保护红线，实现一条红线管控重要生态空间，确保生态功能不降低、面积不减少、性质不改变。坚守环境质量底线，环境质量达标地区要持续改善，环境质量不达标地区要制定实施限期达标规划，确保生态环境质量只能更好、不能变坏。严控自然资源利用上线，实施最严格的耕地保护、水资源管理制度，强化能源、水资源、建设用地总量和强度双控管理。实施环境准入负面清单，基于生态保护红线、环境质量底线和资源利用上线，以清单方式列出禁止、限制、允许等差别化环境准入标准和要求。建立"三线一单"硬约束机制，将"三线一单"作为综合决策的前提，作为编制空间规划的基础，作为制定和修订产业结构调整指导目录的依据。

二是实施重要生态系统保护和修复重大工程，构建生态廊道和生物多样性保护网络，筑牢国家生态安全屏障。建立以国家公园为主体的自然保护地体系，健全管理制度和监管机制，保障生态系统原真性、完整性。在城市功能疏解、更新和调整中，将腾退空间优先用于留白和增绿。实施"山水林田湖草"生态综合保护和修复，推动耕地、草原、森林、河流、湖泊休养生息。

2.2.4 全面促进资源节约、集约利用

（1）推动能源供给革命

发展清洁低碳能源、可再生能源，继续降低煤炭在一次能源消费结构中的比例。到

2020 年，可再生能源电力总装机容量达到 7.5 亿 kW，煤炭占一次能源消费的比例降至 62%左右。拓宽清洁能源使用渠道，新增能源供给以清洁能源为主。建立完善的风能、太阳能、核能、水电能等清洁低碳能源优先接入电网制度，落实可再生能源电力全额保障性收购政策，建立预警考核机制，到 2020 年，弃风、弃光、弃水率控制在 5%以内，"三北"地区可再生能源跨省消化和吸纳 4000 万 kW，"西电东送"新增 1.3 亿 kW。发展农村太阳能、生物质能，提高农村冬季取暖清洁能源使用比例。

（2）提高资源利用的系统效率

全面推动重点领域低碳循环发展，加强高耗能行业能耗管理，强化建筑、交通节能，发展节水型行业，推动各种废弃物和垃圾集中处理、资源化利用。提高节能、节水、节地、节材、节矿标准，推进钢铁、有色、化工、建材等重点行业和企业能耗管理，制定和实施促进资源节约、集约利用的价格税费政策。强化建筑节能，2020 年年底前基本完成北方采暖地区城镇居民建筑节能改造。电力、钢铁、纺织、造纸、化工、食品发酵等高耗水行业达到先进定额标准。东北、西北、黄淮海灌区大力推进规模化高效节水灌溉。到 2020 年，全国万元国内生产总值用水量比 2013 年下降 35%以上，农田灌溉水有效利用系数达到 0.55 以上，全国用水总量控制在 6700 亿 m³ 以内。

2.2.5　完善生态文明制度体系

（1）完善经济社会发展考核评价体系

科学的考核评价体系犹如"指挥棒"，在生态文明制度建设中发挥重要导向作用。这就需要把生态环境放在经济社会发展评价体系的突出位置，如果生态环境指标很差，一个地方一个部门的表面成绩再好看也不行。贯彻落实生态文明建设目标评价考核办法，将资源消耗、环境损害、生态效益等体现生态文明建设状况的指标，纳入经济社会发展评价体系，大幅增加考核权重，强化指标约束，建立体现生态文明要求的目标体系、考核办法、奖惩机制，使之成为推进生态文明建设的重要导向和约束。完善政绩考核办法，根据区域主体功能定位，实行差别化的考核制度。对限制开发区域、禁止开发区域和生态脆弱的国家扶贫开发工作重点县，取消地区生产总值考核；对农产品主产区和重点生态功能区，分别实行农业优先和生态保护优先的绩效评价；对禁止开发的重点生态功能区，重点评价其自然文化资源的原真性、完整性。根据考核评价结果，对生态文明建设成绩突出的地区、单位和个人给予表彰奖励。探索编制自然资源资产负债表，对领导干部实行自然资源资产和环境责任离任审计。

（2）完善环境监督机制

开展环境保护督察。构建横向到部门、纵向到地方的环保督察机制，形成事前事中事后全链条全覆盖的环境监察体系，推进环境保护"党政同责""一岗双责"的落实。重点检查环境质量呈现恶化趋势的区域流域及整治情况，重点督察地方党委和政府及其有关部门环保不作为、乱作为的情况，重点了解地方落实环境保护"党政同责""一岗双责"以及严格责任追究等情况，推动地方生态文明建设和环境保护工作，促进绿色发展。

建立环境监察督政体系。结合环保垂直管理制度改革契机，建立权威有效的环境监察机构，重构单设各省（自治区、直辖市）直接管理的监察督政巡视体系，专司督政。辅以机动灵活的督察巡视，坚持日常监察与环保督察相结合，形成督政的机构化、制度化、机制化体系，加强对地方政府及相关部门的监督，切实落实属地责任。

（3）建立问责机制

近年来，以习近平同志为核心的党中央出台实施一系列问责监督制度。全国人大常委会新修订《中华人民共和国环境保护法》，中共中央办公厅、国务院办公厅印发《党政领导干部生态环境损害责任追究办法（试行）》，中央全面深化改革领导小组审议通过《环境保护督察方案（试行）》，均强调在"严""全"上发力，最高人民法院和最高人民检察院发布环境污染犯罪司法解释。

建立领导干部任期生态文明建设责任制。完善节能减排目标责任考核及问责制度。坚持依法依规、客观公正、科学认定、权责一致、终身追究的原则，针对决策、执行、监管中的责任，明确各级领导干部责任追究情形。强化环境保护"党政同责"和"一岗双责"要求，对问题突出的地方追究有关单位和个人的责任。

对领导干部实行自然资源资产离任审计。建立健全生态环境损害评估和赔偿制度，落实损害责任终身追究制度。对造成生态环境损害负有责任的领导干部，必须严肃追责。对违背科学发展要求、造成资源环境严重破坏的，记录在案，实行终身追责，不得转任重要职务或提拔使用，已经调离的也要问责。对推动生态文明建设工作不力的，及时诫勉谈话；对不顾资源和生态环境盲目决策、造成严重后果的，要严肃追究有关人员的领导责任；对履职不力、监管不严、失职渎职的，要依纪依法追究有关人员的监管责任。

（4）实施控制污染物排放许可制

控制污染物排放许可制是依法规范企事业单位排污行为的基础性环境管理制度。2016年11月，国务院办公厅印发《控制污染物排放许可制实施方案》，明确环境保护部门通过对企事业单位发放排污许可证并依证监管实施排污许可制，以排污许可为抓手，全面推动企业落实环境保护主体责任。到2020年，全国基本完成排污许可管理名录规定的行业企业的许可证核发工作。

建立覆盖所有固定污染源的企业排放许可制度。全面推行排污许可，以改善环境质量、防范环境风险为目标，将污染物排放种类、浓度、总量、排放去向等纳入许可证管理范围，企业按排污许可证规定生产、排污。全面实施排污许可一证式管理改革，明确对企业的各项环保要求，推动环保执法全面进入依证监管、"一证式"执法。将排污许可制度有效衔接环评审批和总量控制，为排污收费、环境统计、排污权交易工作提供统一支撑。完善污染治理责任体系，环境保护部门对照排污许可证要求对企业排污行为实施监管执法。建立多层级的企业环境信用等级评价制度，完善社会信用体系建设，引导公众参与环境监督，促进有关部门协同配合，加快建立环境保护"守信激励、失信惩戒"长效机制，促进企业自觉履行环保法定义务和社会责任。

2.2.6　构建政府、企业、公众共治的绿色行动体系

（1）开展绿色宣传教育

加强生态文明宣传教育。把珍惜生态、保护资源、爱护环境等内容纳入国民教育和培训体系，纳入群众性精神文明创建活动，全面提高全社会的绿色消费意识和环境道德素养，形成全社会共同参与的良好风尚。

（2）促进社会绿色消费

强化每个公民都是环保践行者、推动者的责任意识，提升公民的环境自觉。倡导勤俭节约、绿色低碳消费，推广节能、节水用品和绿色环保家具、建材等，推广低碳出行，鼓励和引导消费者购买节能环保再生产品，推动形成节约适度、绿色低碳、文明健康的生活方式和消费模式。

（3）搭建平台，拓宽参与渠道

优化参与环境决策途径，保障公众参与权。建立公众参与环境管理决策的有效渠道和合理机制，探索实行社区环境圆桌对话机制，建立政府、企业、公众及时沟通、平等对话、协商解决的机制和平台，提高公众参与环境保护的真实性、科学性、广泛性、代表性，畅通公众环境权益诉求的表达机制。

（4）强化政府信息公开

建立健全政府环境信息公开制度。环保部门应当遵循公正、公平、便民、客观的原则，及时、准确地公开政府环境信息。将主动公开的政府环境信息，通过政府网站、公报、新闻发布会以及报刊、广播、电视等便于公众知晓的方式公开。编制、公布政府环境信息公开指南和政府环境信息公开目录，并及时更新。

（5）强化企业环境信息公开

建立健全企事业单位环境信息公开制度。企事业单位应当按照强制公开和自愿公开相结合的原则，指定机构负责本单位环境信息公开日常工作，及时、如实地公开其环境信息。

2.3　习近平生态文明思想

2.3.1　习近平生态文明思想的孕育阶段

2018 年 5 月 18 日，习近平总书记在全国生态环境保护大会上说："我对生态环境工作历来看得很重。在正定、厦门、宁德、福建、浙江、上海等地工作期间，都把这项工作作为一项重大工作来抓。"事实的确如此，从陕北知青到县委书记、省委书记，再到中共中央总书记，习近平同志一直在实践中学习，在学习中实践。回顾习近平同志早期在各地的任职实践，特别是在陕西延川的梁家河、河北正定、福建、浙江等时期，他的

生态思想已经清晰地体现在日常工作之中，处处体现了绿色生态发展观。

（1）陕北梁家河时期的资源可持续利用思想

1969 年，习近平在陕西省延川县文安驿公社梁家河大队，开始了为时七年的知青岁月。在此期间，习近平深刻感受到生态环境恶化给人们生产生活带来的不便。通过学习四川绵阳地区沼气池建造技术，动手成功建成了全村第一口沼气池。在沼气池建设过程中，习近平既是指挥员又是技术员，遇到困难都由他来解决。这一大胆突破，大大满足了社员做饭、取暖及照明等日常基本需求，这一尝试既方便又环保，还帮助当地群众改善了基本生活。习近平建成的第一口沼气池，在延川县掀起了一场轰轰烈烈的"新能源革命"，树立了资源节约利用的典型。习近平主持修建沼气池，不仅让当地农民真正尝到了"变废为宝"和可持续利用的甜头，更为日后综合型生态农业的开展提供了一次成功的案例，也是其关于生态文明的早期实践探索。

（2）河北正定时期，开始突破传统发展理念

1983～1985 年，习近平同志在担任河北省正定县委书记期间，结合当地实际提出要树立"大农业"思想，"建立合理的、平衡发展的经济结构"，走"半城郊型"经济发展路子，"在合理利用自然资源、保持良好的生态环境、严格控制人口增长的三大前提下搞农业"。他特别强调，农业经济早已超出自为一体的范围，只有在生态系统协调的基础上，才有可能获得稳定而迅速的发展。他还总结出要正确处理好当前和长远、优势和劣势、积极性和科学性、内部条件和外部条件、内涵和外延、生产和服务六对关系。

（3）福建时期，综合全面发展思想

1985～2002 年，习近平同志在福建工作了 18 年，足迹遍及厦门、宁德、福州，还担任过省委副书记、省长，对于生态文明建设有过很多重要论述，提出过一些具体举措。他在福建有关生态文明建设的理论和实践，对于习近平生态文明思想的形成具有重要意义。

习近平同志在宁德工作期间，正好是宁德干部群众迫切希望摆脱贫困的关键时刻。习近平同志通过调查研究后提出："我们讲的资源开发，是符合社会主义商品市场需要的开发，因而是经济的综合开发，这种开发不是单一的，而是综合的；不是单纯讲经济效益的，而是要达到社会、经济、生态三者效益的协调。"在粗放式经济发展阶段，生态资源保护往往被置于"说起来重要、做起来次要"的尴尬地位。习近平同志明确指出"严禁盲目采伐，强化资源保护。过去林业生态'重造轻管，过量采伐'造成森林资源锐减的现象必须彻底纠正"。

在福州工作期间，习近平同志还主持编订了《福州市 20 年经济社会发展战略设想》（以下简称《设想》）。在这一《设想》中，一大亮点是提出"城市生态建设"目标，要把福州建设成为"清洁、优美、舒适、安静，生态环境基本恢复到良性循环的沿海开放城市"。大力推进"绿化福州"和内河综合整治工作，确立"抓重点、保基础、上水平、一体化"的绿化福州工作思路。

担任福建省领导职务后，习近平同志更是从党和国家发展的战略全局高度强调生态文明建设的重要性，以此制定和实施福建省发展战略。注重生态资源转化为生态经济，也是习近平同志在福建工作期间的一个重要特点。他强调生态资源是福建最宝贵的财富，森林是"水库、钱库、粮库"，要把生态优势、资源优势转化为经济优势、产业优势。他强调，"农产品加工业一定要走生态效益型产业之路，以内涵式发展为主，使经济效益和社会效益高度和谐"（宣宇才，2002）。世纪之交，在生态资源环境保护问题日益受到普遍关注的大背景下，时任福建省委副书记、省长的习近平同志亲自担任生态省建设领导小组组长，指导编制和推动实施《福建生态省建设总体规划纲要》（以下简称《纲要》）。《纲要》率先提出"生态省建设"，系统谋划了福建生态效益型经济发展目标、任务和举措，提出要"经过 20 年的努力奋斗，使福建成为生态效益型经济发达、城乡人居环境优美舒适、自然资源永续利用、生态环境全面优化、人与自然和谐发展的可持续发展省份"。

（4）浙江时期，生态实践经验不断积累完善

2002～2007 年，习近平同志在浙江主持工作。在浙江期间，他对生态文明建设继续高度关注，推动了绿色发展的浙江实践，为党的十八大以来全面推动生态文明建设积累了丰富经验，也为创立习近平生态文明思想奠定了坚实的理论基础和实践基础。

在浙江，习近平同志概括提出"生态兴则文明兴，生态衰则文明衰"，为打造"绿色浙江"指明了正确方向。建设"绿色浙江"，是 2002 年 6 月浙江省第十一次党代会提出的奋斗目标。2003 年 7 月，习近平同志在《求是》第 13 期发表了《生态兴则文明兴——推进生态建设　打造"绿色浙江"》一文，系统阐明了打造"绿色浙江"的总体思路。

习近平同志在谋划浙江长远发展战略时提出面向未来浙江要进一步发挥八个方面的优势、推进八个方面的举措，即"八八战略"，其中生态文明建设占有十分重要的地位。在"八八战略"中，第三条是"进一步发挥浙江的块状特色产业优势，加快先进制造业基地建设，走新型工业化道路"；第四条是"进一步发挥浙江的城乡协调发展优势，加快推进城乡一体化"；第五条是"进一步发挥浙江的生态优势，创建生态省，打造'绿色浙江'"；第六条是"进一步发挥浙江的山海资源优势，大力发展海洋经济，推动欠发达地区跨越式发展，努力使海洋经济和欠发达地区的发展成为我省经济新的增长点"。这些战略举措与当今所倡导的走绿色发展、协调发展、文明发展之路一脉相承。可以说，"八八战略"的实施为党的十八大以后系统提出新发展理念积累了重要经验。

2005 年 8 月 15 日，时任浙江省委书记的习近平同志到浙江省安吉县余村考察，首次明确提出"绿水青山就是金山银山"，强调不以环境为代价推动经济增长。从 2003 年 6 月，他就着力推动"千村示范、万村整治"工程，计划用 5 年时间，从全省 4 万个村庄中选择 1 万个左右的行政村进行全面整治，把其中的 1000 个左右的中心村建成全面小康示范村。习近平同志在浙江工作期间一直亲自主抓"千村示范、万村整治"工程的部署落实和示范引领，每年召开一次现场会进行指导，体现了他一贯倡导的"久久为功""滴水穿石"的扎实作风。这一举措给老百姓带来了实实在在的幸福感、获得感。

纵观习近平同志在各地任职期间的实践活动，习近平早期的生态思想既包括对中国传统文化中生态智慧的挖掘，也能从近现代西方生态思想汲取营养。习近平在发展经济

的同时注重资源可持续利用，始终坚持"绿色为重"的发展理念，他的生态思想实现了继承性与创新性的统一，在理论和实践方面均具有重要的借鉴意义。

2.3.2 党的十八大以来生态文明建设扎实开展

党的十八大以来，党和国家采取非同寻常的措施大力推动生态文明建设，紧盯底线、红线，全力补齐短板，使生态环境保护硬约束形成带电的高压线。

一是大力推进生态文明制度改革。通过全面深化改革，加快推进生态文明顶层设计和制度体系建设，相继出台《关于加快推进生态文明建设的意见》《生态文明体制改革总体方案》，制定了40多项涉及生态文明建设的改革方案。

二是大力推进生态文明制度创新。生态文明建设目标评价考核、自然资源资产离任审计、生态环境损害责任追究等制度出台实施，主体功能区制度逐步健全，省以下环保机构监测监察执法垂直管理、生态环境监测数据质量管理、排污许可、河（湖）长制、禁止洋垃圾入境等环境治理制度加快推进，绿色金融改革、自然资源资产负债表编制、环境保护税开征、生态保护补偿等环境经济政策制定和实施进展顺利。

三是大力推进重点地区生态环境治理。京津冀大气污染治理、长江经济带生态环境保护取得阶段性成效，京津冀及周边地区"散乱污"企业整治力度空前。

四是大力推进生态文明立法执法。制定和修改环境保护法、环境保护税法以及大气、水污染防治法和核安全法等法律。全国人大常委会、最高人民法院、最高人民检察院对环境污染和生态破坏界定入罪标准，加大惩治力度，形成高压态势。

五是大力推进环境保护督查制度落地生效。中央环境保护督查制度建得好、用得好，敢于动真格、不怕得罪人、咬住问题不放松，成为推动地方党委和政府及其相关部门落实生态环境保护责任的硬招实招。

在一系列重大举措的综合施策作用下，我国生态文明建设在党的十八大后取得了一系列标志性的成就，开创了生态文明建设和环境保护的新局面。

党的十九大以来，一系列工作进一步昭示了生态文明建设的美好前景。党的十九大明确了"到21世纪中叶把我国建设成富强民主文明和谐美丽的社会主义现代化强国"的目标，十三届全国人大一次会议通过的宪法修正案，将这一目标载入国家根本大法，进一步凸显了建设美丽中国的重大现实意义和深远历史意义，进一步深化了我们党对社会主义建设规律的认识，为建设美丽中国、实现中华民族永续发展提供了根本遵循和保障。

2.3.3 习近平生态文明思想的形成

2018年5月18日，习近平总书记在全国生态环境保护大会上发表重要讲话，成为新时代指导生态文明建设的纲领性文献。

习近平生态文明思想，首先明确了一个分两步实现的奋斗目标：第一步，"确保到2035年节约资源和保护生态环境的空间格局、产业结构、生产方式、生活方式总体形成，生态环境质量实现根本好转，生态环境领域国家治理体系和治理能力现代化基本实现，美丽中国目标基本实现"；第二步，"到本世纪中叶，建成富强民主文明和谐美丽的社会主义现代化强国，物质文明、政治文明、精神文明、社会文明、生态文明全面提升，绿色发展方式和生活方式全面形成，人与自然和谐共生，生态环境领域国家治理体系和治理能力现代化全面实现，建成美丽中国"。

还明确了《关于加快推进生态文明建设的意见》《生态文明体制改革总体方案》两项重要制度和配套的一系列改革方案："党的十八大以来，我们通过全面深化改革，加快推进生态文明顶层设计和制度体系建设，相继出台《关于加快推进生态文明建设的意见》《生态文明体制改革总体方案》，制定了 40 多项涉及生态文明建设的改革方案，从总体目标、基本理念、主要原则、重点任务、制度保障等方面对生态文明建设进行全面系统部署安排。"

集中回答了三个重大时代问题：党的十八大以来，我们党深刻回答了为什么建设生态文明、建设什么样的生态文明、怎样建设生态文明的重大理论和实践问题，提出了一系列新理念、新思想、新战略。

阐述了四个方面的重要思想：生态文明建设是关系中华民族永续发展的根本大计；生态环境是关系党的使命宗旨的重大政治问题，也是关系民生的重大社会问题；要坚决打好防范化解重大风险、精准脱贫、污染防治的攻坚战，使全面建成小康社会得到人民认可，经得起历史检验；加强党对生态文明建设的领导，全面贯彻落实《中共中央 国务院关于全面加强生态环境保护 坚决打好污染防治攻坚战的意见》，坚决维护党中央权威和集中统一领导，坚决担负起生态文明建设的政治责任，全面贯彻落实党中央的决策部署。

明确了加快建立健全生态文明五大体系：解决历史交汇期的生态环境问题，必须加快建立健全以生态价值观念为准则的生态文化体系，以产业生态化和生态产业化为主体的生态经济体系，以改善生态环境质量为核心的目标责任体系，以治理体系和治理能力现代化为保障的生态文明制度体系，以生态系统良性循环和环境风险有效防控为重点的生态安全体系。

提出了新时代推进生态文明建设必须坚持的六项原则：一是坚持人与自然和谐共生；二是"绿水青山就是金山银山"；三是良好生态环境是最普惠的民生福祉；四是"山水林田湖草是生命共同体"；五是用最严格制度、最严密法治保护生态环境；六是共谋全球生态文明建设。这六项原则构成了一个完整全面的体系，科学回答了生态文明建设中的价值取向、发展导向、民生观、系统观、法治观、全球观，是我们进行生态文明建设的根本遵循。把握好、理解好、处理好这六项原则，就掌握了习近平生态文明思想的精髓。

习近平生态文明思想，是人类生态文明建设思想史上的一次伟大创新。其思想深度及广度，其具体措施和理论体系，是人类文明发展史中的一大理论创新。它充分吸收了中国古代传统生态智慧和近现代西方生态思想中的合理要素，为人与自然能否和谐相处这个古老话题赋予了新的实践意义，实现了马克思主义理论本土化、世界化的理论更新迭代。习近平所发展的生态文明思想，是实现中华民族伟大复兴的指路明灯，是构建人类命运共同体和生命共同体的行动指南。

第3章 生态文明建设取得的进展与成就

3.1 取得的主要进展与成就

生态文明制度体系基本形成。在推进生态文明建设的过程中，党和国务院对于制度体系建设高度重视，认识到只有做好生态文明制度建设工作，才能为生态文明建设提供最根本、最长久、最稳定的保障。特别是党的十八大以来，以习近平同志为核心的党中央推动全面深化改革，实施"五位一体"总体布局，相继出台《关于加快推进生态文明建设的意见》《生态文明体制改革总体方案》，制定了40多项涉及生态文明建设的改革方案，"四梁八柱"生态文明制度体系基本建立。特别是在生态环境保护法规制度方面，颁布实施一大批制度。首先，逐步建立了以《中华人民共和国环境保护法》（以下简称《环境保护法》）为基本法，各类单行法以及相关法律法规相结合的生态文明法律体系，为我国控制和缓解生态环境不断恶化的局面，推进生态文明建设提供了强有效的法律保障。其次，逐步建立了一系列的环境标准，如《国家环境保护标准制修订项目计划管理办法》《地表水环境质量标准》《城镇污水处理厂污染物排放标准》《土壤环境质量标准》《危险废物贮存污染控制标准》《环境空气质量标准》《建设施工场界环境噪声排放标准》《硫酸工业污染物排放标准》等，为更有效、更科学、更规范地改善生态质量、保护生态环境提供了基本准则与办法。

绿色低碳循环发展初见成效。生态文明制度体系加快形成，主体功能区制度逐步健全，国家公园体制试点积极推进。不但努力实现经济结构优化升级及经济增长方式转变，并且积极实施创新驱动战略和科教兴国战略，在一定程度上实现经济发展、社会进步和生态环境同步提升。产业结构逐步优化调整，实施《中国制造2025》战略，高技术产业和装备制造业增速明显快于工业平均增速，服务业和高新技术产业比例不断上升。在资源利用方面坚持"节约、保护、合理利用"的原则，通过调结构、深改革、促法治、创科技、提理念等举措切实推进"两型"社会建设。大力推进循环经济规模化发展。实施园区循环化改造。截至2017年，全国约有200个国家级园区和500多个省级园区开展了循环化改造；推进"城市矿产"示范基地和餐厨试点城市建设，布局建设资源循环利用基地，50家单位通过评估成为国家资源循环利用基地，组织开展"无废城市"试点。全面节约资源有效推进，能源资源消耗强度大幅下降。单位国内生产总值能耗和二氧化碳排放在过去5年间（2013～2017年）分别下降18%和20%。大力淘汰落后产能，截至2017年，退出钢铁产能超过1.7亿t、煤炭产能超过8亿t。实现能源消费清洁化，煤炭消费比例下降到62%，非化石能源消费比例上升到13.3%。中国已成为世界利用新能源、可再生能源第一大国。

坚决打好污染防治攻坚战。按照党的十九大精神，2018年中央财经委员会第一次会议专题研究部署打好污染防治攻坚战，2018年5月召开全国生态环境保护大会，6月印发《中共中央 国务院关于全面加强生态环境保护 坚决打好污染防治攻坚战的意见》，对打好污染防治攻坚战作出具体部署，并陆续出台"大气十条""水十条""土十条"，生态环境质量持续改善，大气环境质量明显改善，重点地区改善幅度大。我国大气环境治理进入到大气环境质量目标管理阶段，通过明确环境质量目标、落实治理责任清单、制定限期达标规划、强化目标和任务过程管理、定期考核并公布大气环境质量信息等，有效推动工业污染源全面达标排放、重点地区重点行业多污染物协同减排等政策实施，促进大气环境质量加速改善。2019 年，全国 338 个地级及以上城市平均优良天数比例为 82%，$PM_{2.5}$、PM_{10} 平均浓度为 $36\mu g/m^3$、$63\mu g/m^3$，同比分别下降 7.7%、11.3%。通过建立国家、区域、省级和城市级空气质量和重污染天气预警预报系统，健全应急预案体系，强化监管和监察等，提高了重污染天气应对的有效性。通过深化区域大气联防联控，分区、分类、分阶段制定精细化管控要求，以及加大环境治理力度等措施，有力推动了重点地区大气环境质量改善进程。2019 年，京津冀及周边地区、长三角地区 $PM_{2.5}$ 平均浓度分别比 2015 年下降 26.0%、22.6%、27.7%。大江大河水质持续改善，好和差两头水质持续提升。我国治水思路由水质单一理化指标拓展到实行"水资源、水环境、水生态"三水统筹、系统保护。确立了实施以控制单元为基础的水环境质量目标管理体系，构建了流域-水生态控制区-水环境控制单元三级分区体系，将十大流域划分为 341 个水生态控制区、1784 个水环境控制单元。在此基础上，确定了 1940 个国控地表水监测断面，公开发布了"十三五"期间水质需改善和水质需保持控制单元相关信息。实行"减排""增容"并重，理顺水生态环境管理体制，推进水环境质量持续改善和水生态系统功能逐步恢复。2019 年全国地表水国控断面中，Ⅰ～Ⅲ类断面比例为 74.9%，同比增加 3.9 个百分点；劣Ⅴ类断面比例为 3.4%，同比降低 3.3 个百分点。长江、黄河、珠江、松花江、淮河、海河、辽河七大流域和浙闽片河流、西北诸河、西南诸河Ⅰ～Ⅲ类断面比例为 79.1%，同比上升 4.8 个百分点，劣Ⅴ类断面比例为 3.0%，同比下降 3.9 个百分点。其中，海河流域由重度污染转为中度污染。重要湖泊（水库）Ⅰ～Ⅲ类断面个数占 69.1%，劣Ⅴ类断面个数占 7.3%。近 10 年（2009～2019 年），京津冀区域地表水达到或优于Ⅲ类断面比例增加了 17.5 个百分点，劣Ⅴ类断面下降了 34.7 个百分点；化学需氧量、氨氮和总磷浓度分别下降了 56%、63%和 47%。长江流域地表水国控断面优于Ⅲ类水质比例提高了 4.3 个百分点，劣Ⅴ类断面比例下降了 3.3 个百分点。

生态保护修复取得重要成效。近几十年来，我国实施了一大批重大生态保护与修复工程，包括天然林资源保护、退耕还林还草、退牧还草、防护林体系建设、河湖与湿地保护修复、防沙治沙、水土保持、石漠化治理、野生动植物保护及自然保护区建设。2016年，全国森林覆盖率由 21 世纪初的 16.6%上升到 21.6%。水土流失面积在 2000 年基础上减少了 1/6，实现荒漠化土地"零增长"。建成自然保护区 2750 个，总面积约占陆地国土面积的 14.8%，高于 12.7%的世界平均水平，85%的陆地生态系统类型和野生动植物得到有效保护。大熊猫、藏羚已经从"濒危"物种降为"易危"或"近危"物种。实施"山水林田湖草"系统性保护与修复，生态系统稳定性和服务功能得到明显提升。坚持"山水林田湖草是生命共同体"的理念，生态系统保护正由单一保护进入系统性、整体性保护阶段，通过加大推进重点区域和重要生态系统保护与修复、构建生态廊道和生物多样性网络、划定生态保护红线等政策实施，明显提升了生态系统稳定性和生态服务功能。2016 年，我国森林覆盖率提高到 22%左右，草原综合植被盖度达 54%，自然湿地保护率提高到 46.8%。沙化土地治理 10 万 km²、水土流失治理 26.6 万 km²，生态状况较 2012 年得到明显提高。陆地自然保护区面积约占全国陆地面积的 14.88%，高于世界平均水平。塞罕坝等一批生态保护修复重点地区建设成效明显，生态产品供给能力提高。超过 90%的陆地自然生态系统类型、89%的国家重点保护野生动植物种类以及大多数重要自然遗迹均在自然保护区内得到保护。启动实施生物多样性保护重大工程，完善生物多样性就地保护和迁地保护体系，逐步推广生物多样性保护与减贫模式。

海洋生态环境保护取得积极进展。加强海洋生态环境监测评估。目前，全国海洋生态环境监测机构总数达到 235 个，已形成覆盖国家、省、市、县四级的综合性、复合型海洋生态环境监测体系，监测范围覆盖我国管辖海域，并拓展至与国家权益和生态安全密切相关的西太平洋等公共水域，年均布设监测站位 13 000 余个，获取数据超 200 万条。发布《2017 年中国海洋生态环境状况公报》，编制首期《中国滨海湿地生态环境状况公报》。开展海洋生态环境综合治理，推动 2010~2015 年支持沿海地方的 270 余个海洋整修项目尽快完工，加快推进 2016~2017 年支持的 18 个蓝色海湾整治行动项目。加大资金支持力度，截至 2017 年年底，中央奖补资金累计拨付 52 亿元，地方配套资金落实约 31 亿元，18 个城市累计整治修复岸线 70 余千米，恢复滨海湿地 2100 余公顷，整治修复沙滩 40 余公顷，修复近岸陆地和岛屿植被 90 余公顷。健全海洋生态环境保护制度。印发《近岸海域污染防治方案》，制定《船舶水污染物排放控制标准》《最高人民法院关于审理海洋自然资源与生态环境损害赔偿纠纷案件若干问题的规定》。加强滨海湿地保护与管理，组织编制《滨海湿地保护管理规定》。组织开展海洋特别保护区选划，截至目前，已建立各级海洋自然保护区和特别保护区 270 余处，面积 1200 多万公顷，占管辖海域面积比例达到 4.1%。修订《海洋自然保护区管理办法》《海洋特别保护区管理办法》，制订《国家级海洋公园规范化建设导则》等技术标准。在浙江省及海口、青岛、连云港、秦皇岛等市开展"湾长制"试点。

国际影响不断扩大。随着世界多极化、经济全球化程度的逐渐加深，各国之间的联系不断增强。不同国家、区域间的经济、政治、文化、生态等方面的合作也进一步深化，各国之间加强生态交流，确立全球生态文明共识并在此基础上积极参与全球生态治理是时代发展的必然趋势。我国积极顺应时代潮流，从实际国情出发，将我国生态文明思想与国际生态文明治理现状相结合，提出了一系列具有中国特色的全球生态文明合作共治思想，向世界传播了中国的生态建设之音。我国发表了题为"弘扬人民友谊共创美好未来"的主题演讲，提倡打造"绿色丝绸之路"、共建绿色"一带一路"，构建"一带一路"绿色发展国际联盟，倡议携手构建合作共赢、公平合理的气候变化治理机制。同时借鉴不同国家的生态文明建设治理的相关经验教训，致力于推动南北对话、南南合作，尽量避免生态贸易壁垒、环保技术壁垒的产生。探索设立"中国气候变化南南合作基金"和"一带一路"绿色发展基金，为加强国家、区域生态对话合作提供中国力量。此外，我国利用各种国家交流平台，向世界传播美丽中国声音，在联合国日内瓦总部、二十国集团峰会、达沃斯世界经济论坛、亚太经合组织领导人非正式会议等国际会议多次阐释我国的全球生态理念，为全球生态治理提供中国生态智慧。与此同时，党的十九大报告将我国社会主义生态文明建设的个性与全球生态治理共性相结合，创造性提出建立富强民主文明和谐美丽的社会主义现代化强国战略目标，倡导建立持久和平、普遍安全、共同繁荣、开放包容、清洁美丽的世界，为我国生态文明建设描绘了美好蓝图。美丽中国建设思想是根据我国国情和生态治理经验，与国际生态现状相结合，向世界提供的中国生态治理理念，是中国为全球可持续发展作出的重大贡献，为国际生态共治提供了理论基础、中国生态智慧，为推动建立共商、共建、共享的美丽世界提供了中国生态方案。

3.2　其他有关进展与成就

生态文明建设是一项巨大而复杂的系统工程，自然资源、林草、水利、农业等各相关部门通力协作，在各自生态文明建设领域做了大量工作，取得了积极成效。

作为我国生态文明建设工作的重要参与者，自然资源系统近年来始终将生态文明建设要求贯穿在国土资源管理全过程。第一，促进国土空间开发格局优化，国土空间规划体系基本建立。第二，构筑了国土资源"三位一体"管护体系。坚持最严格的耕地保护制度，确立数量、质量、生态"三位一体"耕地保护新格局，全国划定永久基本农田 15.50 亿亩[①]，划定城市周边永久基本农田 9740 万亩，同生态红线、城市开发边界一起构成城市建设生态屏障。积极发展绿色矿业，形成一批矿产资源绿色开采新模式。第三，夯实生态国土建设制度基础，出台了《关于全民所有自然资源资产有偿使用制度改革的指导意见》《自然资源统一确权登记办法（试行）》《自然生态空间用途管制办法（试行）》《关于扩大国有土地有偿使用范围的意见》《矿业权出让制度改革方案》等一批顶层设计和政策文件。

林草部门结合自身实际工作职责助力生态文明建设，原国家林业局专门出台了《推进生态文明建设规划纲要》，纲要综合考虑《全国主体功能区规划》、《中国可持续发展林业战略研究》和《全国林业发展区划》成果，在"两屏三带多点"的国土生态安全战略框架下，着力构建东北森林屏障、北方防风固沙屏障、东部沿海防护林屏障、西部高原生态屏障、长江流域生态屏障、黄河流域生态屏障、珠江流域生态屏障、中小河流及库区生态屏障、平原农区生态屏障和城市森林生态屏障十大国土生态安全屏障。构建起国土生态空间规划体系、重大生态修复工程体系、生态产品生产体系、支持生态建设的政策体系、维护生态安全的制度体系以及生态文化体系六大体系。在以上指导思想的引领下，近年来我国森林覆盖率等关键指标显著提升，截至 2019 年我国森林覆盖率已达 22.96%，草原植被综合盖度提高到 55.7%，沙化土地面积年均减少 19.8 万 hm^2，湿地保护率达到 52.2%，各级各类自然保护地 1.18 万处，约 90% 的典型陆地生态类型、85% 的野生动物种群、65% 的高等植物群落被纳入保护范围。

水利部门将生态文明理念融入水资源开发、利用、治理、配置、节约、保护各个领域，科学谋划、统筹推进水生态文明建设，取得了显著成效。水生态文明城市建设加快推进。五年来，水利部将水生态文明城市建设作为水生态文明建设的重要平台抓手和推动美丽中国建设的实践行动，出台《关于加快推进水生态文明建设工作的意见》的指导文件，选择了两批共 105 个基础条件较好、代表性和典型性较强的市、县，开展水生态文明建设试点工作。第一批试点城市集中式饮用水水源地安全保障达标率较试点前提升

---

① 1 亩≈667m²，下同。

23%，有 38 个试点成为国家生态文明先行示范区，7 个试点进入国家海绵城市试点行列。河湖生态环境极大改善。水利部全面安排部署河湖水系连通工作，通过中央财政资金补助的方式引导地方实施了 84 个县市层面的江河湖库水系连通项目。通过采取河道连通、清淤、生态护岸建设等措施，改善了 362 条（个）河流（湖泊或水库）的连通性，补充生态水量近 6.9 亿 m³，新增生态护岸长度 585km，增加水面面积 180km²，新增或改善湿地面积 186km²。针对一些地方出现的河湖萎缩、连通不畅、生态功能退化等问题，水利部指导地方政府加强河湖综合整治和修复，先后实施了塔里木河、石羊河等生态脆弱流域综合治理，流域生态环境明显改善。敦煌水资源合理利用与生态保护规划近期目标任务顺利完成，月牙泉水位缓慢上升，水域面积不断扩大，河道生态下泄水量逐年增加。牛栏江-滇池补水工程已建成并向滇池补水 17 亿 m³，滇池外海氨氮、总磷浓度明显降低，绝大部分水质好转。水土流失综合防治成效显著。五年来，按照国务院批复的《全国水土保持规划（2015—2030 年）》总体要求和目标任务，水利部统筹生态、经济、社会效益，因地制宜、科学规划，积极构建与生态文明要求相适应的水土保持法律法规体系，积极推进重点区域水土流失综合治理，全面加强预防保护及生态修复，着力改善生态环境，促进群众脱贫致富，将新理念转化为新举措、新行动，用实践与实效诠释了"绿水青山就是金山银山""改善生态环境就是发展生产力"的生态文明发展之道。

农业农村部门按照中央关于生态文明建设、乡村振兴战略的部署要求，坚持新发展理念，大力推进农业农村节能减排工作，为建设农村生态文明、转变农业发展方式、实现农业绿色发展作出了积极贡献。第一，推动沼气转型升级和农作物秸秆综合利用。2015年起会同国家发展和改革委员会实施农村沼气转型升级，共投资 60 亿元重点支持建设大型沼气项目 1423 处、生物天然气试点项目 64 处。会同财政部开展秸秆综合利用工作，支持秸秆综合利用重点领域和关键环节，有效突破收、储、运体系瓶颈，区域秸秆处理能力得到显著提升，2016～2020 年累计支持资金 77 亿元。第二，开展化肥、农药施用量零增长行动。2015 年以来，开展"到 2020 年化肥、农药施用量零增长行动"，经过 5 年的持续推进，节肥节药成效明显。化肥、农药施用量连续 3 年保持负增长，提前实现到 2020 年化肥、农药施用量零增长的目标。2019 年我国水稻、玉米、小麦三大粮食作物化肥利用率为 39.2%，比 2015 年提高 4 个百分点；农药利用率为 39.8%，比 2015 年提高 3.2 个百分点；测土配方施肥技术覆盖率达到 89.3%，专业化统防统治覆盖率达到 40.1%，主要农作物病虫绿色防控覆盖率超过 37%。第三，推进畜禽粪污资源化处理利用，以畜牧大县和规模养殖场为重点，整县推进畜禽粪污资源化利用，支持粪污处理设施建设，累计安排资金 176.5 亿元，共支持近 10 万家规模养殖场（户）开展畜禽粪污资源化利用。制定和印发土地承载力测算技术指南、利用设施建设规范等文件，促进种养协调发展。目前，585 个畜牧大县畜禽粪污资源化利用整县治理已实现全覆盖。全国畜禽粪污综合利用率达到 75%，规模养殖场粪污处理设施装备配套率达到 93%。第四，推进农村人居环境整治。贯彻落实《农村人居环境整治三年行动方案》，积极推进各项整治工作。与财政部组织实施农村厕所"革命"整村推进奖补政策，以奖代补方式支持和引导各地推动有条件的农村普及卫生厕所，2019 年落实 70 亿元资金，2020 年已拨付 49 亿元资金。会同国家发展和改革委员会安排预算内投资支持中西部省份整县开展农村厕所"革命"等人居环境整治，2019 年落实 30 亿元资金，2020 年已拨付 21 亿元。

全民积极行动参与生态文明建设。鼓励和引导绿色生活方式，印发《关于开展"美丽中国，我是行动者"主题实践活动的通知》《公民生态环境行为规范（试行）》等文件，组织开展"绿色发展 绿色生活"等主题实践，引导公民践行绿色生活。积极将生态文明教育纳入国民教育体系，引导学生树立尊重自然、顺应自然、保护自然的发展理念。不断推进环保设施和城市污水垃圾处理设施向公众开放。推出河北塞罕坝林场、浙江湖州、内蒙古库布其等生态文明建设典型。开展 2016～2017 年度绿色中国年度人物评选表彰活动，以榜样示范带动更多人参与生态环境保护。支持社会组织开展环境公益诉讼，各级人民法院畅通诉讼渠道，保障社会组织公益诉权，引导社会公众有序参与生态环境保护。2015 年 1 月 1 日至 2018 年 6 月 30 日，全国法院受理社会组织提起的环境公益诉讼案件 180 件，审结 98 件。其中，依法审理泰州水污染环境公益诉讼案、腾格里沙漠环境污染系列公益诉讼案、德州大气污染环境公益诉讼案、北京"幼儿园毒跑道"公益诉讼案等具有典型意义的标志性案件。加强信息公开，完成生态环境信息资源共享目录体系，依据申请提供环境质量监测信息。发布京津冀、长三角、珠三角区域、全国 31 个省（自治区、直辖市）、36 个重点城市空气质量预报信息。自 2016 年 1 月起，地级以上城市按月公开集中式生活饮用水水源水质监测信息。落实《建设项目环境影响评价政府信息公开指南（试行）》。加强污染源监测和环境监管执法信息公开。全面推行环境执法"双随机、一公开"。

3.3　经验与挑战

3.3.1　取得的主要经验

一是习近平新时代中国特色社会主义思想，为做好生态文明工作提供了科学指引、实践动力和根本保障。

二是加强生态文明建设顶层设计，形成一系列源头预防、过程严防、后果严惩的制度方案。

三是坚持以改善环境质量为核心，形成了多手段、多部门、跨区域统筹运用的工作合力和联动效应，有力提高了生态环境治理措施的针对性、有效性。

四是探索形成了符合我国国情的污染防治攻坚新策略、科学精准施策和"五步法"新打法（精准能力提升），有力推动党中央决策部署得到贯彻落实。

五是生态文明建设宣传和舆论引导，群众基础好，全社会积极主动参与。

六是各地区和各级生态环保、水利、林业、农业、资源等部门增强意识，贯彻落实各项政策，为各项工作开展提供了人力、物力、财力基础保障。

3.3.2　面临的问题和挑战

1）更加深入贯彻落实习近平生态文明思想，转变观念，提高政治站位，压实"党政同责""一岗双责"的政治责任还需加强。

一是重发展、轻保护的理念意识在一些地方依然根深蒂固。长期以来，我国的政绩评价体系以经济增长、重大工程项目建设成绩为主导，地方政府以 GDP 为指挥棒的执政理念强烈，造成多年来发展与保护的矛盾十分尖锐。尽管当前生态文明建设纳入"五位一体"的总体布局、绿色发展成为国家五大发展理念之一，并作出系列重大部署，但部分地区上行下未效现象仍较突出，尤其是越到基层越片面追求经济增长，工作导向上未充分体现尊重自然、顺应自然、绿色发展要求，工作实践上生态环保让位经济产业发展。二是横向和纵向压力传导机制不够顺畅，"党政同责""一岗双责"有待进一步强化。纵向看，中央对地方的生态环保压力传导存在"涟漪衰减"效应。尤其在经济增长下行压力下，一些地方和有关部门对履行生态文明建设的定力不足、落实不到位。对书记、县长而言，"上面有压力、下面没感觉""说起来重要、干起来不重要"。横向看，政府同级部门间生态环保责任"推诿扯皮"的掣肘现象向上逐级递增。当前中央明确提出了"管行业必须管环保，管业务必须管环保，管生产经营必须管环保"的一岗双责要求，由于基层书记、县长、市长等统筹调配资源能力强，更易于落实责任，而越向上，部门间职责交叉、责任真空、责任盲区问题越突出。

2）深化生态文明建设，继续坚持打好污染防治攻坚战，保持久久为功的战略定力还需加强。

生态文明建设是功在当代、利在千秋的伟大事业，关系中华民族的永续发展，关乎国家的前途命运。近年来，各级党委政府高度重视生态文明建设，积极探索生态优先、绿色发展为导向的新路子，一以贯之地加强生态文明建设。同时，也要看到，在经济形势不稳定、不确定因素增多的情况下，部分地方和领导存在思想摇摆的倾向，对生态文明重要性的认识出现了弱化，放松生态环境监管的风险有所增加。习近平总书记强调，保护生态环境和发展经济从根本上讲是有机统一、相辅相成的。道理大家都明白，难就难在能否做到知行合一。不能道理是道理、干事归干事，说起来重要、做起来次要，抓一阵松一阵，上面督察得紧就抓一下，风头过去了又放一边。更不能因为经济发展遇到一点困难，就开始动铺摊子上项目、以牺牲环境换取经济增长的念头，甚至想方设法突破生态保护红线。打好污染防治攻坚战是以习近平同志为核心的党中央作出的重大战略部署，是 2020 年全面建成小康社会必须完成好的重大任务，我们要清醒地认识到，生态文明建设的成果来之不易，务必保持战略定力，不动摇、不松劲、不开口子，否则不仅会前功尽弃，也会为今后发展埋下更大的后患。

3）坚持环境与经济协调发展，实现产业优化升级、区域协调发展、城乡均衡发展还需加强。

与发达国家百年工业化进程比较，我国走的是压缩型、追赶型的快速工业化道路，历经快马加鞭的经济发展与城市建设，已跃居世界第二大经济体、制造业大国，8 亿左右人口生活在城镇。长期发展形成的以重化工业为主的投资结构、产业结构、能源结构，导致支撑经济增长的资源能源环境代价巨大，经济社会发展过程中累积形成的不平衡、不协调问题突出。一是资源能源高消耗、污染排放高强度、产出和效益低下的特征仍较为明显。近年来我国产业结构调整加快，但总体来看，重工业产值占工业产值的比例仍持续保持在60%以上，200 多个工业产品的产量位居全球第一。未来经济实现根本转型是我国实现社会主义现代化的前提。如何在经济转型升级过程中，协调环境保护与经济发展的关系，是生态文明建设面临的难题。二是区域经济发展进程分化，落后产能向中西部转移。随着经济社会快速发展，区域发展的进程不一、梯度差异鲜明、产业区域性转移特征突出，直接带来了环境压力、环保投入及治理水平的差异。三是城乡发展与治理进程不均衡，低层次业态大量进入农村地区并集聚。在城市环境治理水平、环境质量改善与百姓福祉取得长足进步的同时，城市污染企业出现了向农村转移的趋势。由此带来的农村环境问题已非常突出，农村环境基础设施与能力建设不足，与城市环境公共服务差距巨大。

4）加强废弃物管理，提高废弃物资源综合利用效率，建设清洁低碳、安全高效的资源能源利用体系亟须加强。

十九大报告提出要"壮大节能环保产业、清洁生产产业、清洁能源产业"，十九届四中全会又强调"要全面建立资源高效利用制度"，节约资源、保护资源、有效利用资源是生态文明建设和保护生态环境的根本之策。当前，我国废弃物资源化利用效率还很低，废弃物全产业链协同利用少，资源化技术和工程装备较为落后，清洁低碳、安全高效的资源能源体系建设还很不完善。习近平总书记指出"垃圾是放错位置的资源""发展循环经济是提高资源利用效率的必由之路"。要进一步就废弃物资源化做好顶层设计，制定和完善相关法规政策，在循环经济促进法和清洁生产促进法的基础上，制定资源利用法，并建立与之相适应的节约利用法规体系、标准体系和技术体系。要加强科技创新驱动，推进能源节约和替代技术、废弃物资源化技术、延长产业链和相关产业链接技术、可再生能源开发利用技术等重点技术的研发，建设"资源—产品—再生资源"的循环模式。要推进资源全面节约和循环利用制度建设，建立健全绿色低碳循环发展的现代化经济体系。

5）如何落实"两山"理论，更好地坚持和完善生态产品转化机制还亟须加强。

生态产品价值实现理念是"两山"理论在实践中的代名词和推进抓手，全国上下开展了大量生态产品价值实践的创新探索。然而，"绿水青山"与"金山银山"的转化路径难题还没有从根本上得以破解，生态产品价值实现还存在重大理论技术和工程瓶颈，缺乏可复制、可推广的实践模式，机制体制创新亟待加强。生态产品价值实现涉及生态、环境、经济、产业、金融、法律、工程等各个领域的重大基础理论、关键技术等诸多科学技术难题，生态产品的公共属性与市场实现机制之间的矛盾是一项世界性的难题。生态产品价值实现也是一项涉及政府、企业、个人的复杂社会性工程，需要在法律政策、领导组织、机构设置、财税制度、市场机制等方面做出一些重大变革，突破行业部门和各级政府原有的一些规章制度和惯常做法。在实践模式上，生态产品价值实现在世界范围内还没有成熟的、可系统推广借鉴的经验和模式。

第 2 篇

中国生态文明建设的研究成果

第4章 中国生态文明理论研究成果

4.1 生态文明文献检索概述

在中国知网以"生态文明"和"理论"为关键词检索中文文献，得到的结果是 21 128 条，其中有期刊文章 11 681 篇，硕士论文 6437 篇，博士论文 1384 篇，报纸报道 775 篇，会议文章 674 篇。对这些文献的记录进行年份统计，可知 2002 年之后文献数量出现了明显的增长，在 2013～2015 年达到顶峰，年均发表超过 2500 篇（图 4-1）。

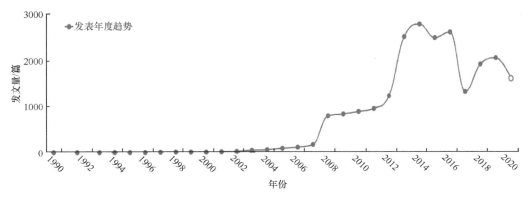

图 4-1　中文文献检索结果年度趋势

以上文献的前二十位高频关键词，"生态文明"出现频率最高，达 6353 篇，其次是"生态文明建设"（1575 篇）和"可持续发展"（772 篇）。前二十位的高频关键词可分为两类：一类与马克思主义相关，另一类与生态环境相关（图 4-2）。

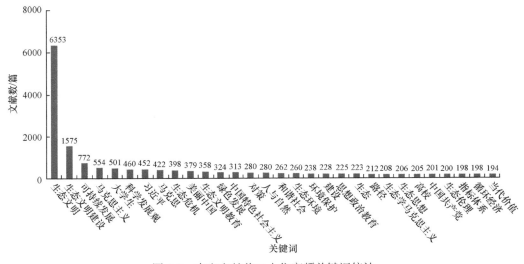

图 4-2　中文文献前二十位高频关键词统计

以上统计的文献主要来自学术机构，其中前二十位机构见图 4-3。最多的机构是北京林业大学（304 篇），其次为吉林大学（264 篇）和中共中央党校（258 篇）。

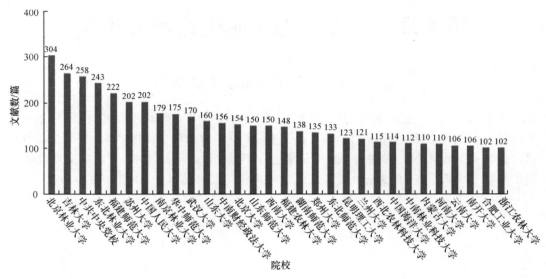

图 4-3　中文文献来源学术机构统计

所有文献的前二十位学科类型分布如图 4-4 所示，其中环境领域占比最高，约占文献总数的 1/3，其次是政治和马克思主义，两者之和将近总数的 20%。

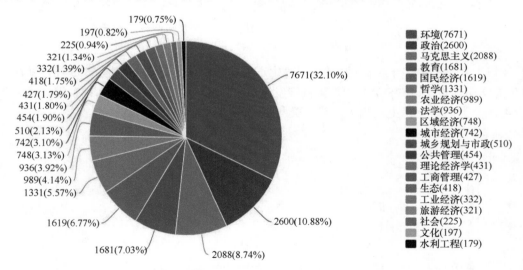

图 4-4　所有文献的前二十位学科类型分布

为更好地反映领域热点和研究文献的相互关系，选取被引数最高的前 200 篇文献进行计量分析。所选的 200 篇文章主要发表于 2000 年之后，而引证文献主要从 2006 年起出现数量的激增，至 2017 年达到顶峰，说明生态文明理论研究在近 10 年得到了学界的重视。200 篇高引文献中，绝大多数是期刊论文，占总数的 72.5%。文献主要的学科是社会科学领域，约占总数的 35%，其次是工程科技领域，占总数的 30%（图 4-5）。

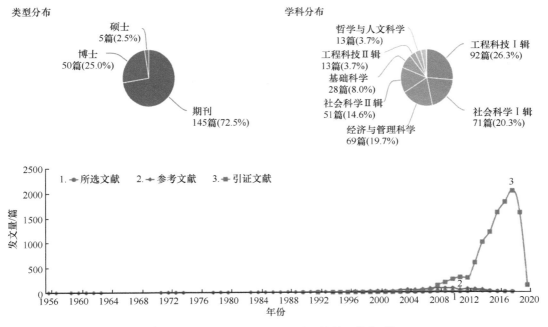

图 4-5　200 篇高引文献的类型、学科及发表时间

分析 200 篇文献的作者合作网络，发现该领域作者间合作较少，网络各节点之间大多相互独立，主要原因在于生态文明理论与多学科相关，研究方向众多。分析关键词网络（图 4-6），超过 5 次的研究关键词依次为生态文明（91），生态文明建设（20），习近平（15），可持续发展（12），指标体系（11），中国特色社会主义（9），中国（8），科学发展观（7），人与自然（7），生态环境（6），马克思主义（6）等。其中，生态文明是最为核心的节点，中心度为 0.69。在网络分析的基础上进一步聚类，得到的主要的六类聚类分别为：①习近平；②当代马克思主义；③中国；④人与自然；⑤指标体系；⑥文明结构。

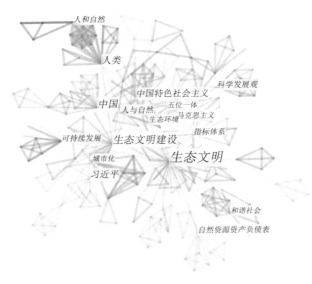

图 4-6　生态文明高引文献合作网络和关键词网络

4.2　生态文明建设与马克思恩格斯生态哲学

遵循发展规律是马克思主义规律论的基本要求，是科学发展、绿色发展、永续发展的真谛和本质规定。习近平生态文明思想以"人与自然和谐共生论"继承和发展了马克思主义人与自然和谐发展规律，以"绿水青山就是金山银山"的环境生产力论继承和发展了马克思主义绿色生产力发展规律，以生态环境是关系党的使命和宗旨的重大政治问题和关系民生的重大社会问题的生态政治论继承和发展了马克思主义生态政治发展规律，以统筹"山水林田湖草"系统治理的生命共同体论继承和发展了马克思主义客观世界普遍联系的辩证运动规律（方世南，2019；毛华兵和闫聪慧，2020）。

马克思生态思想是马克思在 19 世纪工业革命不断推进并带来环境危机的时代背景下，站在哲学的高度对黑格尔唯心主义思想和费尔巴哈旧唯物主义思想批判的基础上产生的。在马克思的思想框架中，人是自然界的一部分；人依靠自然界生活；人与自然界以劳动为桥梁进行着物质交换；人类与自然界要和谐相处；人必须敬爱自然、爱护自然、顺应自然；生产关系和社会制度影响着人与自然的和谐（夏爱君和杨松，2018）。绿色发展理念在理论源流上是对马克思主义生态文明观的历史性继承，并对此进行了深刻的发展和创新。这一理论上的发展和创新主要体现在目标、价值、发展动力和发展的内在要求等对马克思生态文明观的理论体系进行全面的提升，并以马克思生态文明观的话语体系对当前中国所面临的发展问题进行了系统地解读和规划（李国俊和陈梦曦，2017）。

恩格斯有整体性解决自然矛盾和社会矛盾的"红绿交融"思想。把生态矛盾与阶级矛盾紧密结合起来探究生态问题，将生态问题看作是重大政治问题，将生态危机看作是资本主义政治危机在生态领域的折射，主张通过无产阶级革命消灭私有制和彻底中断资本逻辑，找到解决生态危机的根本出路，这些都彰显了恩格斯生态思想的鲜明政治导向，同时也是恩格斯运用唯物史观科学地揭示自然界发展规律的体现、资本主义社会发展规律和人类社会发展规律的体现（方世南，2020）。

人与自然的辩证关系是马克思恩格斯生态文明观的逻辑起点，人口、资源以及经济的协调发展是马克思恩格斯生态文明观的实践基础，人与自然的和谐发展是马克思恩格斯生态文明观的目标价值导向（李莉，2018）。在马克思生态思想中，强调了自然的先在性，认为人类是自然的组成部分，人类必须依赖自然方可实现有效的生存、发展，人类要想实现现代社会的有效发展，必须要遵循自然发展规律，这也是建立人与自然和谐关系的重要一环。于海霞（2020）认为，马克思生态思想对生态文明建设具有重要启示，一是马克思生态思想为生态文明建设提供理论依据；二是生态意识是生态文明建设的重要组成部分，树立良好的生态意识，对于生态文明建设很重要；三是马克思生态思想为我国解决生态危机指明了方向。

马克思恩格斯生态思想以实践为基础审视人与自然以及人与人的关系。作为主体的人，既要充分发挥主体能动性，又要尊重客观自然规律，从而实现人与自然的和谐统一。马克思恩格斯生态思想对于我国生态文明建设具有重要的现实指导意义，如重视实践的作用、正视人的主体地位、构建科学的生态体制等。为此，应积极发挥企业、社会组织以及公众的力量，健全环保法律法规，加大监督力度，全面构建中国特色生态文明体系。生态文明建设新概念和新战略的提出把马克思主义生态文明理论与实践推进到了一个新阶段。马克思主义生态文明思想先后经过共产主义国际运动的补充和丰富、原苏联布尔什维克党的生态理论与实践以及西方生态马克思主义学者的挖掘和深化，形成了一些理论成果和实践启示。中国共产党提出生态文明建设的国家战略，已经成为马克思主义生态文明思想的创新实践（王铎燕，2017；王文兵，2020）。

作为对工业文明的超越，生态文明区别于工业文明的根本是人与自然关系价值取向的不同，以及由此决定和衍生的生产生活方式以及制度体系的不同。生态文明不仅是人类社会的文明，也是自然生态的文明，是两者的有机统一，具有整体性、综合性和协调性，正因为如此，生态文明才是比工业文明更高级、更先进、更伟大的文明。在这个维度下，建设生态文明，就是要摒弃工业文明"征服自然""人类中心主义"的价值理念，代之以人与自然平等相处、和谐共生的价值理念，重塑价值体系，并对工业文明下的生产生活方式及其制度安排进行生态化改造和绿色转型（俞可平，2005；申曙光，1994；周生贤，2013）。

4.3　生态文明建设与中国古代哲学

我国古代生态伦理相关的学派主要包括儒家、道家和墨家，各学派的侧重点不同，如儒家生态伦理思想强调以仁爱为主的人与自然关系；道家生态伦理思想突出人是自然的一员并与世间万物有平等关系等。我国古代各学派伦理思想对当代生态建设有很大的启示作用，是建设新时代中国特色社会主义生态文明的重要思想源泉（谷保军和郝钰叶，2020）。

传统儒家思想富含了"天人合一"的和谐思想、"仁民爱物"的厚生思想以及"以时禁发"的节度思想等大量与生态文明建设相关的有益思考（葛厚伟，2019），人与自然的关系问题自古以来即是哲学研究的基本问题。孔子说，"天何言哉？四时行焉，百物生焉，天何言哉？"这里的"天"就是指自然界，它具有让四时周转、万物生长的功能，保持着生长、运动与发展的基本秩序。儒学在孟子、荀子、陆王心学、董仲舒天人宇宙论、程朱理学等各阶段的发展，都是围绕"天"与"人"、"天道"与"人伦"之间的互相交织、彼此周流关系而进行演绎（李洪林，2015）。

"天人合一"思想渗透到中国传统文化的方方面面，"天人合一"思想中涵盖的仁爱待物、自然无为、慈悲情怀等内容在客观上涉及了正确利用自然资源、保护生态平衡等思想，对当代生态文明建设有一定的启示。《论语》的"性与天道"思想是儒家生态伦理思想的基础，它蕴含的"仁爱"思想上达天道，下贯人性，具有连接天人的内在趋势。《孟子》承续了《论语》的仁爱思想，并扩展为"仁民爱物"的生态伦理关怀，奠定了儒家生态伦理思想的基础。《中庸》以"诚"和"参赞化育"连结《论语》和《孟子》，确立了人在自然中的德行主体地位，也使儒家生态伦理思想区别于人类中心主义和自然中心主义。《大学》提出的"修齐治平"的生态修养路径，则进一步为我们提供了生态德行修养的资源，对于今天培育生态公民具有重要的启示和借鉴意义（李晗，2019）。蒙培元先生曾对中国哲学关于"生"的论述有过精辟的分析。他认为，"生"的哲学是生成论的哲学，是生命的哲学，是生态的哲学。因为是生态的哲学，所以中国古人心中的自然是"天人合一"的。中国古代生态哲学思想与现代社会的生态文明建设有很深的理论渊源，中国古人用"阴阳五行"学说解释处理自然界的奥秘以及人与自然之间的关系，"三才论"贯穿于我国生态文明发展的始终。

卢风教授指出，《道德经》所阐释的反物质主义、反理智主义思想和甘于居小的智慧对生态文明建设具有深刻的启示（卢风，2010）。习近平新时代中国特色社会主义思想中，"人与自然和谐共生"新理念与中国古代生态哲学在价值上、认知上最为契合。以儒家"天人合一""生生不息"与道家"天人一体""道法自然"诸观念为核心的中国古代生态哲学，不但能为"人与自然和谐共生"新理念提供充分的理论支撑，而且可作为"人与自然和谐共生"新理念这一主体之"两翼"，配合其发展出更为深刻、更贴近中国文化土壤的生态伦理思想。

4.4 生态文明与可持续发展研究

世界各国主要是发达国家的环境保护工作，大致经历了限制阶段、"三废"治理阶段、综合防治阶段和规划管理阶段。从早在 19 世纪就已发生的英国泰晤士河污染事件、日本足尾铜矿的污染事件等到 20 世纪 50 年代前后相继发生的比利时马斯河谷烟雾、美国洛杉矶光化学烟雾、美国多诺拉镇烟雾、英国伦敦烟雾、日本水俣病和骨痛病、日本四日市大气污染和米糠油污染事件等八大公害事件可以看出，当时发达国家环境污染问题非常突出，彼时环境问题只是被看作工业污染问题，所以环境保护工作主要就是治理污染源、减少排污量。

1972 年联合国召开了人类环境会议，通过了《联合国人类环境会议宣言》。此次会议成为世界环境保护工作的重要里程碑。宣言明确指出，环境问题不仅仅是环境污染问题，还包括生态破坏问题。宣言首次把环境与人口、资源和发展联系在一起，指出要从单项治理向综合防治迈进，从整体上来解决环境问题。1973 年 1 月，联合国大会决定成立联合国环境规划署，负责处理全球环境方面的日常事务。

20 世纪 80 年代，因为经济危机和能源危机，发达国家急于寻求发展、就业和环境三者协调发展之道，提出要在发展经济的同时，不断改善和提高环境质量。

1992 年 6 月，联合国在里约热内卢召开了环境与发展大会，通过了以"可持续发展"理念为核心的《里约环境与发展宣言》《21 世纪议程》等文件，此次会议成为世界环境保护工作的新起点。大会所倡导的"可持续发展"理念是生态文明建设的重要源头之一，可持续发展理念反映了世界上一大批先进思想家总结工业社会发展伤害自然和污染环境所得的思想精华。

对可持续发展相关的文献进行研究方向统计，主要研究领域集中在环境科学生态方向，此外也包括了政策管理和法律等方向（图 4-7）。就具体研究学科来看，最多的学科为环境科学，占总数的 20%，其次为环境研究（18%）和绿色可持续科学研究（17%）。

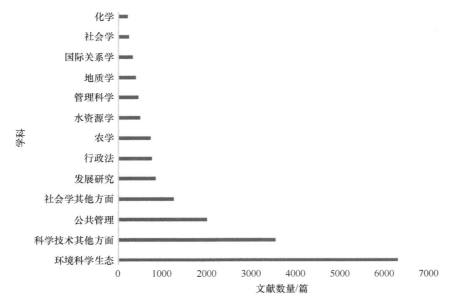

图 4-7　可持续发展相关文献的主要学科或研究方向统计

可持续发展相关文献近年来发表量持续增长,在 2015 年之后增长尤为明显(图 4-8),说明该领域越来越受到国际学界的重视。这些文献中,主要来源国家(地区)依次是中国、美国和英国(图 4-9),分别占总数的 16%、11%和 8%。

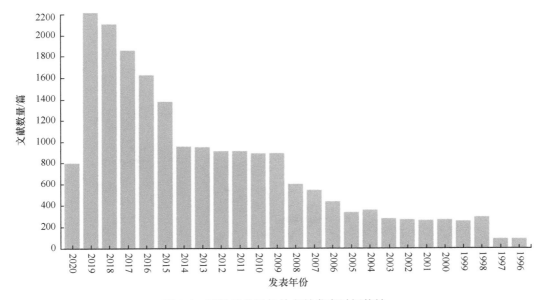

图 4-8　可持续发展相关文献发表时间统计

进一步地,选取引用率最高的 200 篇文献进行文献网络分析(图 4-10)。本书采用 Citespace 软件分析了关键词网络,共同次数最多的关键词是"可持续发展"(sustainable development),共计 57 次,其次为"可持续性"(sustainability)18 次、"管理"(management)15 次,其余关键词频率均在 10 次或以下。

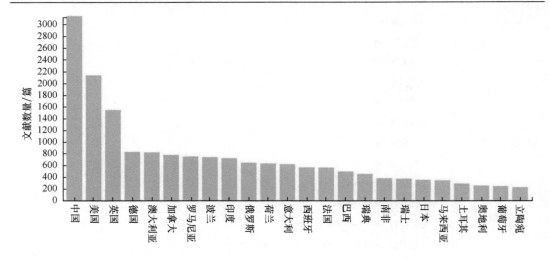

文献来源地区统计

图 4-9　可持续发展相关文献来源国家统计

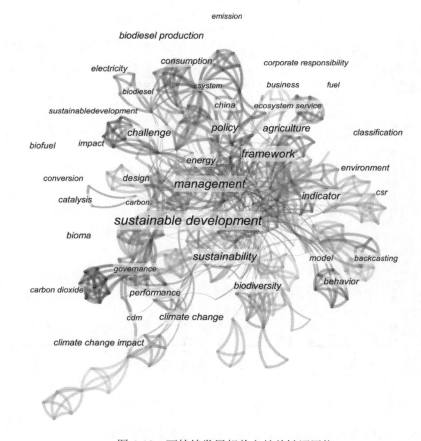

图 4-10　可持续发展相关文献关键词网络

　　可持续发展观点的出现最早能够追溯到 1980 年，世界自然保护联盟（IUCN）、世界自然基金会（WWF）与联合国环境规划署（UNEP）在其共同发表的《世界自然保护纲要》文件中首次明确提出了可持续发展的概念。1987 年，在世界环境与发展委员会（WCED）的报告《我们共同的未来》中第一次正式使用了可持续发展这一概念，并将其定义为："既能满足当代人的需要，又不对后代人满足其需要的能力构成危害的发展"。该报告不仅给出了可持续发展的定义，还对可持续发展展开了系统性的阐述，在所有对可持续发展的定义中，该报告对可持续发展的定义最被人们认可且影响深远，此后学者们对可持续发展的定义多数都是在这一定义的基础上发展演化而成的。

1981 年，美籍学者布朗在其著作《建设一个可持续发展的社会》中写道：通过控制人口的过度膨胀、保护资源基础与开发高效绿色的可再生能源来实现可持续发展。1992 年 6 月，在巴西里约热内卢举办的联合国环境与发展大会上，来自 178 个国家和地区的领导人一致通过了《21 世纪议程》《联合国气候变化框架公约》等一系列重要的文件，将经济发展和环境保护密切联系在一起，并提出了可持续发展战略，这不仅使得可持续发展从理论探索阶段走向实践阶段，开始在全球范围内付诸行动，同时也是可持续发展思想形成过程中的里程碑式重大进展。同年，中国政府也首次将可持续发展战略纳入其编制的《中国 21 世纪议程：中国 21 世纪人口、环境与发展白皮书》中，自此，可持续发展战略作为一个重要的组成内容被正式纳入了我国经济与社会发展的长期规划中。1997 年在中共十五大上，可持续发展战略更是被确立为中国在社会主义现代化建设中必然实施的战略，将可持续发展的内涵范围扩大到了社会、生态和经济三个层面。

可持续发展理论发展至今，各国专家和学者都就其定义和内涵给出了自己独到的诠释，而在国际上，关于可持续发展的定义更是超过 100 种之多。

戴利（Daly）和科斯坦萨（Costanza）等认为可持续发展的终极目标是为了发展和保证人类的生存。这一类型的定义多产生在可持续发展思想孕育的早期阶段，是经济学家和生态学家对该理论的最终目标深入探讨后得到的结论。

只有建立在生态可持续、社会公正和人民主动参与自身发展决策的基础上的经济发展才是健康的；要在不对后代人的生存和发展构成威胁的前提下，满足人们的不同需求，使每一个个体都能得到充分的发展，又要对资源和生态环境加以保护。

雷德里夫特（Redelift）和康韦（Conway）等认为可持续发展的社会意义在于为人类提供优质的生存环境，这类定义将整个人类社会作为可持续发展的终极着眼点，强调要将提高人类的健康水平和生活质量以及获取必需资源的途径纳入发展的范围之内，保护人们的平等自由和人权等生存环境，为人们提供良好的生活环境。

联合国国际人口与发展会议通过的《国际人口与发展会议行动纲领》特别指出："可持续发展问题的中心是人"。强调了可持续发展要确保当今和后世所有人公平享受福利，应充分认识和妥善处理人口、资源环境和发展之间的关系，并使它们协调一致以求得互动平衡，突出了人口在可持续发展中的重要地位和作用。简而言之，在全部可持续发展的诸多因素中，人口是中心，经济是基础，环境是前提。总体上看，这一概念中有两个最基本的要点：一是强调人类在追求健康的生活权利时，也应当坚持其与自然环境相和谐，而不应凭借手中的技术，采取耗竭资源、破坏生态和污染环境等方式追求这种发展权利的实现；二是强调当代人在创造和追求今世发展与消费的同时，应承认并努力做到使自己的机会与后代人机会相等，不允许当代人一味片面地、自私地追求自己的发展，而毫不留情地剥夺后代人本应合理享有的同等权利。

《2030 年可持续发展议程》于 2015 年在联合国大会第七十届会议上通过，于 2016 年 1 月 1 日正式启动。该议程呼吁各国采取行动，为今后 15 年实现 17 项可持续发展目标而努力。这些目标述及发达国家和发展中国家人民的需求，并强调不会落下任何一个人。该议程范围广泛且雄心勃勃，涉及可持续发展的三个层面：社会、经济和环境，以及与和平、正义和高效机构相关的重要方面。

2019 年，联合国发布《2019 年全球可持续发展报告》以审视全球状况，考察《2030 年可持续发展议程》通过四年来，联合国 193 个会员国在实现 17 项目标方面的进展，进而衡量与目标间的差距。报告指出，在减少极端贫困、免疫普及、降低儿童死亡率和增加人民获得电力的机会等领域取得进展。但报告也同时警告，全球行动还缺乏雄心，最弱势的人口和国家仍遭受着痛苦。报告发出警告，气候变化的影响以及国家内部和国家之间日益加剧的不平等正在破坏可持续发展议程的进展，有可能扭转过去几十年使人民生活改善的许多成果。报告设定了气候变化、无贫穷、零饥饿、良好健康与福祉、性别平等与体面工作等关键内容的目标。

1）在气候行动和生物多样性等与环境有关的目标中，缺乏进展尤为明显。联合国最近发布的其他主要报告也警告说，生物多样性受到前所未有的威胁，迫切需要将全球气温上升幅度控制在工业化前水平的 1.5℃变化范围以内。2018 年是有记录以来第四热的年份。2018 年二氧化碳浓度水平继续增加。海洋酸度比工业化前时代高 26%，以目前的二氧化碳排放速度，预计到 2100 年将增加 100%～150%。环境恶化的影响正在对人们的生活造成不利后果。极端天气与更频繁、更严重的自然灾害以及生态系统的崩溃，造成粮食不安全加剧、人们的安全和健康恶化，迫使许多社区遭受的贫困、流离失所和不平等加剧。虽然一些国家采取了积极步骤制定气候行动计划，但报告显示，全球在扭转气候变化方面仍需要"更具雄心的计划和加速的行动"。

2）联合国将极端贫困定义为"基本人类需求被严重剥夺"的处境。报告指出，全球极端贫困率正持续下降，但下降速度不断放缓，以至于全球无法实现到 2030 年极端贫困率低于 3%的目标。全球极端贫困人口数量从 1990 年的 36%下降到 2018 年的 8.6%。从这一历史进展来看，人们有理由保持乐观。然而也需认识到，暴力冲突和灾难对消除贫困的进程造成了影响。同时国家之间和国家内部的不平等日益加剧。四分之三的发育迟缓儿童生活在南亚和撒哈拉以南非洲；农村地区的极端贫困率是城市地区的 3 倍；只有四分之一的重度残疾人能领取残疾养恤金；妇女和女童仍然面临实现平等的障碍等。

4.5 为全球可持续发展贡献中国智慧和中国方案

持续推动习近平生态文明思想的国际传播、深度扩展习近平生态文明思想与中国生态文明建设成就的国际影响，是全面推进全球生态文明建设、构建全球生态共同体的内在要义，也是新时代生态文明战略的重要使命。在全球环境治理理念的规范性话语塑造进程中，中国不仅要着重突出习近平生态文明思想的话语优势，而且要不断优化其国际传播机制、创新其国际传播路径，聚焦全球气候治理、生态文明贵阳国际论坛和绿色"一带一路"建设等全球生态文明国际交流实践，不断提升习近平生态文明思想的传播效果和全球影响力。

习近平生态文明思想的国际传播是应对全球生态环境治理格局中中国话语缺失的迫切需要，更是我们把握中国国际话语权建构战略机遇期的必然选择。基于人民主体的灵活多样的民间外交可以作为官方外交的有益补充，以一种"润物细无声"的亲民方式推进生态文明话语的国际扩散并提升国外民众的广泛接纳度。目前，我国民间外交在推进生态文明话语传播过程中仍面临来自国内外的复合性挑战。为了提升民间外交在推进生态文明思想国际传播中的能动性作用，我们需要从根本上提升民间外交的传播能力并推进传播路径创新，这包括生态文明国际传播中民间外交的参与保障机制创新、生态文明话语传播领域及传播方式创新以及生态文明长效性传播平台建设的模式创新。

中国是最早提出并实施可持续发展战略的国家之一，过去 15 年全力落实"千年发展目标"，并取得一系列重要进展。这些成绩既增进了中国人民福祉，也对全球可持续发展作出了重大贡献，为全球可持续发展贡献了中国智慧和中国方案。

党的十八大以来，中国秉持"绿水青山就是金山银山"理念，在推动经济实现高质量发展的同时，在生态文明建设中取得举世瞩目的成就。

1）污染防治攻坚战扎实推进。以大气治理为例，中国打响了史无前例的"蓝天保卫战"，经过艰苦努力，成为世界上治理大气污染速度最快的国家。

2）节能减排持续推进。2019 年 11 月，生态环境部宣布，中国已提前达到 2020 年比 2005 年下降 40%～45%碳排放的目标。

3）土地荒漠化防治取得积极成效。实现荒漠化和沙化面积"双缩减"、荒漠化和沙化程度"双减轻"，提前实现联合国提出的到 2030 年实现全球退化土地零增长目标。

中国政府高度重视生态文明建设，将保护环境、节约资源作为基本国策，努力在发展中破解经济与环境之间的矛盾。党的十八大以来，习近平主席明确提出"绿水青山就是金山银山""保护生态环境就是保护生产力，改善生态环境就是发展生产力"，将生态文明建设推向新的高度，体制改革、环境治理、生态保护的进程明显加快，取得积极成效。

中国的生态文明强调经济、政治、社会、文化与生态环境的深度整合，以可持续发展、人与自然和谐为目标，将绿色理念融入生产生活的各个环节。同时强调政府与市场两个维度的制度创新：强化地方政府改善环境质量的责任，将生态环境纳入政府绩效考核体系，对官员任期内的生态环境损害进行终身追责；建立自然资源资产产权制度、资源有偿使用和生态补偿制度，不断完善污染治理和生态保护的市场体系。此外，中国生态文明注重加强环境基础设施建设，为改善生态环境质量提供硬件支撑。注重动员全社会共同参与，通过广泛的宣传教育，鼓励公众生活、消费方式的绿色化。

2013 年，联合国环境规划理事会会议通过了推广中国生态文明理念的决定草案。2016 年 5 月，联合国环境规划署发布《绿水青山就是金山银山：中国生态文明战略与行动》报告，主要介绍中国生态文明建设的指导原则、基本理念和政策举措，特别是将生态文明融入国家发展规划的做法和经验，旨在向国际社会展示中国建设生态文明、推动绿色发展的决心和成效。报告显示，截至 2014 年年底，中国城镇累计建成节能建筑 105 亿 m^2，约占城镇民用建筑面积的 38%；新能源汽车的产量在 2011～2015 年增长了 45 倍，我国消耗臭氧层物质的淘汰量占发展中国家总量的 50%以上。中国还建成发展中国家最大的空气质量监测网。中国成功地在降低单位国内生产总值能耗的同时，降低单位国内生产总值二氧化碳排放量。

中国生态文明实践得到国际社会越来越多的认可："三北"防护林工程被联合国环境规划署确立为全球沙漠"生态经济示范区"，塞罕坝林场建设者、浙江省"千村示范、万村整治"工程（"千万工程"）先后荣获联合国"地球卫士奖"。塞罕坝沙地不再是"飞鸟无栖树"，库布齐沙漠不再是"死亡之海"，九曲黄河也不再是"万里沙"……这一系列"绿色奇迹"让世界刮目相看。2019 年，美国航天局根据卫星数据发布报告说，与 20 年前相比，世界越来越绿了，而中国的造林行动是主要贡献之一。2019 年，第四届联合国环境大会上，联合国环境规划署发布报告，积极评价北京市改善空气质量取得的成效，认为北京大气污染治理为其他遭受空气污染困扰的城市提供了可借鉴的经验。联合国人居署报告说，中国治理污染河道的成功经验为其他发展中国家提供了范例。联合国环境规划署代理执行主任乔伊丝·姆苏亚认为，中国在环保领域有很多值得分享的成功经验，她对中国政府在两会上提出的"加强污染防治和生态建设，大力推动绿色发展"印象深刻，也对二氧化硫、氮氧化物排放量要在今年下降 3%等目标表示赞赏。姆苏亚指出，中国在生态环境治理中做到环境保护和经济增长的平衡，恰好证明了环保行动与保持经济增长并不对立。

生态文明建设关乎人类未来，建设绿色家园是各国人民的共同梦想。在解决自身环境问题的同时，中国更以理念和行动积极参与全球生态治理，推动实现全球可持续发展。如今，中国已成为全球利用新能源和可再生能源的第一大国，清洁能源投资连续多年位列全球第一，源于中国的绿色技术正在造福更多国家。能让长颈鹿"昂首通行"的肯尼亚蒙内铁路、"油改电"的斯里兰卡科伦坡集装箱码头、光伏板下可以长草种瓜的巴基斯坦旁遮普太阳能电站……在一个又一个合作项目中，中国企业将生态环保理念落实到细节。《美国经济学与社会学杂志》主编克利福德·柯布称赞中国生态文明建设开辟了新路。他认为，中国走过的发展道路完全不同于欧美国家，中国在为其他国家提供借鉴样板。正如联合国开发计划署署长施泰纳所评价的，中国政府近几年把自身的发展路径、经验和新发展思路与世界分享，是对世界发展的重要贡献。中国在生态文明建设方面的理念和实践能为其他国家提供借鉴，并与各国一起，探索生态环境与经济社会协调发展的成功范式，为全球可持续发展、为人类更加美好的未来做出应有的贡献。联合国环境规划署指出，可持续发展的内涵丰富，实现路径具有多样性，不同国家应根据各自国情选择最佳的实施路径。

生态文明建设集合了中国古老智慧，现在由联合国环境规划署这个国际机构来总结、提炼，结合近年来中国的最佳实践和成果，并借助环境规划署这个平台、窗口，走向世界，充分体现了世界对中国实践的认同。联合国环境规划署高级经济师盛馥来认为，中国的生态文明理念和经验对世界意义重大。世界自然基金会非洲大象计划协调员拉明·塞博戈经常与中国进行合作。他切身感受到中国在保护野生动物上的巨大决心，如立法禁止进口非洲象牙雕刻品。他表示，中国在生态环境保护和野生动物保护方面的成效令人瞩目。联合国副秘书长、环境规划署执行主任施泰纳表示，中国的生态文明建设是对可持续发展理念的有益探索和具体实践，为其他国家应对类似的经济、环境和社会挑战提供了经验。中国高度重视生态环境保护，秉持"绿水青山就是金山银山"的重要理念，倡导人与自然和谐共生，把生态文明建设纳入国家发展总体布局，努力建设美丽中国，取得显著进步。

当今世界面临环境污染、气候变化、生物多样性降低等严峻挑战。习近平提出的"两山"理论，为新时代中国生态文明建设提供理论遵循和思想指引，为全球可持续发展贡献中国智慧和中国方案。

2013 年 9 月，习近平在哈萨克斯坦纳扎尔巴耶夫大学发表演讲，在回答学生关于环境保护的问题时说："我们既要绿水青山，也要金山银山。宁要绿水青山，不要金山银山，而且绿水青山就是金山银山。"要"绿水青山"还是要"金山银山"，习主席将其中的辩证关系说得非常透彻。

老挝自然资源与环境部部长宋玛·奔舍那说："习主席将两个看似不可调和的发展矛盾，以通俗易懂的方式提出了解决办法。老挝应该将它作为自己的发展理念。"十八大以来，习近平在多个国际场合阐释"两山"理论。埃及艾因沙姆斯大学中文系教授纳赛尔·阿卜杜勒-阿勒说，习主席在多个场合提到"绿水青山就是金山银山"理念，表明他对环境保护的高度重视，"两山"理论凝结了中国智慧，是值得借鉴的发展理念。

第5章 中国工程院生态文明研究成果

5.1 中国工程院生态文明研究成果概述

为了积极参与生态文明建设理论与实证研究探索，更好地发挥"国家工程科技思想库"作用，中国工程院先后开展了Ⅰ～Ⅳ期生态文明建设若干战略问题研究项目。

中国工程院、国家开发银行和清华大学于2013年组织实施了Ⅰ期"生态文明建设若干战略问题研究"重大咨询项目。项目组深入分析了我国现阶段开展生态文明建设的形势和面临的八大挑战，研究提出了我国生态文明建设的国土生态安全和水土资源优化配置与空间格局等九大领域的发展战略和若干重点任务，提出了"十三五"时期生态文明建设的目标与重点任务。项目成果上报国务院并分报有关部委，为"十三五"规划纲要和国家决策提供了参考（图5-1）。

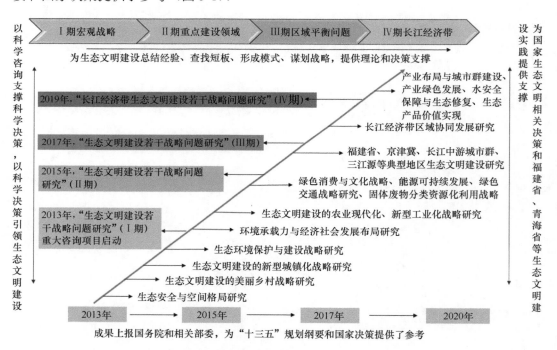

图 5-1　中国工程院生态文明建设研究时间轴

在Ⅰ期研究基础上，中国工程院于2015年启动了"生态文明建设若干战略问题研究"（Ⅱ期）项目，围绕区域环境承载力制约对国土空间优化的影响、"城市矿山"二次资源开发利用对优化国家资源配置的战略作用、农业发展方式转变对乡村建设的影响等影响国土空间格局、资源能源优化配置以及生态文明建设全局的重大战略问题，开展深入研究，为国家生态文明相关决策和福建省、青海省等生态文明建设实践提供支撑。

　　"十三五"时期是全面建成小康社会决胜阶段，也是牢固树立和贯彻落实创新、协调、绿色、开放、共享的发展理念，统筹推进经济建设、政治建设、文化建设、社会建设、生态文明建设的关键时期。中共中央、国务院《关于加快推进生态文明建设的意见》明确了生态文明建设目标是，到 2020 年，资源节约型和环境友好型社会建设取得重大进展，主体功能区布局基本形成，经济发展质量和效益显著提高，生态文明主流价值观在全社会得到推行，生态文明建设水平与全面建成小康社会目标相适应。同时，"推动区域协调发展"是"十三五"国民经济与社会发展规划的重要目标和重点工作，以区域发展总体战略为基础，以"一带一路"建设、京津冀协同发展、长江经济带发展为引领，形成沿海、沿江、沿线经济带为主的纵向、横向经济轴带，塑造要素有序和自由流动、主体功能约束有效、基本公共服务均等、资源环境可承载的区域协调发展新格局。

　　2017 年中国工程院适时启动实施了"生态文明建设若干战略问题研究"（III 期）项目，按照推动区域协调发展和推进生态文明建设，加快形成人与自然和谐发展的现代化建设新格局，为开创社会主义生态文明新时代提供决策参考的目标，选择典型地区、针对突出问题开展重大问题研究，为区域生态文明建设实践提供决策支撑。项目针对国家生态文明试验区福建、区域发展战略重点地区京津冀地区和长江中游城市群，以及国家生态安全屏障建设区青藏高原的羌塘和三江源地区的生态文明建设需求，开展重点研究，为地方生态文明建设实践总结经验、查找短板、形成模式、谋划战略，从而为"十三五"时期深化生态文明建设提供理论和决策支撑。

　　十九大报告中采用"统筹山水林田湖草系统治理"的说法，比原来的说法多了一个"草"字。正是沈国舫院士通过中国工程院等途径向中央建议的内容，为了对自然共同体有更完整的认识，而增加的一个"草"字，成为习近平生态文明思想"山水林田湖草是生命共同体"和"统筹山水林田湖草系统治理"的重要组成部分。

　　2019 年，为深入贯彻习近平新时代生态文明思想，丰富"绿水青山就是金山银山"理论体系，落实总书记"共抓大保护、不搞大开发"的指示精神，中国工程院启动了"生态文明建设若干战略问题研究"（IV 期）项目，IV 期项目突出长江经济带区域协同发展，聚焦"保护与发展"关系主线，坚持生态优先、绿色发展原则，坚持"山水林田湖草"系统观，着力解决突出的生态环境问题，实现经济社会发展与人口、资源、环境相协调，使绿水青山产生巨大生态效益、经济效益、社会效益，以科学咨询支撑科学决策，以科学决策引领长江经济带打造为生态文明建设示范带、建设高质量经济发展带、东中西互动合作的协调发展带，为中华民族的母亲河永葆生机活力奠定坚实基础。研究所提"若干战略问题"是指在考虑到长江经济带区域协同发展和"保护与发展关系"的背景下，重点聚焦研究"生态环境空间管控与产业布局和城市群建设"、"产业绿色化发展战略"、"水安全保障与生态修复战略"、"生态产品价值实现路径与对策研究"以及"区域协同的长效体制机制"等战略问题。

5.2　生态文明建设若干战略问题研究（Ⅰ期）成果综述

5.2.1　生态文明建设若干战略问题研究（Ⅰ期）项目概述

　　为了积极参与对生态文明建设内涵的探索，更好地发挥"国家工程科技思想库"作用，2013年，中国工程院、国家开发银行和清华大学组织实施了"生态文明建设若干战略问题研究"（Ⅰ期）重大咨询项目。项目以钱正英、徐匡迪、周生贤、解振华为顾问，周济、沈国舫任组长，郝吉明任副组长，项目下设9个研究课题，根据项目课题设置及研究需要，邀请20余位院士，200余位专家参加了研究（图5-2）。

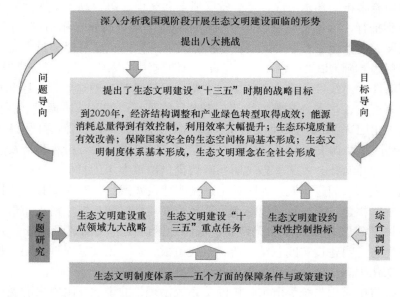

图5-2 "生态文明建设若干战略问题研究"（Ⅰ期）路线图

项目深入分析了我国现阶段开展生态文明建设所面临的形势并提出了八个重大挑战。在此基础上，研究提出了我国生态文明建设的国土生态安全和水土资源优化配置与空间格局等重大领域的九大发展战略和若干重点任务，提出了"十三五"时期生态文明建设的目标与重点任务。项目综合成果上报国务院，并分报有关部委，供长远决策及制定"十三五"规划纲要做参考，得到了有关领导的高度重视。

由表5-1可知，Ⅰ期研究成果主要从战略层面探索了生态文明建设的三大支柱（即资源节约、生态安全和环境保护）如何与"四化同步"（即新型工业化、信息化、城镇化、农业现代化）中的经济建设相融合等重大战略问题，为国家加快推进生态文明建设的科学决策提供支撑。

表5-1 "生态文明建设若干战略问题研究"（Ⅰ期）成果（2013～2014年）综述

研究目的	围绕我国现阶段开展生态文明建设的形势和面临的挑战、国土生态安全和水土资源优化配置与空间格局等九大领域的发展战略和重点任务开展研究，提出"十三五"时期生态文明建设的目标与重点任务
提出生态文明建设八大挑战	①资源环境承载压力巨大；②生态安全形势严峻；③气候变化导致生态保护与修复难度加大；④人民期盼与生态环境有效改善之间的落差；⑤贫困地区脱贫致富与生态环境保护的矛盾将更加突出；⑥与生态文明相适应的制度体系建设任重而道远；⑦生态文明意识扎根仍需长期努力；⑧国际地位提升下的国家责任与义务加大
提出生态文明建设"十三五"时期目标	到2020年，经济结构调整和产业绿色转型取得成效，高耗能产业得到有效控制，节能环保等战略新兴产业蓬勃发展；能源消耗总量得到有效控制，利用效率大幅提升；生态环境质量有效改善，危害人体健康的突出生态环境问题得到有效遏制；划定并严守生态红线，保障国家安全的生态空间格局基本形成；生态文明制度体系基本形成，生态文明理念在全社会形成。提出了11项生态环境领域"十三五"国民经济与社会发展规划约束性控制指标

续表

提出了生态文明建设"十三五"时期重点任务	①实施绿色拉动战略驱动产业转型升级；②提高资源能源效率，建设资源节约型社会；③以重大工程带动生态系统量质双升；④着力解决危害公众健康的突出环境问题；⑤划定并严守生态保护红线体系；⑥推进新型城镇化战略，统筹城乡发展；⑦开展生态资产家底清查核算与监控评估平台建设；⑧全面开展全民生态文明新文化运动；⑨实施生态文明工程科技支撑重大专项。提出了构建生态文明发展的法律体系、完善行政体制、形成市场作用机制、完善制度体系、健全公众参与机制五个方面的保障条件与政策建议
我国生态文明建设九大战略	①国土生态安全和水土资源优化配置与空间格局；②新形势下的生态保护与建设；③环境保护；④生态文明建设的能源可持续发展；⑤新型工业化；⑥新型城镇化；⑦农业现代化；⑧绿色消费与文化教育；⑨绿色交通运输战略
项目贡献	①研究成果上报国务院并分报有关部委供决策参考；②为"十三五"规划纲要提供参考

5.2.2　中国生态文明建设面临的重大挑战

研究提出，我国正处于全面建成小康社会的决定性阶段，改革进入攻坚期和深水区，面对的改革发展稳定任务之重前所未有，矛盾风险挑战之多前所未有，提出了生态文明建设面临的八大挑战（表 5-2）。

表 5-2　生态文明建设面临的重大挑战综述（Ⅰ期成果之一）

重大挑战详述	主要问题
资源承载力难以支撑原有发展模式高速增长	①未来社会经济高速发展对资源环境压力巨大；②生态环境的"底线"和"天花板"作用更加突出
生态环境危机集中显现的风险进一步加剧	①生态安全形势严峻，保护与发展矛盾突出；②水环境治理难度不断加大；③大气污染仍呈严重态势，大区域和跨区域灰霾常态化；④土壤污染严重，重金属污染尤为严峻；⑤公共健康危机大范围暴发
气候变化导致的生态保护与修复难度加大	①未来我国气候变化趋势将进一步加剧；②气候变化导致生态系统脆弱性进一步加剧
人民期盼与生态环境有效改善之间的落差加大	①人民对生态产品的期望随着生活水平提升而快速提高；②环境改善的速度难以满足人民日益增长的需求
贫困地区脱贫致富与生态环境保护的矛盾将更加突出	①贫困人口基数大；②贫困地区生活改善任务艰巨；③贫困地区粗放的发展模式转型困难；④我国贫困人口主要分布于限制开发区
与生态文明相适应的制度体系建设任重而道远	①与生态文明发展相适应的法律体系不健全；②资源环境管理机制有待进一步完善；③资源环境配置的市场作用机制不完善
支撑生态文明发展的文化道德基础薄弱	①支撑生态文明建设的伦理道德体系尚未构建起来；②生态文明意识扎根仍需长期努力
国际地位提升要求我国加大承担环境责任与义务	①承担的国际履约责任和义务增加；②跨境环境纠纷日益增多；③国际空间拓展要求我国强化塑造环境责任形象

5.2.3　中国生态文明建设重要领域九大战略

Ⅰ期项目 9 个课题组承担包括生态文明建设的重大意义与能源变革，国土生态安全和优化水土资源配置与空间格局，生态文明建设与新型工业化、城镇化、农业现代化，新时期生态保护与建设、环境保护战略、推进绿色消费模式与全面生态文明建设等课题，最终形成了我国生态文明建设重要领域的九大战略（表 5-3）。

表 5-3　生态文明建设重要领域九大战略（Ⅰ期成果之二）

重要领域战略详述	主要内容
国土生态安全、水土资源优化配置与空间格局	确立了"人与自然再平衡"的发展战略；战略任务是构建一个以绿色为标志，健康、安全、可持续、生态文明的发展环境。并提出了实施"人与自然再平衡"战略的 10 项重点措施和统筹区域发展与优化国土空间的三大举措
新形势下的生态保护与建设战略	总体思路是以建设生态文明为总目标，以满足全面小康、现代化建设和人民不断增长的生态需求为宗旨，深入实施生态兴国战略，大力构建坚实的生态安全体系，努力建设美丽中国，走向生态文明新时代。总体目标是"到 2050 年，国土生态安全体系全面建成，生态系统实现良性循环，为建设生态文明和美丽中国、实现中华民族伟大复兴的中国梦提供坚实的生态保障"。提出了"八区、十屏、二十五片、多点"的全国生态保护与建设总布局，提出了生态保护和建设的八大重点任务和十二项重大工程
生态文明建设的能源可持续发展	提出了我国能源可持续发展的总体思路，目标是建设一个拥有中国特色的能源新体系，能源生产和消费发生革命性变革，能源结构以化石能源为主向以非化石能源为主转变。提出了到 2020 年，实现能源可持续发展与低碳减排的重点任务，并提出了能源可持续发展的 2050 年目标
新形势下的环境保护战略	促进环境保护与经济社会协调发展，努力提高国家可持续发展能力，使人民群众喝上干净的水、呼吸清洁的空气、吃上安全的食物，形成中国特色的生产发展、生活富裕、生态良好的文明发展道路，全面实现与现代化社会主义强国、全民共同富裕以及生态文明相适应的环境质量与生态系统目标
生态文明建设的新型工业化战略	到 2050 年，我国工业将形成世界一流的创新能力，进入世界创新型国家前列，在若干新兴产业领域掌握关键核心技术，在全球范围内引领产业发展，基于强大的创新能力和技术优势，形成一大批具有全球影响力、控制力的跨国公司和国际知名品牌
生态文明建设的新型城镇化战略	充分考虑资源环境的约束，综合考虑资源、环境、经济、人口四大子系统对城市发展的反馈关系，对城镇生产方式、消费方式、基础设施建设进行生态规划，合理控制城镇化增长速度，选择资源节约、环境友好型的城镇化建设模式，倡导绿色生活方式，形成生态协调的城镇化建设
生态文明建设的农业现代化战略	按照"一控、二减、三基本"的要求，统筹"三个推进"，搞好"三个结合"，实现"三个转变"，用绿色发展、循环发展、低碳发展的理念来发展现代农业，开展农业资源休养生息试点，发展生态友好型农业，走适合中国国情的农业生态文明建设道路
生态文明建设的绿色消费与文化教育战略	从消费动机的角度，以适度衡量消费的量，以精致衡量消费的质，提出精致适度的绿色消费模式为我国消费模式总体发展目标，形成人人、事事、时时崇尚生态文明的社会新风尚
绿色交通运输战略	到 2050 年，交通运输法律、法规、标准健全，管理体制机制完善，科技应用水平显著提升，高效信息服务体系形成，能源和资源利用效率显著提高，对环境的污染得到有效控制，绿色交通运输体系全面建成
课题贡献	全面系统地提出了生态文明建设重要领域的九大战略，为国家生态文明建设提供决策和参考

5.2.4　生态文明建设"十三五"发展目标与约束性指标

"十三五"时期是深入推进生态文明建设、促进经济社会可持续发展的关键五年，项目研究提出了"十三五"时期我国生态文明建设的目标、约束性指标、指导方针和重点任务（表 5-4）。

表 5-4　生态文明建设"十三五"发展目标与约束性指标（Ⅰ期成果之三）

发展目标	具体内容
总体目标	到 2020 年，经济结构调整和产业绿色转型取得成效，高耗能产业得到有效控制，节能环保等战略新兴产业蓬勃发展；能源资源消耗总量得到有效控制，利用效率大幅提升；生态环境质量有效改善；划定并严守生态红线，保障国家生态安全的空间格局基本形成；生态文明制度体系基本形成，生态文明理念在全社会全面树立
约束性指标	到 2020 年实现：①战略新兴产业占 GDP 比例≥15%；②能源消费总量≤48 亿 t 标准煤；③非化石能源占一次能源比例≥15%；④碳排放强度比 2005 年下降 40%～45%；⑤水资源利用总量≤6500 亿 m^3；⑥全国生态资产保持率≥100%，森林覆盖率≥23%等 11 项约束性指标

本研究提出的"十三五"时期的生态文明建设目标与约束性指标体现了民众为本、保护优先，红线约束、均衡发展，改革突破、从严追责，科技创新、绿色拉动的指导方针。

5.2.5　生态文明建设"十三五"重点任务

根据目标设定，研究报告提出了我国"十三五"时期生态文明建设的重点任务，具体内容见表 5-5。

表 5-5　生态文明建设"十三五"重点任务（Ⅰ期成果之四）

重点任务	具体内容
实施绿色拉动战略，驱动产业转型升级	①以环境标准引领传统产业绿色化转型；②大力培育节能环保等战略性新兴产业；③发展绿色、循环、低碳的生态友好型农业；④坚决杜绝落后产能在国内异地转移
提高资源能源效率，建设资源节约型社会	①严守水资源利用红线，建设节水型社会；②加强农田建设与土地整理，提高土地资源利用效率；③大力发展和优化资源循环利用产业；④推进能源生产消费向绿色低碳节约高效转变
以重大工程带动生态系统量质双升	①构建"八区、十屏、二十五片、多点"的生态安全格局；②建设国家生态廊道和生物多样性保护网络；③实施重点生态功能区等地区的生态功能保育提升工程；④实施生态脆弱区和重大工程生态破坏区的生态修复工程；⑤实施生态系统和生物多样性适应气候变化的保护性建设工程
着力解决危害公众健康的突出环境问题	①缓解重点区域大气灰霾污染；②推进重点流域水体污染治理；③强化土壤环境保护与污染防治；④加强危险废弃物污染防治，降低环境风险
划定并严守生态保护红线体系	①实施人与自然再平衡战略，优化国土空间开发；②划定并实施生态保护红线体系；③建立生态保护红线配套政策与落实机制
推进新型城镇化战略，统筹城乡发展	①完善国家空间规划体系，优化城镇布局；②控制城市建设规模，打造生态宜居城镇；③以农村生态环境治理为重点，推进美丽乡村建设
开展生态资产家底清查核算与监控评估平台建设	①开展国家生态资产清查核算；②实施国家生态监测评估预警体系建设工程；③建设生态环境监测监控评估的大数据整合技术平台
全面开展全民生态文明新文化运动	①制定出台《中国生态文化发展纲要》；②全面开展全民生态新生活运动；③引导和培育社会绿色生活消费模式
实施生态文明工程科技支撑重大专项	①能源低碳清洁利用技术重大工程科技专项；②环保产业成套设备制造重大工程科技专项；③土壤与地下水污染修复与治理技术重大工程科技专项等10个专项

本研究提出的"十三五"时期生态文明建设的重点任务为实现生态文明建设"十三五"建设目标提供了重要途径。

5.2.6　生态文明建设保障条件与政策建议

为进一步推进生态文明建设，项目研究提出了保障我国生态文明建设的条件并形成了政策建议（表 5-6）。

表 5-6　生态文明建设保障条件与政策建议（Ⅰ期成果之五）

保障条件与政策建议	主要内容
构建促进生态文明发展的法律体系	①加强促进生态文明建设的立法工作；②加强现有法律生态化修订；③健全生态环境保护公益诉讼制度，建立权益保障机制
全面完善资源环境管理的行政体制	①理顺生态资源环境监管行政体制；②强化生态环境监察管理

续表

保障条件与政策建议	主要内容
形成资源环境配置的市场作用机制	①完善自然资源产权制度；②理顺资源性产品价格形成机制；③创新环境经济政策体系；④建立自然资源资产奖惩考核管理体系
建立完善的促进生态文明发展的制度体系	①建立过程严管制度体系；②建立后果严惩制度体系；③健全监管考核评价机制；④强化各级人大对生态文明建设的监督问责；⑤对生态环境违法施以严刑峻法；⑥健全完善的生态补偿制度
健全生态文明公众参与机制	①加强宣教建设，构建道德自律机制；②推进多元治理主体建设；③健全公众参与机制；④强化环境信息公开制度；⑤完善生态环境社会监管机制

5.3 生态文明建设若干战略问题研究（Ⅱ期）成果综述

5.3.1 生态文明建设若干战略问题研究（Ⅱ期）项目概述

2015 年中国工程院启动了"生态文明建设若干战略问题研究"（Ⅱ期）项目，围绕国家生态文明建设指标体系、环境承载力与经济社会发展战略布局、固体废物分类资源化利用、农业发展方式转变与美丽乡村建设等领域的重大战略问题开展深入研究并提出了相关战略对策。徐匡迪、钱正英、陈吉宁、张勇、沈国舫为项目顾问，周济、刘旭任组长，郝吉明任副组长，项目下设 4 个研究课题，根据课题设置及研究需要，邀请相关学部的 10 余位院士和各方面的 200 余位专家参加课题研究。项目组织研讨会 30 余次，并组织赴福建、浙江、新疆等典型地区开展生态文明建设情况综合调研 6 次，最终形成了研究成果，为国家推进生态文明建设提供了科学的决策依据与参考（图 5-3）。

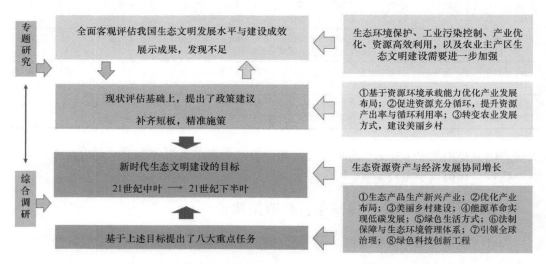

图 5-3 "生态文明建设若干战略问题研究"（Ⅱ期）路线图

5.3.2 生态文明建设若干战略问题研究（Ⅱ期）研究成果综述

Ⅱ期项目首先分析了我国生态文明发展现状与主要问题，对我国生态文明发展水平进行了客观全面的评估，接着提出了生态文明建设若干政策建议及重点领域战略任务，并提出了新时代生态文明的目标与重点任务（图 5-4）。

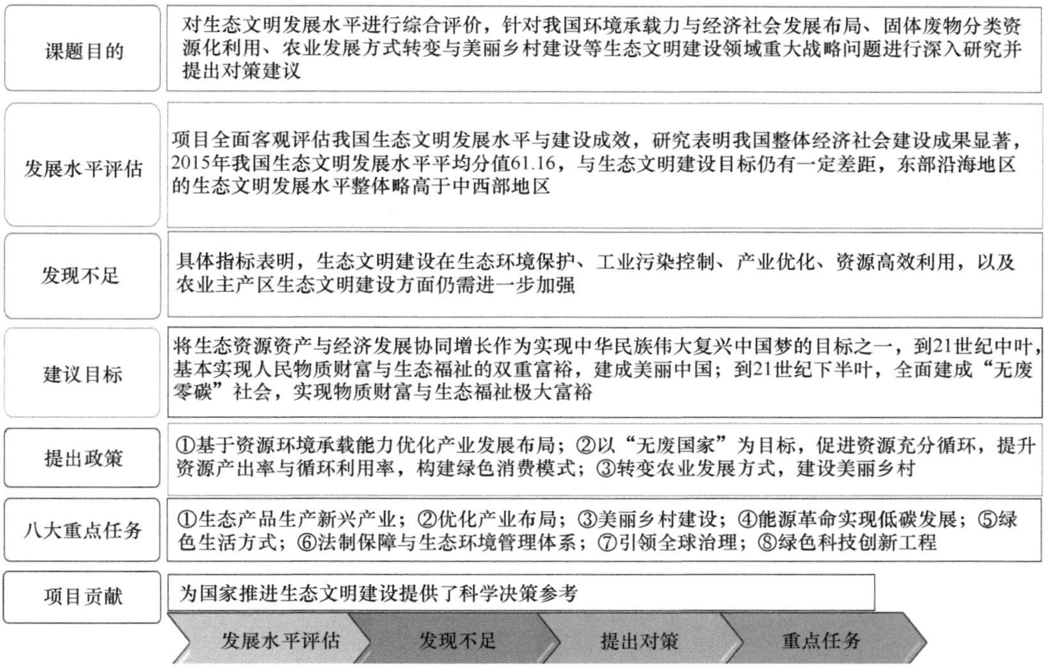

课题目的	对生态文明发展水平进行综合评价，针对我国环境承载力与经济社会发展布局、固体废物分类资源化利用、农业发展方式转变与美丽乡村建设等生态文明建设领域重大战略问题进行深入研究并提出对策建议
发展水平评估	项目全面客观评估我国生态文明发展水平与建设成效，研究表明我国整体经济社会建设成果显著，2015年我国生态文明发展水平平均分值61.16，与生态文明建设目标仍有一定差距，东部沿海地区的生态文明发展水平整体略高于中西部地区
发现不足	具体指标表明，生态文明建设在生态环境保护、工业污染控制、产业优化、资源高效利用，以及农业主产区生态文明建设方面仍需进一步加强
建议目标	将生态资源资产与经济发展协同增长作为实现中华民族伟大复兴中国梦的目标之一，到21世纪中叶，基本实现人民物质财富与生态福祉的双重富裕，建成美丽中国；到21世纪下半叶，全面建成"无废零碳"社会，实现物质财富与生态福祉极大富裕
提出政策	①基于资源环境承载能力优化产业发展布局；②以"无废国家"为目标，促进资源充分循环，提升资源产出率与循环利用率，构建绿色消费模式；③转变农业发展方式，建设美丽乡村
八大重点任务	①生态产品生产新兴产业；②优化产业布局；③美丽乡村建设；④能源革命实现低碳发展；⑤绿色生活方式；⑥法制保障与生态环境管理体系；⑦引领全球治理；⑧绿色科技创新工程
项目贡献	为国家推进生态文明建设提供了科学决策参考

发展水平评估　　发现不足　　提出对策　　重点任务

图 5-4　"生态文明建设若干战略问题研究"（Ⅱ期）成果（2015～2017 年）综述

项目研究期间，部分研究成果上报国务院，得到了有关领导的高度重视和批示。

5.3.3　生态文明建设若干战略问题研究（Ⅱ期）战略研究成果

项目全面客观评估了我国生态文明发展水平与建设成效，通过生态文明发展水平平均得分及具体指标结果分析，梳理我国生态文明建设面临的短板，并提出了相应的战略及对策建设（表 5-7）。

表 5-7　生态文明建设若干战略研究（Ⅱ期研究成果之一）

重大战略	主要内容	研究成果
环境承载力与经济社会发展布局战略研究	①大气环境污染物环境容量与最大允许排放限值研究；②基于重点流域水环境功能达标的水环境容量确定；③水资源对区域社会经济发展的支撑能力；④环境容量对煤油气资源开发的约束	①环境承载力已经成为我国社会经济可持续发展的主要瓶颈；②基于环境承载力，从全国产业合理布局、能源资源产业布局、重点区域产业发展布局[京津冀地区、西北五省（区）及内蒙古地区]三个方面提出了产业发展绿色化布局战略；③形成了相关的政策建议
固体废物分类资源化利用战略研究	①梳理了我国固体废物分类资源化利用的现状、问题与挑战，分析了固废分类资源化利用的潜力和潜在效益；②科学规划了我国固体废物分类资源化的发展路径，提出了总体战略目标和分阶段目标；③固体废物资源化利用技术及发展方向	①研究认为我国固体废物分类资源化利用潜力与潜在效益巨大，我们要尽快化解目前存在的问题，加快推进固体废物分类资源化利用产业发展；②提出固体废物分类资源化利用的战略方针及目标和路线：从"城市矿山"、乡村废物、工业固废三个方面提出了"十三五"时期的重点技术方向和重大工程；③提出了政策建议，尤其是提出的开展"无废城市"试点的建议，得到了相关领导和生态环境部的采纳和推广
农业发展方式转变与美丽乡村建设研究	①梳理了我国农业发展方式转变与美丽乡村建设面临的机遇与挑战；②分析了种植与畜牧发展方式转变与美丽乡村建设的战略重点；③对适应村镇美化建设的乡村土地规划开展了研究	①提出了美丽乡村建设的思路与"内生式"发展路径选择；②提出了加快农业发展方式转变与美丽乡村建设的八大重大科技工程措施；③从科学规划布局、新型产业、优化农业功能分区、构建长效机制和农业绿色技术集成示范五个方面形成了农业发展方式转变与美丽乡村建设政策建议

5.3.4 新时代生态文明建设的重点任务

项目就生态文明建设存在的问题、生态文明建设的主要经验及重点任务进行了研究总结，形成了项目成果（表5-8）。

表5-8 新时代生态文明建设的重点任务（Ⅱ期研究成果之二）

主要内容	具体内容
生态文明建设存在的问题	①绿色转型的资源环境硬性约束仍将高位运行；②生态环境质量与人民需求仍有明显差距；③政府生态文明治理能力与现代化要求不匹配；④生态文明全社会行动体系尚未建立；⑤绿水青山转化为金山银山的有效模式依然缺乏
生态文明建设的主要经验	①坚持六大体系协调同步；②完善生态文明建设的保障措施；③强化生态文明建设主体力量；④增强科技力量，建设生态文明技术创新机制
生态文明建设的重点任务	①培育生态产品生产成为新兴产业形态；②坚持绿色驱动产业的生态化转型；③补齐农村短板，建设生态宜居之乡；④提升生态效率，建设"零碳无废"社会；⑤培育全民生态文化自觉和绿色生活方式；⑥健全保障生态资源资产增值的法制体系；⑦引领全球治理，共同构建人类命运共同体；⑧实施绿色科技创新工程，支撑生态文明建设

新时代生态文明建设重点任务的提出有效补充了Ⅰ期研究成果，为实现生态文明建设"十三五"建设目标提供了重要途径。

5.4 生态文明建设若干战略问题研究（Ⅲ期）成果综述

5.4.1 生态文明建设若干战略问题研究（Ⅲ期）项目概述

2017年，中国工程院继续实施"生态文明建设若干战略问题研究"（Ⅲ期）项目，按照推动区域协调发展和推进生态文明建设，加快形成人与自然和谐发展的现代化建设新格局，为开创社会主义生态文明新时代提供决策参考的目标，选择典型地区、针对突出问题开展重大问题研究，为区域生态文明建设实践提供决策支撑。项目针对国家生态文明试验区的福建、区域发展战略重点地区的京津冀地区和长江中游城市群，以及国家生态安全屏障建设区青藏高原的羌塘和三江源地区的生态文明建设需求，开展重点研究，为地方生态文明建设实践总结经验、查找短板、形成模式、谋划战略。

Ⅲ期研究聚焦重点区域开展生态文明研究，围绕国家西部生态安全屏障建设、京津冀协同发展战略、中部崛起战略和国家生态文明试验区建设的战略需求，从区域、省域、市域、县域等不同尺度，选择典型地区，开展生态文明建设实践模式与战略研究，为"十三五"时期深化生态文明建设提供了理论和决策支撑（表5-9）。

表5-9 "生态文明建设若干战略问题研究"（Ⅲ期）战略研究和主要内容概览

战略研究	主要内容
新时代我国生态文明建设进展与要求	分析了十九大以来对生态文明建设的要求及生态文明的发展趋势
福建省生态产品价值实现路径	"两山"转化，实现生态产品价值化
京津冀生态环境一体化治理与保护战略	实现平衡、美丽、充分的发展
中部崛起下的生态文明建设与发展战略	保护中发展，保护中开发
西部生态脆弱贫困区生态文明建设模式与战略	生态资源资产增值，经济社会协同发展"双增长"
新时代生态文明协调发展总体策略与任务	提出新时代生态文明建设的总体策略
生态文明建设模式研究	典型地区生态文明建设模式特点，总结可推广模式

5.4.2　生态文明建设若干战略问题研究（Ⅲ期）研究成果综述

Ⅲ期项目系统地梳理了十八大以来我国生态文明建设的新进展，并对我国 2017 年生态文明发展水平进行评估，分析我国生态文明建设成效；深入探讨了"两山"理论的内涵与重大意义，构建了福建省生态资产核算体系，探索研究生态产品价值实现问题，基于福建省提出生态产品价值实现相关政策建议；探讨了京津冀生态环境协调治理目标与理念，基于重点行业、城乡协调提出京津冀生态环境协同治理存在的问题，并提出解决策略与意见；分析探讨中部崛起战略与中部地区概况，基于特色产业、生物质、水环境等方面总结中部典型地区生态文明建设模式及综合效益，提出中部地区生态文明建设与发展的路线图与保障措施；分析探讨西部生态脆弱贫困区生态文明建设存在的问题，深入研究了羌塘高原、黄土高原、三江源国家公园的生态文明建设模式，提出西部生态脆弱贫困区生态文明建设与发展的路线图与重点任务；提出新时代生态文明建设基本原则与重点任务，基于特色产业、生物质、水环境等方面总结中部典型地区生态文明建设模式及综合效益（表 5-10）。

表 5-10　"生态文明建设若干战略问题研究"（Ⅲ期）成果（2017～2018 年）综述

课题目的	针对我国区域协调发展与生态文明建设的总体目标，围绕"十三五"时期国家西部生态安全屏障建设、京津冀协同发展战略、中部崛起战略和国家生态文明试验区建设的战略需求，从区域、省域、市域、县域等不同尺度，选择典型地区，开展生态文明建设实践模式与战略研究，为国家区域发展战略和地方生态文明建设实践提供战略建议
福建省生态产品价值实现路径	立足于福建省丰富的生态资源和农林产业发展基础，构建福建省及湖州市生态资源资产核算的指标体系，开展生态资源资产核算并分析其动态变化，研究建立与我国国民经济核算体系协调一致并且可操作的生态资源资产业务化核算体系；提出对策和建议，将生态资源转化为生态农产品，实现生态产品价值，提出了相应的重大工程措施，为加快现代农业绿色化发展、建设美丽乡村提供决策参考
京津冀生态环境协同治理与保护战略	从京津冀能源利用与大气污染、水资源与水环境、城乡生态环境保护一体化、生态功能变化与调控、环境治理体制与制度创新这五个主要方面探寻京津冀在扩散与集聚过程中，以标本兼治和专项治理并重、常态治理和应急减排协调、本地治污和区域协调相互促进，多策并举，多地联动的环境治理系统工程为抓手的生态文明建设战略。总体目标是提出解决京津冀生态环境问题的系统技术方案，促进产业结构和能源结构转型升级，推动环保产业发展；推动"生态修复和环境改善示范区"建设；服务京津冀协同发展战略实施，支撑京津冀 2030 年环境质量目标实现。研究总体思路为紧密结合京津冀协同发展战略，遵循"问题导向、创新驱动、突破瓶颈、带动产业"的指导思想，坚持"区域协同、介质耦合、过程同步、措施综合"技术路线，构建防、控、治、保一体化的区域环境综合治理技术体系和模式，为京津冀协同发展整体部署提供支撑
中部地区生态文明建设及发展战略研究	深入分析了我国中部地区典型省、市、县域生态文明建设的典型做法和模式，全面梳理在顶层规划设计、政策支持等方面取得的经验，科学评估取得的生态效益、经济效益和社会效益，预测三省份未来国土空间开发的趋势，深入剖析对生态文明建设带来的挑战和机遇，结合人口增长、经济发展、新型工业化、城镇化发展及新农村建设等对国土空间的巨大需求，提出典型省（市、县）、中部地区乃至全国同类区域生态文明建设及发展的创新体制机制的政策建议
西部典型地区生态文明建设模式与战略研究	围绕《生态文明体制改革总体方案》内容，继续以黄土高原生态脆弱贫困区、羌塘高原高寒牧区、三江源生态屏障区为重点区域开展研究，为创新黄土高原生态脆弱贫困区绿色生态发展模式、打造黄土高原生态脆弱贫困区绿色示范样板、总结黄土高原贫困区生态文明建设模式；羌塘地区的研究进一步明确了羌塘高原生态定位，估算适宜牧业人口、生态保护和发展机会成本，确定羌塘高原无人区和自然保护区边界，提出羌塘高原野生动物与牲畜争草问题的妥善解决方案，为羌塘高原国家生态文明建设及社会经济可持续发展提供智力支撑；三江源研究开展县域生态资源资产核算的业务化应用方案制定、政府购买产品的生态补偿模式创新，以及国家公园一体化管理体制机制方面的研究，为三江源生态环境保护改善和生态文明建设提供了支持

5.5 生态文明建设若干战略问题研究
（Ⅳ期）成果综述

5.5.1 生态文明建设若干战略问题研究（Ⅳ期）项目概述

为深入贯彻习近平新时代生态文明思想，丰富"绿水青山就是金山银山"理论体系，落实总书记"共抓大保护、不搞大开发"的指示精神，中国工程院高度重视长江经济带生态文明建设研究。项目突出了长江经济带区域协同发展，聚焦"保护与发展"关系主线，坚持生态优先、绿色发展原则，坚持"山水林田湖草"系统观，着力解决突出的生态环境问题，实现经济社会发展与人口、资源、环境相协调，使绿水青山产生巨大生态效益、经济效益、社会效益，以科学咨询支撑科学决策，以科学决策引领长江经济带打造为生态文明建设示范带、建设高质量经济发展带、东中西互动合作的协调发展带，为中华民族的母亲河永葆生机活力奠定坚实基础。本研究在考虑长江经济带区域协同发展和"保护与发展关系"的背景下，重点聚焦研究"生态环境空间管控与产业布局和城市群建设"、"产业绿色化发展战略"、"水安全保障与生态修复战略"、"生态产品价值实现路径与对策研究"以及"区域协同的长效体制机制"等战略问题。

5.5.2 生态文明建设若干战略问题研究（Ⅳ期）研究成果综述

项目聚焦长江经济带区域生态文明建设的重点，对相关问题进行研究论述，形成了项目成果（表5-11）。

表5-11 "生态文明建设若干战略问题研究"（Ⅳ期）成果（2019~2021年）综述

课题目的	研究突出长江经济带区域协同发展，聚焦"保护与发展"关系主线，坚持生态优先、绿色发展原则，坚持"山水林田湖草"系统观，着力解决突出的生态环境问题，实现经济社会发展与人口、资源、环境相协调，使绿水青山产生巨大生态效益、经济效益、社会效益，以科学咨询支撑科学决策，以科学决策引领长江经济带打造为生态文明建设示范带、建设高质量经济发展带、东中西互动合作的协调发展带，为中华民族的母亲河永葆生机活力奠定坚实基础
长江经济带生态环境空间管控与产业布局和城市群建设研究	开展长江经济带生态环境承载力评价，进行生态环境空间分区划定，针对不同分区提出差异化的环境管控要求；识别当前长江经济带重点城市群建设存在的主要问题，提出了相应的优化建议；从产业结构、空间布局、发展规模、发展速度等方面提出长江经济带产业布局的对策建议和发展路线图
长江经济带产业绿色发展战略研究	长江经济带石油化工产业绿色发展战略研究，明确石油化工产业绿色发展的实现路径，构建符合长江经济带实际的石油化工产业绿色评价指标体系；通过长江经济带能源供需与能源产业的绿色发展战略研究，明确长江经济带能源绿色发展存在的问题、机遇和挑战，完成能源绿色发展情景分析，提出能源绿色发展战略重点。对长江经济带工业园区与典型行业开展绿色发展战略研究，明确长江经济带工业园区及典型重污染行业分布及现状，提出区域协同绿色发展的路线图及政策建议
长江经济带水安全保障与生态修复战略研究	长江经济带水安全保障与水生态环境修复战略，研究长江经济带水安全保障对策、重大水生态环境问题的修复策略；长江经济带陆生生态系统恢复保护与农林产业绿色发展战略，统筹发展与保护，提出长江经济带农林业健康可持续发展和乡村振兴战略
长江经济带生态产品价值实现路径	从长江经济带生态产品价值实现具体实践出发，深入研究长江经济带生态产品价值实现的路径和机制

5.6　生态文明建设的重大战略研究综述

5.6.1　美丽乡村建设与现代农业化战略研究

按照"创新、协调、绿色、开放、共享的发展理念",转变农业发展方式,发展标准高、融合深、链条长、质量好、方式新的精致农业,走资源节约型、环境友好型农业发展之路,深入开展农村环境综合整治,推进农村垃圾、污水处理和土壤修复,解决农村生态环境污染问题,教育和引导农民养成健康、低碳、环保的现代生产生活方式,让乡村"天蓝、地净、水清、山绿",让乡村宜业、宜居、宜游。

项目提出:一是推动农业一二三产融合,建立新型农业产业体系;二是注重美丽乡村建设与建立新型产业发展相结合;三是推进农村基础设施建设与构建长效机制的结合;四是防控农业面源污染,改善农村生态环境;五是加强规划引领,保护农业传统文化与文明;六是加强部门联合和资源整合,共同推动美丽乡村建设。

研究报告提出,进一步统筹种植发展方式转变与美丽乡村建设,推进供给侧结构性改革,提高种植业发展质量;进一步统筹畜牧发展方式转变与美丽乡村建设;开展适应村镇美化建设的乡村土地规划研究,提出构筑村镇建设新格局,打造中国特色的"城市、村镇、农业、生态"四位一体国土空间新格局;深化耕地保护综合研究,创新耕地保护制度改革;完善土地流转保障体系,促进土地流转模式创新;构建乡村绿色基础设施循环网络及生态化建设体系。

在生态文明建设的农业现代化战略中,研究提出转变农业发展方式(生产方式、经营方式和资源永续利用方式)、优化现代农业空间布局、构建新型农业集约化模式等路径,并提出了现代农业发展重点任务,一是加强农业资源保护,二是加强农业生态环境治理,三是大力推进农业节能减排,四是实施一批生态文明型农业现代化发展工程,五是加强生态友好型的农业科技支撑,最终形成现代农业发展保障条件与政策建议。

5.6.2　生态文明建设的新型城镇化战略研究

项目提出了城镇化建设领域重点任务,提出将生态文明建设贯穿城镇化全过程,实现全生命周期管理,发展绿色产业,优化城镇经济发展模式,重视城镇设计和建设,控制城镇建设规模,发展智能技术,建立城市信息网络,城市基础设施建设转型,推动生态城区建设与改造示范,大力开采"城市矿山"资源,实现城市废弃物有效利用,加强城镇污染防治,推动废水、废气的资源化与能源化等任务,以及城镇矿山二次资源开采利用工程、北方城镇采暖大规模利用工业余热重大工程、城市清洁发电设施建设工程、城镇绿色建筑及材料推广重大工程、城镇化智能技术与设施推广应用工程、绿色交通运输体系建设工程、城市废水处理和利用建设工程、村镇特色本土化材料应用示范工程。

研究进一步提出了新型城镇化保障条件与政策建议,建议财政投入优先考虑生态示范项目;执行严格的生态空间红线控制;推行"按温计价"机制,保障集中供热新模式的发展；创新城镇生态文明体制和政策体系。项目建议制定城镇建设用地集约化开发制度，加强城乡建设的智慧管理平台建设，推动城镇群区域环境协同治理机制，发展城市绿色产业并将之作为城市发展驱动力，弘扬传统生态文化，树立良好的社会风尚。

5.6.3 新形势下的生态保护与建设战略研究

项目提出统筹推进生命共同体保护与建设，提出了保护和建设森林生态系统、保护和修复草原生态系统、保护和修复荒漠生态系统、保护和恢复湿地生态系统、保护和改良农田生态系统、建设和改善城镇生态系统、加强工矿交通废弃损害用地的生态修复、维护和发展生物多样性等重点任务。并提出推进生态系统保护与建设重点工程实施，包括天然林保护工程、退耕还林工程、区域防护林建设工程、森林保育和木材战略储备工程、湿地保护恢复工程、荒漠化防治工程、草原治理工程、水土保持工程、工矿交通废弃地修复工程、野生动植物保护及自然保护区建设工程、国家公园体系建设工程、城镇绿化及城市林业工程等。

项目建议确立"生态兴国"的战略方针，探索设立生态保护红线，使生态保护和建设纳入法律体系，优化生态保护和建设的管理监督体制，健全生态保护和建设的配套机制，加强生态保护和建设的科技创新，扩大生态保护和建设的资金投入，完善生态保护和建设的市场机制与社会机制，拓展生态保护建设的国际交流与合作等政策建议。

5.6.4 新形势下的环境保护战略研究

项目提出了协同推进环保领域重点任务，包括加强水污染综合治理，明显改善水环境和水质；深化大气污染综合防治，加速实现空气质量达标；强化土壤保护与污染治理，保障食品和人居环境安全；加强危废污染防治，有效降低环境风险；统筹城乡发展，建设美丽乡村；大力发展绿色海洋经济，加强滨海区域生态防护工程；拓展环境风险与健康管理；统筹国际环境，发展环境合作等领域重大任务。

项目提出了要进一步强化环保领域工程科技支撑，并形成了相应的保障条件与政策建议，包括建立区域流域生态补偿机制，促进区域流域协调发展；建立环境法治体系，实施独立环境监察执法；推进国民经济绿色化建设、环境法制刚性化建设、环境治理现代化建设、保护机制长效化建设、公共服务均等化建设、环境保护全民化建设。

5.6.5 环境承载力与经济社会发展布局研究

项目开展了基于大气容量的环境超载率分布研究、基于重点流域水环境功能达标的水环境容量确定、水资源对区域社会经济发展的支撑能力等研究，并形成了基于资源环境承载力的空间布局战略对策建议。一是基于环境承载力的全国产业合理布局，包括提出重点整治高能耗、重污染、低效益产业，根据环境容量利用或超载情况进行产业调整和特别污染排放限值管理，运用行业排放标准推进产业技术进步和绿色化水平，农业布局应综合考虑水资源承载力和水资源效率等；二是基于环境承载力的能源资源产业布局；三是基于环境承载力的重点区域产业发展布局建议。

5.6.6　生态文明建设的新型工业化战略研究

研究提出了工业绿色发展规划重点任务，包括加大结构调整力度，推动产业优化升级，大力发展循环经济，提升自主创新能力，促进技术进步，加快工业化和信息化深度融合等，提出了要进一步加强新型工业化科技支撑，包括开发和推广先进节能、环保和资源综合利用共性关键技术，开发和突破钢铁、有色、石化、化工、建材、造纸和装备制造等高耗能、高排放行业绿色化转型的关键技术。提出了推进新型工业化重大工程及示范项目建设。

5.6.7　生态文明建设的绿色消费与文化战略研究

研究提出了绿色消费与文化战略重点任务，引导居民提高消费质量，消费劳动力附加值较高的精品，提倡精致生活。大力发展公共交通。明确发展定位。建立完整健全的管理制度，并大力提高公共交通的效率。应对居民对房屋的需求加以引导，住宅建筑应当适宜、实用而非越大越好，商业建筑要保证室内舒适并非必须与自然割裂。提出了鼓励企业生产高劳动力附加值产品、加强政府公共服务与绿色消费、控制建筑总量、减缓建筑速度，鼓励绿色消费文化和绿色消费模式等政策建议。

5.6.8　生态文明建设的能源可持续发展战略

研究提出实现"两个一百年"低碳减排目标的重点任务。

（1）至 2020 年，实现第一个百年重点任务

一是节能提效，促进低碳减排。针对主要高耗能行业，通过结构节能、技术节能和管理节能，使主要高耗能行业的能耗水平达到国际先进水平，大幅降低碳排放水平。积极推进智慧低碳城市建设，使节能生态智能建筑得到广泛应用。

二是强化高碳能源的低碳化清洁利用技术。增强能源输配系统，应用智能电网发展基于可再生能源发电的分布式发电系统，减少碳排放。

三是优化能源结构，应用低碳能源供应技术，大幅削减污染物排放量。主要推广核能利用和可再生能源发电及热利用技术。

四是逐步制定和完善各类污染物排放标准和低碳标准，强化能源绿色低碳发展的倒逼机制。

（2）至 2050 年，实现第二个百年重点任务

基本完成能源体系的革命性变革，先进的核能利用技术、可再生能源转化技术以及新能源利用技术逐步实现规模化、商业化应用，并形成我国自主创新的能源技术体系和能源装备产业。构建以非化石能源为主的能源体系，促进低碳减排。形成完善的环境政策标准体系，建成成熟的排污权交易市场机制。

项目建议为实现能源可持续发展与低碳减排"两个一百年"目标，加快能源领域科

技创新和发展,建议将科技支撑作为重要内容,选择重点技术加大引导和扶持力度,力求尽快形成科技竞争优势。建立能源与环境综合决策机制,促进能源、环境协调发展;建设能源科技平台,加强能源可持续发展与低碳减排重大科技攻关;重点调整能源领域价格、税收、投融资体系和补贴政策,促进能源系统调整转型;大力提倡绿色低碳消费和生态文明理念。

5.6.9　生态文明建设的绿色交通战略研究

项目建议统筹制订绿色交通运输发展规划,控制交通需求总量的过快增长;优化运输结构,促进运量向环境友好型运输方式转移;推广新能源和清洁能源车船,逐步优化用能结构;优先发展城市公交,倡导建立绿色出行方式;完善综合交通枢纽布局规划,加强有效衔接;加强节能环保管理,推动绿色交通运输的发展;发展智能交通,提高交通基础设施的使用效率和服务水平;加强科技创新,提高交通运输节能减排综合水平。

5.6.10　固体废物分类资源化利用战略研究

项目分析了我国固体废物分类资源化利用的重要意义,提出了固体废物分类资源化利用的战略方针、目标和路线图。

提出以"政府引领、产业支撑,源头减量、处置限制,精细分类、充分循环"作为指导方针,将固体废物分类资源化逐步打造为支撑我国可持续发展的重要战略性新兴产业。研究认为变革发展理念,将线性经济发展模式向循环经济发展模式转变是实现我国"两个一百年"奋斗目标和中华民族伟大复兴的根本途径。我国需要在生态文明建设过程中,努力改变工业、农业生产模式和社会生活消费方式,提高资源利用效率,减少、回收和充分利用各类固体废物,努力实现资源在全生命周期过程中的最大化循环利用,努力将固体废物的产生量和对生态环境的影响减到最小,努力建设一个可持续发展的、"无废"的国家,并成为世界经济循环发展的引领。

研究认为固废资源化利用发展路线一是优化制度体系与市场机制,促进资源闭环循环;二是推动工业发展绿色转型,提高资源产出率;三是促进绿色消费模式,促进"城市矿山"开发;四是推动生态农业生产模式,促进乡村废物资源化。最后分析提出了我国固体废物资源化利用的技术发展方向及重大工程,形成了相应的政策建议。

第6章 部分智库对中国生态文明研究的贡献

6.1 国务院发展研究中心研究成果概述

近年来，国务院发展研究中心在研究生态文明建设的全局性、综合性、战略性、长期性、前瞻性以及热点、难点问题等方面做了大量工作，积极参与了国家的国民经济和社会发展中生态文明建设五年计划和长期规划的制定，并主持或参与了许多重大国家级的生态文明研究项目，做了许多开创性的工作，为党中央、国务院提供政策建议和咨询意见。

周宏春对我国的生态文明建设发展进程进行了梳理，认为我国生态文明建设，从发展理念到制度建设，再到实践检验，正广泛而深刻地改变着经济社会发展面貌。党的十八大以来，资源生产率不断提高，环境质量逐步改善，生态系统退化势头得到遏制，通过坚定不移推进生态文明建设，推动美丽中国建设迈出重要步伐，但是保持加强生态文明建设的战略定力，探索以生态优先、绿色发展为导向的高质量发展新路子，必须掌握和运用唯物辩证法，统筹兼顾，并避免陷入误区（周宏春，2013，2017，2019）。生态文明建设目标责任体系及问责机制：演进历程、问题和改进方向提出，随着生态文明建设目标责任体系及问责机制不断强化，生态文明建设发生转折性变化，其在执行中也造成了地方政府"一刀切""层层加码"等问题，需要从统筹优化生态文明领域的考评工作、明晰生态文明建设各主体责任、规范与完善督察问责程序等方面予以改进（陈健鹏，2020）。

通过梳理 2000～2019 年国家层面出台的 578 件涉及农村环境治理的政策文件，利用政策文本分析法、量化分析法等研究方法，从政策文件数量、参与机构、领域分布、工具类型、资金投入等多个维度，分析了中国农村环境治理政策进展和特征，分析表明农村环境治理政策参与主体不断增加，部门合作日益紧密；政策工具类型逐步发展，政策体系持续优化；政策领域不断扩展，从面源污染治理发展到面源污染治理与农村人居环境并重；资金覆盖范围不断拓展，中央财政资金投入总额稳步增长，并从政策强度、跨部门合作、政策工具组合等方面对中长期农村环境治理政策走势进行了展望。

高世楫（2020）提出了关于构建我国生态产品价值实现路径和机制的总体构想。认为生态产品价值实现，需要充分运用市场与非市场"两只手"来推动。针对可交易性生态产品，可充分利用国际、国内两个市场，通过生态物质产品、生态文化服务产品、自然资源资产权属等的直接交易，直接实现生态产品的价值。针对具有公共资源特性、纯公共产品特性的生态产品，可由政府主导，通过生态补偿、政府购买、政府监管、税收调节等行政手段，间接实现生态产品价值。为确保生态产品价值实现，需要构建一系列的保障机制，包括空间分区机制、产权管理机制、核算评估机制、有偿使用机制、特许经营机制、市场流转机制、绿色金融机制、绿色认证机制、社会参与机制、科技支撑机制、调控监控机制和法制保障机制等。建设生态文明、走向生态文明新时代，加强生态文明制度建设是关键，加强生态文明制度建设的一个紧要环节，则是推进供给侧改革（李佐军，2016）。

6.2　生态环境部环境规划院研究成果概述

在中国知网以"生态文明"为关键词，以生态环境部环境规划院（简称"规划院"）为作者单位进行检索发现，规划院在新时代中国特色社会主义生态文明建设的方略与任务、生态补偿、生态环境资产负债表促进绿色发展、"绿水青山就是金山银山"的理论内涵及其实现机制创新、区域"十三五"生态文明建设规划、生态环境治理体系和治理能力提升等方面开展了大量的研究工作（图6-1）。

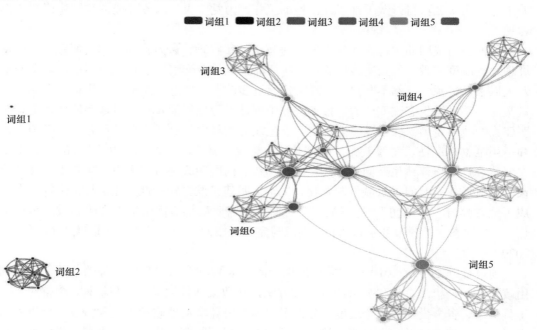

图6-1　环境规划院生态文明研究成果关键词共现网络分析（彩图请扫封底二维码）
词组1. 十九大；词组2. 生态补偿；词组3. 生态保护；词组4. 新时代；词组5. 绿色发展；词组6. 生态环境

王金南院士等从十九大报告提出的生态文明建设战略任务出发，诠释了新时代中国特色社会主义生态文明建设的特征，结合中国未来发展蓝图，提出了新时代生态文明建设的战略目标，深入分析了新时代建设生态文明和美丽中国的四大战略任务背景和要求（王金南等，2017a）。新时代中国特色社会主义生态文明建设的特征包括坚持人与自然和谐共生的基本原则，体现新时代、新理念、新模式、新制度，全面融入"五位一体"总体布局和"四个全面"战略布局。新时代中国特色社会主义生态文明建设战略目标包括：到2035年，生态环境根本好转，美丽中国目标基本实现；到21世纪中叶，生态文明得到全面提升。新时代中国特色社会主义生态文明建设战略任务包括坚持绿色发展，着力解决突出环境问题，加大生态系统保护力度，改革生态环境监管体制等方面。

规划院其他研究成果包括提出生态补偿是迈向生态文明的"绿金之道"。"绿水青山"要守住,"金山银山"要建设。这两者之间的关系,一个是环境,一个是发展。生态补偿是"绿水青山"保护者与"金山银山"受益者之间的利益调配机制,是生态资源环境价值"市场化"的公共制度安排,通过对生态利益的重新分配,建立了社会经济发展和环境资源保护之间的矛盾协调机制(赵越等,2018)。生态环境资产负债表是自然资源资产负债表的重要内容,有研究对生态环境资产负债表促进绿色发展的应用进行了探讨,从生态环境资产负债表包括的环境容量、环境质量、生态系统三个基本内容出发,提出了其促进绿色发展的主要应用方向,包括完善环境与经济综合决策体系、丰富绿色发展评价指标体系、建立生态文明政绩考核体系以及为环境产权、生态补偿、财政转移支付等政策制定提供依据(蒋洪强和吴文俊,2017)。规划院结合最新改革形势,研究提出了以排污许可制为核心的排污权交易制度,并紧密融合改革思路框架,从实施范围、排污权确定、排污权取得、排污权监管、排污权记载、排污权清算、排污权交易等方面设计了改革要点,进行了方案的优劣对比分析,提出了建立法律法规保障基础、完善排污许可管理制度与企业环境会计核算制度、创新以许可证为核心的环境管理制度等改革方案实施的建议(蒋洪强等,2017)。

规划院对"绿水青山就是金山银山"的理论内涵及其实现机制创新进行了深入研究,系统梳理了"两山"理论的阐述与发展历程,剖析了"绿水青山就是金山银山"的理论内涵,并从特色产业体系、生态环境体系、区域合作体系、制度创新体系、生态支付体系五个方面提出了实现"绿水青山就是金山银山"的发展机制,从生态环境质量差距、"两山"转化通道、制度体系建设、利益引导机制等方面分析了践行"两山"理论面临的挑战;提出了推动"两山"理论实践的五大机制建议:①建立绿水青山保护机制,推进"山水林田湖草"系统保护修复,着力解决突出环境问题,加强生态环境空间管控,守好生态家底;②建立"两山"转化机制,立足生态优势发展生态经济,引导培育绿色发展新动能,打通"两山"转化通道;③建立责任机制,通过严格制度落实地方各级党委、政府及其相关部门的生态环境保护责任,落实企业环境治理主体责任,推动公众参与履行绿水青山保护责任;④建立生态核算机制,包括编制自然资源资产负债表,继续推动绿色 GDP 核算,开展生态资产核算;⑤建立"金山银山"对"绿水青山"的反哺机制,包括建立体现生态价值、代际补偿的资源有偿使用制度和生态补偿机制,建立有利于生态环境保护的绿色金融体系等(王金南等,2017b)。在长江经济带国家战略中,规划院提出必须统筹协调、系统保护、底线管控、分区施策,努力把长江经济带建成水清、地绿、天蓝的绿色生态廊道和生态文明的先行示范带(王金南等,2017c)。

规划视角下的生态环境治理体系和治理能力提升方面,相关研究提出环境问题源于粗放的发展方式,需要以"发展必绿色、绿色即发展"的绿色发展理念推动经济发展与生态环境保护相适应,满足公众对生态产品日益增长的诉求。要准确把握、全面理解全面小康环境要求的内涵,以环境质量为核心呼应并解决老百姓身边的生活环境质量问题。从绿色富国角度出发,创新自然资本、自然资产、自然资源的生态价值确认与产权管理制度,增强绿色投资力度。以生态产品为主线全链条设计自然资源及其生态价值的监测、评价、统计、考核、管理体系,完善负债表核算、离任审计、绩效评估、损害赔偿、承载能力监测预警等制度。要以"两山"辩证统一作为新的发展指挥棒,重构以监察督政为主的环境治理基础制度,加强责任追究,全面推进信息公开和社会共治,创新完善形成产权清晰、多元参与、激励约束并重、系统完整的生态文明制度体系，依靠制度和法治加强生态环境保护（吴舜泽，2016）。

规划院的研究报告指出，确保污染防治攻坚战"后墙不倒"，我国蓝天、碧水、净土三大"保卫战"还存在一些难题、弱项，要重点发力精准治污、科学治污、依法治污、多元治污，注意处理好治污与经济发展的关系，在美丽中国建设目标下，未来的生态环境规划将以系统谋划生态环境保护顶层战略为目标，统筹规划研究、编制、实施、评估、考核、督查的全链条管理，建立国家、省、市（县）三级规划管理制度体系，加强环境规划方法的科学性、创新性，注重综合性和空间性，完善环境规划制度，在美丽中国建设的伟大征程中，发挥更加重要的基础性、统领性作用。

相关研究提出制定战略路线图推动美丽中国目标实现，认为从中长期战略规划看，主要有3个方面需要着重考虑：一是对未来发展形势的研判，发展形势是确定未来目标路线图的边界条件；二是对美丽中国内涵的阐释，美丽中国建设要求是确定生态环境目标路线图的基本依据；三是要从可达性角度考虑实现生态环境根本好转的主要任务和战略路线图。应从美丽中国建设目标和需求出发，对我国 2035 年社会经济发展情景、资源能源消耗、生态环境治理进程进行综合分析，补齐生态环境短板，研究确定生态环境保护战略路线图（吴舜泽，2016；秦昌波等，2017）。

规划院关于生态文明的研究还包括生态文明背景下完善生态保护补偿机制的研究，中国新型绿色城镇化战略框架研究，美丽城市内涵与建设战略研究，夯实生态文明和美丽中国建设的制度保障，环保长效机制研究等（万军等，2013；葛察忠和李晓亮，2020）。此外，规划院积极参与地方生态文明建设研究，制定了重庆市"十三五"生态文明建设规划，服务于区域生态文明建设（王金南，2016）。生态环境部环境规划院生态文明研究成果较多，受篇幅所限，在本书中不再一一列出。

6.3　中国环境科学研究院研究成果概述

中国环境科学研究院近年来开展了一系列生态文明研究，包括基于"两山"理论的中国经济社会可持续发展评价体系与模型构建；鸭绿江流域丹东段生态健康评价指标体系；中药资源生态价值链分析；公众生态文明建设科普等生态文明理论及实践研究。在中国知网以"生态文明"为关键词，以中国环境科学研究院为作者单位进行检索，得到关键词共现网络（图 6-2）。

李海生就加强生态环境保护，打造绿色发展新动能提出了若干建议，生态环境保护实践对推动绿色发展起到了重要作用，环保投资促进经济增长，环境保护标准倒逼工业结构升级，总量减排为经济增长腾出环境承载空间，绿色消费拉动经济绿色增长，环保产业为经济绿色增长注入新活力等。当前，受经济结构、能源结构等影响，加上新冠肺炎疫情对经济社会发展造成的巨大不确定性，我国生态环境保护压力依然较大，实现生态环境根本好转、全面推动经济绿色转型尚需付出艰苦努力。为此，必须加强绿色发展标准体系建设，不断完善环境经济政策，持续加大环境污染治理投资，培育壮大生态环保产业，加快绿色技术创新发展，以推动生态环境高水平保护，打造绿色发展新动能（李海生等，2020）。

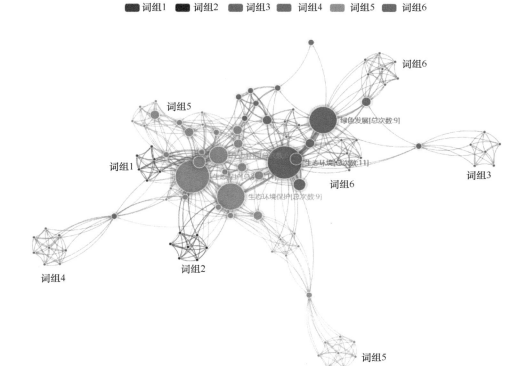

图6-2 中国环境科学研究院生态文明研究成果关键词共现网络分析（彩图请扫封底二维码）
词组1. 生态文明；词组2. 生态保护；词组3. 生态环境；词组4. 生态补偿；词组5. 绿色发展；词组6. 污染防治

中国环境科学研究院还对建立国家公园体制的意义和重点进行了研究，提出国家公园对重要自然生态系统完整性和原真性进行保护的同时，兼具科研、教育、游憩等综合功能，是促进自然资源保护和永续利用的重要保障。国家公园体制改革的相关要求要与健全自然资源资产产权制度、国土空间用途管制制度、资源有偿使用制度、生态补偿制度和生态损害责任追究制度等生态文明制度改革协调推进（李俊生等，2017；李博炎等，2017）。

相关研究对生态产品内涵与其价值实现途径进行了分析，提出生态产品是我国在生态文明建设理念上的重大变革，但目前生态产品缺少统一的概念和分类，一定程度上制约了生态产品价值实现的理论研究及试点实践，提出开展生态资产核算，要加大生态资源资产培育力度；加强流域生态管理，以生态资源资产统筹"山水林田湖草"；建立核算机制，形成流域生态资源资产统计核算能力；改变流域生态补偿模式，建立生态产品政府购买机制；完善激励约束机制，实施生态文明绩效考核和责任追究制度（张林波等，2017；张林波和高艳妮，2018）。中国环境科学研究院提出了"十三五"生态文明建设的目标与重点任务，提出了生态文明建设的九大重点任务，包括实施绿色拉动战略驱动产业转型升级、提高资源能源效率建设节约型社会、以重大工程带动生态系统量质双升、着力解决危害公众健康的突出环境问题、划定并严守生态保护红线体系、推进新型城镇化战略统筹城乡发展、开展国家生态资产家底清查核算与监控评估平台建设、全面开展全民生态文明新文化活动、实施生态文明工程科技支撑重大专项；最后提出了五项保障条件与政策建议（舒俭民等，2015）。

研究提出，为了加快生态文明建设进程，必须通过法律法规与政策的不断完善、机制体制建设的不断加强，采取各种措施保护生物多样性，实现生物多样性资源的可持续利用。在生态文明制度建设进程中，围绕生物多样性和生态系统服务价值，建议建立绿色政绩考核制度。开展生态资产经济价值评估，把资源消耗、环境损害成本和生态系统服务价值损失纳入经济社会发展评价体系，建立可操作的干部政绩考核体系，使绿色GDP指标成为党政领导干部政绩考核的重要依据。制定生态资产负债表，建立领导干部离任审计制度。在评估生态系统服务价值的基础上，编制自然资产负债表，对领导干部实行自然资产离任审计；建立和完善生态补偿制度。建立环境损害鉴定评估机制，根据生态系统服务的价值，将对自然生态系统的损害列入赔偿范围。探索建立建设项目环境影响生物多样性补偿制度。开展价值评估，将对自然生态系统服务价值造成的损失计入补偿成本；对具有重要生态服务价值的区域，通过转移支付给予生态补偿，以减轻对生态系统的压力；建立健全绿色金融体系（李俊生，2015）。

韩永伟认为现在国家生态文明建设市县初步形成了三种模式：第一种是以生态旅游等绿色产业为核心的绿色驱动模式；第二种模式称为均衡发展模式，"五位一体"系统推进，生态环境保护、经济发展、文化制度建设等都相对比较均衡；第三种是生态环境保护主导的模式，以生态环境保护确保生态产品的产出和推动生态质量提升。此外，中国环境科学研究院在加强生态环境保护科研领域及打赢污染防治攻坚战方面做了大量工作，在上文中有较多体现，此处不再赘述。

6.4 中国科学院生态环境研究中心研究成果概述

中国科学院生态环境研究中心以"国家生态环境安全与可持续发展"为战略主题，充分发挥环境科学、环境工程、生态学三大学科的综合优势，实现多学科的相互渗透，研究和解决地区性、全国性以及全球性的重大生态环境问题，不断突破关系到国家生态安全、环境健康和可持续发展的重大科学理论和关键技术，为我国生态文明建设、实现人与自然的协调发展作出基础性、战略性、前瞻性贡献。先后承担并完成了大量国家、中国科学院、有关部委和省市的重大、重点研究项目以及国际合作项目，取得了一系列重要成果，对我国生态环境科学领域创建和发展、为我国生态环境保护以及生态文明建设作出了重要的贡献。

中国科学院生态环境研究中心关于生态文明研究的关键词网络分析见图6-3。

"生态文明不等同于生态环境建设，建设生态文明的核心应该是人的绿化"，研究认为生态环境是发展的物质基础，包括物质代谢环境、生态服务环境、生物共生环境、社会生态环境、区域发展环境。生态文明则是发展的上层建筑，包括人与环境的耦合关系、进化过程、融合机制、和谐状态以及生产关系、生活方式、生态伦理和文化素养等。陈利顶认为生态文明建设要引导形成绿色生产生活方式，优质生态产品供给和人民对美好生活的向往还存在一定差距。进一步加大生态文明建设宣传力度，增强全民生态环境保护意识，引导形成绿色生产生活方式。同时，不断加大自然生态保护和修复力度，通过严格的生态环境保护督察等举措，加强监管，实施分区域、分行业精细化管理（王如松，2013）。

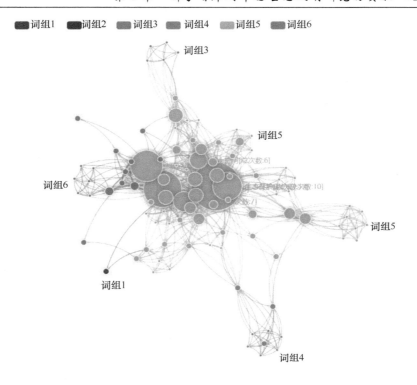

图 6-3　中国科学院生态环境研究中心生态文明研究成果关键词共现网络分析（彩图请扫封底二维码）
词组 1. 景观设计；词组 2. 国家公园；词组 3. 生态环境；词组 4. 生态保护；词组 5. 绿色发展；词组 6. 生态补偿

　　傅伯杰（2018）认为促进生态文明理念关键在全球认知，海南省建设生态文明示范区须有国际视野。相关研究提出黄河流域生态保护和高质量发展是"既要绿水青山，也要金山银山"，在高质量保护生态环境的前提条件下，充分发展黄河流域经济，达到生态环境保护与经济社会发展互促互进、增效共赢，实现人与自然、经济社会的高度和谐，未来黄河流域生态文明建设必须具体问题具体分析，"望闻问切"，对症下药，精准施策。江桂斌提出生态文明建设的最高目标是健康的环境、健康的地球和健康的社会，特别是健康的身体；他认为坚持绿色发展是构建现代化经济发展的必然要求，是解决污染问题的根本之策。从系统生态学的原理出发，统筹"山水林田湖草"系统治理，形成绿色发展方式和生活方式，将从根本上解决发展道路上遇到的瓶颈问题，实现可持续发展（陈怡平和傅伯杰，2019）。曲久辉认为 40 年中国城市河流和水环境的演变，经历了从惑到求的转变，先后承受了粗放式发展带来的任性之果、黑臭之殇，在治理之惑中不断求实，要深入认识生态优先的理念，在全社会为城市水环境保护与修复形成强大合力。

6.5　清华大学生态文明研究中心研究成果概述

　　钱易院士认为，在新时代生态文明建设这条道路上，中国一直走在前列，同时强调"绿水青山就是金山银山"，人民对于幸福生活的最大愿景，就是一个美好的生态环境，能够有利于人民健康的这样一个环境。我们国家生态文明有优良的传统，包括我们中国的"天人合一"论，就是强调人和自然的关系要和谐。在生产领域、消费领域、城镇化建设领域、自然环境保护领域、宣传教育领域、法制和管理领域，都要推行生态文明建设，并提出以绿色消费助推生态文明建设。

卢风（2018）提出生态文明新时代的新图景，认为人类文明的演进之路推动生态文明新时代的到来，而且我国已经走向社会主义生态文明新时代。陈吕军指出，工业园区既是经济发展的引擎，同时也是资源能源消耗、工业污染排放的大户，工业园区已成为工业污染防治和中国温室气体减排的主战场，绿色、低碳、循环、生态化发展是其唯一通路，要通过建设工业领域生态文明推进工业园区绿色发展，建设生态工业园区是推进工业生态文明的有效途径。

清华大学生态文明研究中心的研究概要地回顾了中国工业园区的发展历程，提炼了中国持续开展多样化实践、推进工业园区生态化发展过程中形成的可复制可推广的经验，指出推动绿色发展的新动向主要表现在构建绿色产业链、清洁生产和绿色制造、基础设施绿色转型升级和园区环境管理精细化智慧化四个重点领域。建议在《中国制造2025》提出的"建设绿色制造体系"和"强基工程"引领下，强化园区绿色发展顶层设计，制定园区绿色发展引领行动计划，加强园区分类指导，优化资源要素配置和产业布局优化，加强园区绿色制造体系建设，以期推动工业园区成为国家绿色制造工程和强基工程最重要的载体（吕一铮等，2020）。

此外清华大学生态文明研究中心相继承担了内蒙古自治区与浙江省等典型地区的生态文明建设实践项目，为区域生态文明建设提供了智力支持。

6.6　国内其他智库生态文明研究成果概述

国内其他研究生态文明的机构包括北京大学、中国人民大学、武汉大学、北京林业大学、中共中央党校（国家行政学院）、吉林大学、南开大学、苏州大学、山东大学、福建师范大学、东北林业大学、华中师范大学、中国水利水电科学研究院等。研究内容主要涉及生态文明建设科技研究与社科研究，研究主题包括"生态文明建设""生态文明教育""绿色发展""习近平生态文明思想""马克思主义""水生态文明""生态环境保护"等。在生态文明教育宣传方面，较为典型的是以下几个。

6.6.1　清华大学"生态文明十五讲"

在推进生态文明教育方面，清华大学具备十多年开展绿色大学建设的深厚底蕴。清华大学依托绿色教育、绿色科研和绿色校园建设成果，结合教育教学改革的要求和"三位一体"的育人目标统筹考虑，发展以学生兴趣为导向、以知行合一为特征的生态文明教育课程，形成多层次、广覆盖、价值塑造能力强的生态文明教育体系。

"生态文明十五讲"是清华大学面向全校本科生开设的生态文明教育课程，首次采取多学科联合教学的模式。由钱易、倪维斗、金涌、江亿院士，何建坤、卢风教授等14位来自工程、人文、艺术等不同领域的著名学者担纲，多方面、全方位论述生态文明建设。其中既有对能源环境现状、气候变化议题等生态文明由来背景的深入分析，也有对生态文明发展历程、哲学基础、人文与科学基础、工程科学原理的直接诠释，以及对工业生产、建筑、材料、制造、艺术设计等领域践行生态文明理念最新成果和发展方向的集中展现，既有丰富的故事，也有严谨的数据，培养了学生多学科、多维度、国际化的生态文明视野。

6.6.2　北京大学"生态文明与环境管理课程"

北京大学"生态文明与环境管理课程"，面向全国高校学生开设暑期课程，分析我国生态文明建设的历程，总结主要经验及成就，为我国生态文明建设提供了启示和思考。该课程以培养更多生态文明与环境管理方面的人才为目标，为国家环境保护与生态文明建设教育事业作出重大贡献。

6.6.3　南开大学"生态文明慕课"

南开大学开设的"生态文明慕课"由校内外知名学者领衔，致力于打通不同学科间的界限，整合环境科学、化学、历史学、经济学等十余个学科团队，积极建构完整的生态文明教育体系，进一步完善复合型人才培养制度，推出生态文明系列教材。聚焦固废处理、生态修复、循环经济、生态城市建设开展项目研究，开展环境治理的政府、社会和企业行为与法规效率影响机制等方面的综合研究，推动中国环境历史文化研究，建设中国环境历史数字资源库。

相关机构关于生态文明的研究成果涵盖环境科学与资源利用、宏观经济管理与可持续发展、经济体制改革、高等教育、马克思主义等学科（图 6-4）。中国人民大学国家发展与战略研究院 2019 年发布《推进生态文明体系建设和绿色发展》（以下简称《报告》），

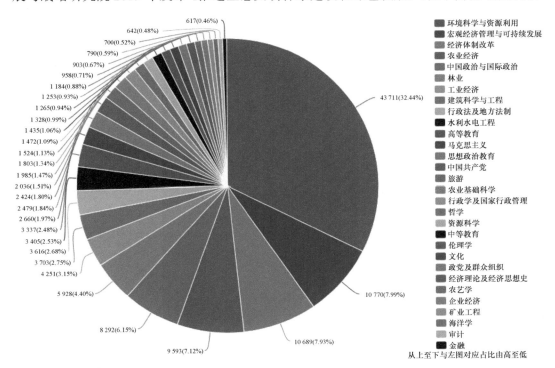

图 6-4　生态文明研究成果学科分布

《报告》指出，绿色发展理念是将生态文明建设融入经济、政治、文化、社会建设各方面和全过程的全新发展理念，必须以系统工程思路切实推进生态文明建设、推进绿色发展。

中共中央党校（国家行政学院）社会和生态文明教研部在马克思主义生态文明观、中国特色社会主义生态文明建设、中外生态文明理论、"两山"理论实践路径等领域做了大量研究工作。北京大学生态文明研究中心是国内第一个以"生态文明"为研究对象的高层次研究机构，中心以发展和保护人与自然的和谐关系为研究对象，进一步深化生态文明理论研究。其他研究机构就生态文明理论建设、制度建设、生态文化建设、工程科技、生态产品价值转化路径做了大量的研究工作，受篇幅所限，不再一一介绍。

第 3 篇

中国生态文明建设的实践模式

第 7 章　区域生态文明实践模式

7.1　省级生态文明建设实践

福建是习近平生态文明思想的重要孕育地之一，生态文明建设起步早，早在 2001 年，时任福建省省长习近平前瞻性地提出了建设生态省的战略构想，亲自指导和推动编制了《福建生态省建设总体规划纲要》。20 年来，福建围绕生态美，着力深化生态省建设，坚持念好"山海经"、种好"摇钱树"、做好"水文章"，科学推动国土空间差别化开发与保护，创新推动绿色产业发展，全面改善生态环境质量，深度提升人居生态环境，稳步推动区域生态资源优势转化为经济优势，高质量发展优势不断拓展。

差别化开发与保护国土空间，形成绿色布局。积极制定实施生态功能区划、主体功能区规划、生态保护红线划定工作方案以及相关专项红线划定工作方案等，强调不同地区根据资源环境承载能力确定功能定位，控制开发强度，规范开发次序。在一条条生态红线的限制下，山区、林地、水源地靠山不吃山、靠水不吃水，拒绝污染项目和产业，同时把规划实施与推进山海协作统筹起来："人往沿海走、钱往山区拨、沿海发展产业、山区保护生态、发展飞地经济、促进山海互动"。

存量调优、增量选优，打造生态效益型经济。坚决淘汰落后产能，加快发展绿色产业，积极促进产业朝着高效、生态方向转型升级。加快推进海洋渔业产业转型升级，培育发展海洋战略性新兴产业，加快海洋现代服务业发展，延伸产业链、壮大产业群。优化调整能源结构，鼓励新能源和可再生能源的开发利用，提高清洁能源利用比例。

强化污染治理，高标准改善城乡人居环境。科学统筹环境质量、区域容量、减排总量三者关系，坚持守住总量排放强度、突出环境问题、环保基础设施三条底线；统筹海陆环境污染防治工作，在主要海湾污染控制、近岸海域环境监测与评价、海洋生态保护与修复等方面开展海陆统筹与联动合作；开展农村环境综合整治，加大传统村落保护力度，城乡环保基础设施建设加快推进，长效运行机制不断完善。

保护与建设并重，保障陆海生态系统安全。重视保护森林资源，开展水土流失治理；实施"绿色城市、绿色村镇、绿色通道、绿色屏障"工程；"绿色矿山"建设初见成效，"青山挂白"现象逐步消除；强化海洋保护区，着力解决渔业资源严重衰退的问题。

突出制度建设，深化生态文明机制体制创新。颁布实施了一系列生态文明建设相关的地方性法规、规章，积极构建生态环境保护"党政同责"新机制，探索网格化生态环境监管新模式，构建与中央环保督察无缝衔接的制度工作体系，深化创新排污权交易制度，探索创新跨省流域生态补偿，推行用能权交易试点等，政绩考核指挥棒越来越绿，生态补偿额度越来越高，市场化机制越来越活跃。

福建省先后涌现出一批特色鲜明、成效显著的典范，形成了集体林权改革的"武平经验"、水土流失治理的"长汀样本"、全域生态综合体建设的"永春模式"等宝贵经验和典型做法，截至目前，22 项改革经验在全国推广；累计 16 个县（市、区）获得"国家生态文明建设示范市县"称号。

7.2　市级生态文明建设实践

7.2.1　浙江省湖州市：注重理念引领，打造"生态+"先行地

湖州作为"绿水青山就是金山银山"理念的诞生地，15 年来，始终以"两山"理念为引领，自觉把生态文明思想贯穿于发展的全过程、各方面，坚持纲举目张，实施"生态+"行动计划，做精生态农业、做强绿色工业、做优现代服务业，打通"两山"转化通道，促进生态产品价值实现，走出了一条生态经济化、经济生态化融合发展的新路子。

建设美丽乡村，依托绿水青山致力惠民富民。湖州是中国美丽乡村的发源地，在全国率先探索新型模式，先后建成高质量美丽乡村示范带 19 条，积极探索"生态+文化""景区+农家""农庄+游购""洋式+中式"等乡村度假模式，在美丽乡村建设理念引领、制度创新、共建共享、全域治理、体现特色等方面积累了丰富的成果和有效的经验，美丽乡村已成为湖州一张亮丽的名片。

引导产业转型，依托绿水青山培育新的经济增长点。近年来，湖州坚持守护绿水青山，把产业转型升级作为经济发展主旋律。生态农业精益求精，通过推进"三农"一体、"三产"共融、"三生"互促，实现了休闲农业发展布局由分散向集聚、发展方式由粗放向集约、产品服务由低端向中高端三大转变，使绿水青山成为广大老百姓增收致富的"聚宝盆"。生态工业强势崛起，围绕绿色、低碳的发展目标，重点发展先进装备、新能源、生物医药、金属新材、现代家居、特色纺织六大重点产业，形成了一批国家级、省级高新技术特色产业基地。生态旅游优质发展，全市洋家乐、农家乐、渔家乐等民宿经济蓬勃发展，农民增收致富的渠道不断拓宽，真正让人民群众在践行"两山"理念中获得"生态红利"。

综合治理南太湖流域，保护浙江省生态屏障。太湖是浙江的生态屏障，对整个浙江的生态起着很重要的支撑作用。湖州大力推进并落实"河长制"，全力实施"五水共治"，以治水倒逼经济转型升级。同时，湖州对太湖进行了保护性开发，将湖州境内 65km 太湖岸线作为一个整体，统一规划设计，建设一系列高品位、高质量的生态休闲旅游项目，以月亮酒店为标志的黄金湖岸已经成为湖州的"会客厅"。

坚持制度创新，深化生态文明机制体制改革。形成了立法、标准、体制"三位一体"的生态文明制度体系，2015 年即编制完成我国第一张地市级自然资源资产负债表，开展领导干部自然资源资产离任审计；2016 年 7 月，《湖州市生态文明先行示范区建设条例》正式颁布实施，首次以法规形式将每年 8 月 15 日确定为湖州生态文明日。2018 年编制发布《生态文明示范区建设指南》并制定首批 23 项标准，成为全国唯一的国家级生态文明标准化示范区。建立水源地保护生态补偿、矿产资源开发补偿、排污权有偿使用和交易等制度，设立企业用能交易、碳排放交易等平台。在全国率先建立"绿色 GDP"核算应用体系，将生态文明纳入县区实绩考核，权重占 37% 以上。

深化实践创新，打造"两山"理念样板地。坚持"两山"实践创新，科学打通"两

山"双向转化通道，打造出统一模式下的生态资源高质量转化平台，进一步提升生态资源价值，打通了从"绿水青山"到"金山银山"的"最后一公里"。

湖州通过践行"两山"理念，实现了经济、社会、生态良性互动、协调发展。通过稳步加大优质生态产品供应，不断提升城市品质品位，持续打响"在湖州看见美丽中国"城市品牌。2019 年 5 月湖州市正式发布实施国内首部地方性美丽乡村建设法规——《湖州市美丽乡村建设条例》，不仅让美丽乡村建设正式步入有"法"可循的轨道，也为全省乃至全国各地的美丽乡村建设提供更多湖州经验。

7.2.2　广东省深圳市：坚持先行先试，打造"深圳质量"

深圳是党中央、国务院设立的首批经济特区之一，自诞生之日起就承担着为国家先行先试的光荣使命。近年来，深圳深入学习贯彻习近平生态文明思想和总书记视察广东及对深圳工作重要批示精神，坚持在生态文明建设上先行先试，在创新生态文明体制机制、突出产业绿色发展、打赢污染防治攻坚战、打造宜居城市环境、推动生态文明共建共享等方面走在前列。

创新生态文明体制机制，较早探索督政措施。市委市政府坚持把生态文明建设摆在与经济建设同等重要的位置，从 2007 年起启动环境保护工作实绩考核，十八大后，在全国率先将环保实绩考核升级为生态文明建设考核，被新华社誉为"生态文明第一考"，成为深入推进生态文明建设的重要平台。2012 年起在全国创新性地建立环境形势分析会制度，定期分析环境形势，着力解决突出矛盾和问题。

突出产业绿色发展，打造高端产业链。坚持向改革要未来、向创新要发展、向改造要空间，创新推出城市更新，有效释放产业发展空间，加快推动"产城"融合发展，促进产业转型升级，推动产业链、价值链高端化发展。注重顶层设计，制定发布多项政策性文件，指导产业优化布局，引导产业结构调整和投资方向。成立产业转型升级工作领导小组，用以解决产业转型升级工作的重点难点问题，并对各区产业转型升级工作进行考核。

强化污染综合治理，全面改善生态环境质量。建章立制，完善大气污染防治政策体系，落实各项大气污染治理措施。制定了一系列治水方案，较早在全市推行"河长制"。通过建立健全高效快速的应急反应机制，及时有效应对大气、水污染问题，使深圳市生态环境质量在经济社会快速发展的情况下保持稳定并呈现向好的态势，在污染防治攻坚战中走在前列。

加强生态保护与建设，打造宜居城市硬环境。2005 年开始，深圳在国内率先划定基本生态控制线，将约占全市面积 50% 的土地划为基本生态控制线，限制城市开发建设，严格保护自然生态环境。通过多种改造方式逐步实现空间潜力增加、用地结构调整、土地效益提升，以提升城区绿色品质。建成"千园之城"，创新开展城市绿化美化工作，累计建成各类公园 1090 个，打造了香蜜公园、人才公园、深圳湾休闲带、大沙河生态长廊等具有国际品质的精品公园，全市公园绿地 500m 服务半径覆盖率达到 90.87%。

引导公众全面参与，创新生态文明宣教形式。注重生态文明建设全民参与，创新开展生态文明宣教活动，建成华侨城湿地、青青世界等一批自然学校，打造了福田"低碳竞赛"

活动品牌，成功运行盐田"碳币"系统等，引导公众参与生态文明共建、共治、共享。

深圳市成功入选全国"无废城市"建设试点；建成全国首个"一街一站"空气质量监测网络，$PM_{2.5}$ 年均浓度降至 24μg/m³，"深圳蓝"成为城市绿色名片；成为广东省唯一因重点区域大气、重点流域水环境质量改善明显，获国务院 2018 年度"落实重大政策措施，真抓实干成效明显督查激励"的城市。

7.3　县级生态文明建设实践

7.3.1　江苏省昆山市：优化建设模式，培育绿色发展新优势

习近平总书记曾指出："像昆山这样的地方，包括苏州，现代化应该是一个可以去勾画的目标"。昆山作为我国县域经济的"领头羊"，始终牢记总书记的殷切嘱托，深入践行习近平生态文明思想和"两山"理念，大力实施打好污染防治攻坚战、"美丽昆山"建设等 18 项三年提升工程，协同推进生态环境高水平保护和经济社会高质量发展，全力打造江苏省社会主义现代化建设试点样板，努力走出了一条经济发展和生态文明相辅相成、相得益彰的路子，实现了"经济强"和"环境美"的和谐统一，连续两年获评全省推进高质量发展先进县（市、区）。

深入践行绿色发展理念，全力推动高端产业发展。昆山深入践行绿色发展理念，以建设国家一流产业科创中心为工作主线，全力推动光电、半导体、小核酸及生物医药、智能制造等高端产业发展，高标准推进"一廊一园一港"建设，加快传统工业区向科创园区转型，累计建成国家级生态工业示范园区 2 个、省级现代服务业生态园区 1 个（全国首个），培育循环经济试点企业 174 家、清洁生产审核企业 1245 家、ISO14000 认证企业 909 家。昆山通过打造集中、紧凑、高效的科创空间减量发展样板，引导产业结构调高调优调绿，从源头上减少污染排放，排查整治散乱污企业 6954 家，依法引导退出低端低效产能企业 872 家，腾出发展空间 1.8 万余亩，实现低效用地再利用 3.4 万亩，让良好生态环境成为绿色发展的支撑点。

全面打好污染防治攻坚战，打造生态治理样板。全省首创河长办、治水办、农污办、黑臭水体办"四办合一"，制定出台基层河长巡河细则，形成"一看水、二查牌、三巡河、四访民、五落实、六回头看"的"基层河长履职六步法"。城镇建成区黑臭河道基本消除，境内 8 个国（省）考核断面优于Ⅲ类比例达 100%。将傀儡湖生态环境治理列为政府重点工程，开展水生态修复，傀儡湖被评为长江经济带最美湖泊、全省首批"生态样板河湖"。

美丽昆山建设纵深推进，提升区域发展品质。有序推进国土空间规划、南部水乡片区统筹规划、绿色开敞空间、河道蓝线等生态专项规划编制。打造"七横四纵"生态绿廊，强化湿地和生物多样性保护。创新实施农村人居环境整治"红黑榜"考核，先后获评中国美丽乡村建设示范县和全国农村人居环境整治成效明显激励县。高标准推进海绵城市建设，海绵城市专项规划入选全国范本。

环境治理体系加快构建，"智慧环保"纳入环境管理。推行环评审批改革、涂料"油改水"、环境有奖举报、环保第三方服务、差别化价格等机制，优化环保专项奖励和生

态补偿制度，开展阳澄湖水环境区域补偿、工业企业节水减排补助和区镇河道水质达标（提升）项目奖补，签署"昆嘉青"和"嘉昆太"污染防治联防联控协议，形成了一批可复制、可推广的经验做法。

"基层河长履职六步法"入选中组部"不忘初心、牢记使命"主题教育学习案例。获评全国农村生活污水治理示范县，农村生活污水治理工作入选住建部县域统筹推进农村生活污水治理案例。城镇生活污水处理厂尾水生态净化湿地建设经验在全省推广。农村生活污水治理工作入选住建部县域统筹推进农村生活污水治理案例。海绵城市专项规划入选全国范本。

7.3.2　浙江省安吉县：紧抓"两山"发源地机遇，探索"两山"转化安吉路径

2005 年 8 月 15 日，时任浙江省委书记的习近平同志在安吉天荒坪镇余村调研时，首次提出"绿水青山就是金山银山"。15 年来，全县上下在"两山"理论指引下，坚持一张蓝图绘到底，坚定不移落实好党中央和省委改革部署，着力构建绿色发展管护、转化、共享"三大机制"，全面推进美丽环境、美丽经济、美好生活"三美融合"，持续守护绿水青山，不断做大"金山银山"，实现了人居环境明显改善、经济社会同步协调、城市乡村和谐相融，探索走出了一条具有安吉特色的经济生态化、生态经济化发展之路。

推动"两山"理念深化，打造"两山"研学基地。安吉县积极保持先发优势，加快推进"两山"发源地生态文化示范效应；加大媒体宣传力度，强化提升安吉"两山"品牌影响力；打造"两山"文化特色高地，高标准建设以余村为核心的"两山"特色小镇以及以余村为主线的"两山"文化长廊，将安吉打造为世界宜居、国际知名的生态文明研究、展示、教育和实践基地。

依托资源环境优势，打造绿色发展的先行地。安吉依托良好的生态环境和区位优势，深入践行绿色发展的理念，大力发展生态循环经济，初步构建起特色鲜明、优势互补、融合发展的三次产业体系。大力引进开发生态休闲、养生养老、运动健康、文化创意等新业态，延伸产业链条，提升产品价值。安吉白茶产业以 34.87 亿元的品牌价值，连续九年跻身全国茶叶品牌价值十强。竹产业产值达 180 亿元，以全国 1.8% 的立竹量创造了全国 20% 的竹业产值。休闲旅游产业发展迅猛，自 2013 年实现月接待游客超百万、月旅游收入超亿元之后，2019 年实现旅游人次 2807.4 万，旅游收入 388.2 亿元。

坚持规划引领，打造中国美丽乡村建设的成功样板。安吉县自 2008 年起开始实施以"中国美丽乡村"为载体的生态文明建设，围绕"村村优美、家家创业、处处和谐、人人幸福"的目标，实施了环境提升、产业提升、服务提升、素质提升"四大工程"，从规划、建设、管理、经营四个方面持续推进美丽乡村建设，走出了一条生态与经济、农村与城市、农民与市民、农业与非农产业互促共进的发展道路，实现了生态保护和经济发展的双赢，获得"联合国人居奖"，成为中国美丽乡村建设的成功样板。

探索"全域美丽"建设之路，推进城乡一体化发展。安吉县坚持顶层设计与高端规划，深入实施"保障体系完善""公共服务均衡""就业创业增收""低收入群众关爱""人

居环境优化"五项行动，破除城乡二元结构，推进城乡一体化均衡发展。在"美丽乡村"实践的基础上，坚持最美县域、美丽乡镇、美丽乡村"三美"共建，横向覆盖全域。

安吉县成功实现了从环境污染负面典型到生态文明样板示范的转变。2015年，以安吉县政府为第一起草单位的《美丽乡村建设指南》成为国家标准。2016年安吉县被列为全国唯一"两山"理论实践试点县。美丽乡村建设相关经验和做法引领浙江、唱响全国，成为"联合国人居奖"唯一获得县。2017年，在总结历年来美丽乡村标准化建设成果的基础上，发布全国首个美丽县域建设地方标准《美丽县域建设指南》，实现由乡村到城市，由局部到全域的扩展和提升。

7.4 乡镇生态文明建设实践

福建省寿宁县下党乡：传承红色文化，引领乡村振兴。

寿宁县委、县政府高度重视下党乡红色文化资源的保护与开发，坚持把红色资源利用好、把红色传统发扬好、把红色基因传承好，以讲好"下党故事"为抓手，以绿色生态资源为依托，以廊桥、古民居及红色传承为特色，大力发展红色旅游、乡村旅游，积极探索出一条具有闽东特色的乡村振兴之路。

保护和传承好红色文化。过去的下党，是一个典型的贫困村，当地有"车岭车上天，九岭爬九年"的民谣，是一个"无公路、无自来水、无照明电、无财政收入、无村级办公场所"的"五无"村。习近平总书记曾"九到寿宁、三进下党"，现场办公、访贫问苦、解决问题、指导发展，在下党人心中树起了摆脱贫困的坚强信心，留下了"弱鸟先飞"等宝贵精神财富。"单拱跨度世界第一"的鸾峰桥，是习总书记第一次到下党时开会、办公、就餐、休憩的场所，已被列入《中国世界文化遗产预备名单》。2019年8月4日，习近平总书记给福建省寿宁县下党乡乡亲们的回信中提出："希望乡亲们继续发扬滴水穿石的精神，坚定信心、埋头苦干、久久为功，持续巩固脱贫成果，积极建设美好家园，努力走出一条具有闽东特色的乡村振兴之路。"在如今的下党，一个集亲民文化、红色文化、廊桥文化、民俗文化为一体的乡村生态休闲游旅游区已初具模型。县委、县政府持续投入资金对下党乡村落民居及历史遗存、文化建筑进行修缮保护和开发建设。

用"活"红色文化遗产。寿宁县委、县政府高度重视下党乡红色文化资源的保护与开发，坚持把红色资源利用好、把红色传统发扬好、把红色基因传承好，以讲好"下党故事"为抓手，提出了下党"135"思路定位，"1"即打造"中国红色旅游新地标"，"3"即建成党的作风建设的展示基地、群众路线的教育基地、摆脱贫困的实践基地，"5"即实施重走一段路、重温一段历史、上好一堂党课、举办一个仪式、夜谈一次心得的"五个一"工程，提升红色旅游内涵，打造"清新福建、难忘下党"品牌。注重规划先行，坚持修旧如旧，先后完成了《下党村传统村落保护性修复规划》，对下党村明清古民居和古廊桥鸾峰桥进行保护性修复和开发，引进旅游规划设计团队编制《下党及周边乡村旅游总体规划》。

创"新"红色文化发展。近年来，寿宁县注重挖掘习近平总书记"三进下党"留下的宝贵精神财富，加强与中央党校、省委及市委党校的沟通联系，承接各类培训活动等，不仅发挥了有效的党性教育功能，而且提升了红色旅游、乡村旅游的知名度。因地制宜，做大做强茶产业，以茶产业为依托做好乡村旅游开发建设。提出"茶园定制"模式，向全国招募茶园主，以 1 年 1 亩 2 万元的价格出租茶园。茶园主每年春秋两季不仅可以获得 50kg 干茶，还可以到茶园采摘，参与农事活动，住下党古民居。乡村旅游发展较好的下党村组织成立了蓉党茶叶专业合作社，建立可视化系统和农产品可追溯系统，让消费者喝上放心茶。这种模式吸引了一批批游客前来参与体验。利用福建省文化和旅游厅结对帮扶下党村的有利契机，有效推动游客服务中心、旅游厕所、停车场、农家乐、民宿、"下乡的味道"一条街、旅游标识标牌等建设。先后从银行贷款 1.9 亿元，推动了下党红色旅游景区（一期）等项目建设，旅游基础设施和配套设施不断完善，营造了良好的旅游发展环境。

铸"造"红色文化地标。下党成立梦之源旅游开发有限公司，主营乡村旅游产业，取得显著成效，在宁德市开展的"十佳"旅游品牌评选活动中被评为"十佳旅游路线""十佳旅游特色乡村"。引进台湾景点策划团队进驻，利用台湾乡村旅游发展的经验，策划开发"一杯草药茶""下党人家""85 民宿"等旅游业态。下党村率先成立了民宿专业合作社，将下党村 9 家民宿纳入合作社统一管理，实行"旅游扶贫＋民宿"的新模式。

下党乡发扬"滴水穿石"的精神，以绿色生态资源为依托，以廊桥、古民居及红色传承为特色，大力发展红色旅游、乡村旅游，成为"中国·下党红色旅游新地标""全国乡村旅游重点村"，"清新福建·难忘下党"特色旅游品牌的知名度和影响力持续扩大。下党乡具有闽东特色乡村振兴之路的典型经验被新华网、人民网、东南网等国内外主流媒体广泛宣传报道。2019 年 8 月 4 日，习近平总书记给下党乡的乡亲们回信，祝贺他们实现了脱贫，鼓励他们发扬"滴水穿石"精神，走好乡村振兴之路。

7.5　村级生态文明建设实践

西藏自治区拉萨市达东村：推动转型发展，实现"绿色"颜值的"金色"价值。

达东村是西藏保护最完整的千年古村落之一，积淀了深厚的农耕文化底蕴。以往，达东村世代以砍伐和售卖小叶杜鹃为生，生态环境不堪重负，2006 年以来，达东村积极转变思路，移风易俗，把禁止砍伐小叶杜鹃写进村规民约，追求文明生活方式。2016年，拉萨市柳梧新区管委会以"产业兴旺、生态宜居、乡风文明、治理有效、生活富裕"乡村振兴战略为目标，依托脱贫攻坚和净土健康产业，投入 1.27 亿元实施了"达东村村容村貌整治暨扶贫综合（旅游）开发"项目，大力造绿护绿，改善基础设施，消除"无树村""无树户"，在保护、传承、发扬当地民俗文化的基础上，实现了产业结构提档升级，拓宽了当地村民增收渠道，有效带动当地农牧民精准脱贫，实现产业致富，打造"望得见山、看得见水、记得住乡愁"的新达东。

转变传统生活方式，大力造绿护绿。达东村"两委"积极谋划，主动向群众宣传生态文明理念，号召大家在生态破坏原址上复垦播绿，栽种了 20 余亩柳树。同时，组织群众积极开展国土绿化，村民主动在村道两旁、门前院后、池塘周边、水渠两岸造林护林，不仅成就了达东村的千亩雪桃和花海，更成就了达东村绿树成荫的"小气候"。

提升村居基础设施，建设美丽乡村。"达东村村容村貌整治暨扶贫综合（旅游）开发"项目启动后，对达东村电力、排水、道路、通信、村落建筑空间布局、乡村厕所、垃圾分类等基础设施进行完善，并实施危旧房的改造、整治工作。村里规划建设了 13 个化粪池和长达 20km 的地下管网，群众养成了文明的排污习惯，彻底改变了从前将生活污水、生活垃圾直排（扔）进村内沟渠中的旧习。

大力发展生态经济，助推精准脱贫。在达东村自然风貌的基础上，打造拉萨市第一个"复合型旅游乡村"，紧扣"旅游+农业""旅游+生态"的现代化旅游发展思路，主动与其他产业融合，推动达东村乡村旅游产业结构的调整、转型升级，深度探索旅游扶贫、旅游富民的乡村旅游发展模式。此外，达东村因地制宜，依托当地文化发展民俗旅游，目前已形成了"幸福林卡""达东桃花会""音乐嘉年华""圣地温泉""庄园遗址"等乡村旅游品牌，成为拉萨周边乡村旅游"金字招牌"。达东村年均接待游客 40 万人次，旅游收入近 700 万元。

完善运行模式及保障机制，推动长效发展。通过"政企合作"模式建设和运营，保障达东村景区迅速、有效、健康地发展；通过实施"企业专业化经营管理，村集体对项目用地持有所有权，村民持有对土地承包权"的三权分置办法，有效提高村民参与积极性，为达东村实施乡村旅游，带动精准扶贫创造可持续发展条件。

近年来，达东村已成为西藏乡村民俗旅游的示范标杆，先后荣获"中国乡村旅游创客示范基地""第七批中国历史文化名镇名村""2016 中国最美村镇生态奖""2017 年改善农村人居环境美丽乡村示范村""2017 中国最美村镇 50 强""2017 年度全国生态文化村""第五批中国传统村落"等国家级荣誉称号，还多次荣获"西藏历史文化名村"等殊荣。达东村乡村旅游工作模式，是西藏较为早期的旅游扶贫案例，是推动一二三产业融合发展的一种有效模式，是让西藏各个贫困县、村真正实现宜居、宜业、宜游，精准扶贫可持续发展的有效途径，其开发与运营的成功，为西藏各个贫困地区提供了经验参考。

第8章 流域生态文明实践模式

8.1 流域生态文明实践模式及其特点

我国七大流域总面积 509.8 万 km^2，占国土面积的 53.1%，涉及 30 个省（自治区、直辖市）；承载了全国最广大的人口与经济。流域的生态安全一直是国家关注的重要问题，早在 2001 年，国家就在太湖流域确立了由原国家环境保护总局牵头，流域内地方环境保护部门为主，各相关单位配合的污染防治领导小组联席会议机制；2011 年 11 月 1 日起实施的由中华人民共和国国务院颁布的《太湖流域管理条例》，是我国第一部流域综合性行政法规，目的是通过立法加强太湖流域的水资源保护和水污染防治工作，其对推动经济发展方式转变、维护流域生态安全，具有十分重要的意义。

党的十八大以来，我国高度重视以流域为基础的生态文明建设。习近平总书记对黄河流域生态保护情况进行了多次实地考察，对流域生态文明建设做了一系列重要论述。2016 年 1 月，习近平总书记在重庆主持召开的推动长江经济带发展座谈会上强调，长江经济带作为流域经济区，涉及水、路、港、岸、产、城和生物、湿地、环境等多个方面，是一个整体，必须全面把握、统筹谋划。2018 年 5 月，习近平总书记在全国生态环境保护大会上发表重要讲话，并指出："治理好水污染、保护好水环境，就需要全面统筹左右岸、上下游、陆上水上、地表地下、河流海洋、水生态水资源、污染防治与生态保护，达到系统治理的最佳效果。" 2019 年 9 月，习近平总书记在主持召开黄河流域生态保护和高质量发展座谈会时强调，"要坚持'绿水青山就是金山银山'的理念，坚持生态优先、绿色发展，以水而定、量水而行，因地制宜、分类施策，上下游、干支流、左右岸统筹谋划，共同抓好大保护，协同推进大治理，着力加强生态保护治理、保障黄河长治久安、促进全流域高质量发展、改善人民群众生活、保护传承弘扬黄河文化，让黄河成为造福人民的幸福河。"

为推动流域生态文明建设实践，需要完整的顶层设计与健全的制度体系。2014 年修订后的《中华人民共和国环境保护法》第 20 条规定，国家建立跨行政区域的重点区域、流域环境污染和生态破坏联合防治协调机制，实行统一规划、统一标准、统一监测、统一的防治措施。《中华人民共和国水污染防治法》要求"有关省、自治区、直辖市人民政府，建立重要江河、湖泊的流域水环境保护联合协调机制，实行统一规划、统一标准、统一监测、统一的防治措施"。《水污染防治行动计划》要求"健全跨部门、区域、流域、海域水环境保护议事协调机制""流域上下游各级政府、各部门之间要加强协调配合、定期会商，实施联合监测、联合执法、应急联动、信息共享"。2017 年，经国务院批准的《重点流域水污染防治规划（2016—2020 年）》明确，健全区域联动；以全面推行河长制为重要抓手，加强流域上下游、左右岸各级政府、各部门之间协调，探索跨行政区之间的环境保护合作框架，建立定期会商制度和协作应急处置、跨界交叉检查机制，形成治污合力；积极推进跨界河流水污染突发事件的双边协调机制与应急处理能力建设。2019 年 12 月 27 日，十三届全国人大常委会第十五次会议分组审议了《中华人民共和国长江保护法（草案）》，作为一部全面保护长江流域生态环境的法律，同时也是我国首部流域保护法，《中华人民共和国长江保护法（草案）》第 4 条规定，国家建立长江流域统筹协调机制下的分部门管理体制，长江流域协调机制由国务院建立。2020 年 1 月，生态环境部、水利部联合印发《关于建立跨省流域上下游突发水污染事件联防联控机制的指导意见》（以下简称《指导意见》），对流域上下游如何开展协作机制和制度建设进行了系统指导，推进流域联防联控，防控跨界流域风险，明确了流域突发水污染事件中上下游的责任，提出了上下游联防联控机制的重点任务，将为有效保障我国流域水生态环境安全发挥重要作用。此外，《黄河流域生态保护和高质量发展规划纲要》《"十三五"重点流域水环境综合治理建设规划》《全国重要生态系统保护和修复重大工程总体规划（2021—2035 年）》等一系列涉及国家发展战略的流域生态文明建设的发展规划、实施方案也印发实施。

流域生态文明建设是以流域生态安全为根本，以流域生态问题为导向，以源头防控为重点，实行流域管理，干支流、多要素同时治理，统筹规划、综合治理、久久为功，各级政府上下联动，由各具特色的创新模式组成的具有全局性、综合性、多样性的实践模式。

8.2　长江流域生态文明建设实践

长江流域是全国七大江河流域中最大的流域，其国民生产总值约占全国的 36%。长期以来，由于人为破坏和不合理的耕作方式，特别是过度采伐森林，使长江流域森林植被大量减少，导致流域内水土保持能力持续削弱，生态环境不断恶化，使洪水、旱灾、泥石流成为长江流域的三大自然灾害。严峻的生态形势已经危及长江流域生态安全和流域群众的生命财产安全，严重制约长江流域地区经济发展。为阻止长江流域环境进一步恶化，国家在其中游实施了一系列生态修复工程，并取得了显著成效。

8.2.1　自然保护与人工修复相结合，推动上游地区生态恢复

中华人民共和国成立以来，长江上游生态修复一直受到足够重视，长江上游水土保持与水源涵养功能对长江流域的洪水控制起着至关重要的作用。为保护与恢复长江流域生态状况而实施的生态修复工程及保护措施从未停止。十八大以来，更是把修复长江生态环境摆在压倒性位置，坚决筑牢长江上游生态屏障；在各级政府的共同努力下，长江流域生态环境持续向好发展。

长江中上游防护林体系工程（1989～2020 年），大幅提高长江防护能力。1986 年 4 月，全国人大六届四次会议通过《中华人民共和国国民经济和社会发展第七个五年计划》，其中明确提出要"积极营造长江中上游水源涵养林和水土保持林"。计划用 40 年时间，在长江中上游区域开展大规模造林绿化，增加森林 3 亿亩。1989 年 6 月，国家计委批复了《长江中上游防护林体系建设一期工程总体规划（1989—2000 年）》。规划范围

包括长江中上游地区的 12 个省、直辖市，271 个县（市、区）（1991～1995 年进行过 2 次调整），工程区面积 10 亿亩，采取多种形式新增森林面积 1 亿亩。工程布局以长江为主线，以流域水系为单元，首先在森林覆盖率低、水土流失严重、土壤侵蚀量大的地段全面展开。

2004 年，原国家林业局批复了《长江流域防护林体系建设二期工程规划（2001—2010 年）》。工程范围扩大到整个长江、淮河及钱塘江流域，其中长江（包括钱塘江）流域总面积 28.25 亿亩，涉及青海、西藏等 17 个省（自治区、直辖市）的 1035 个县（市、区）。

2013 年，原国家林业局批复了《长江流域防护林体系建设三期工程规划（2011—2020 年）》。三期工程建设分区与二期工程一致，建设内容有所调整，建设规模明显扩大，建设总任务 1.92 亿亩。

天保工程（1998～2020 年），实现了森林面积和蓄积的双增长。2011～2018 年，工程区开展中幼林抚育 2.19 亿亩，后备资源培育 1220 万亩。20 世纪末，四川率先在全国启动实施天然林资源保护工程和退耕还林还草工程，唤醒了人们的生态保护意识，从川西高原到四川盆地，植绿护绿成为全省上下的统一行动。截至 2018 年，四川累计营造公益林 8642 万亩，实施退耕还林还草 3993.83 万亩，2.83 亿亩森林资源得到常年有效管护，长江上游最大一片天然林资源得到休养生息。

全国主体功能区规划，以区域功能明确发展方向。依据《全国主体功能区规划》，我国构筑了"青藏高原生态屏障""黄土高原—川滇生态屏障"和"东北森林带""北方防沙带""南方丘陵山地带"两屏三带的生态安全战略格局。长江上游地区涵盖了"南方丘陵山地带""青藏高原生态屏障""黄土高原—川滇生态屏障"和"河西走廊防沙带" 4 个生态屏障区。

重点生态功能区，增强区域生态服务功能。依据《全国主体功能区规划》，我国 25 个重点生态功能区中的 4 个水源涵养功能区、4 个水土保持生态功能区和 5 个生物多样性维护生态功能区均在长江上游地区分布，占长江上游九省（自治区、直辖市）面积的 46.58%。依据《全国主体功能区规划（修订版）》（内部资料），长江上游涉及 25 个重要生态功能区，占上游九省（自治区、直辖市）面积的 58.28%。

生物多样性优先区，强化生物资源保护。根据《中国生物多样性保护战略与行动计划（2011—2030 年）》，我国划定了 35 个生物多样性保护优先区域，其中 18 个生物多样性保护优先区的全部或部分在长江上游区内，主要生态系统类型为荒漠、荒漠草原、原始森林、典型的湖泊河流生态系统，主要的保护物种有野骆驼，珍稀动植物野象、沙冬青，珍稀水禽白鱀豚等，占长江上游九省（自治区、直辖市）面积的 39.72%，占全国生物多样性优先保护区面积的 38.13%。

生态保护红线区，守住环境安全底线。长江上游九省（自治区、直辖市）共划定生态保护红线面积 20.63 亿亩，占九省（自治区、直辖市）总面积的 35.78%，其中西藏自治区和青海省划定的生态保护红线面积占其全省（自治区）面积的 40% 以上，四川和云南占 30% 以上，其余五省（直辖市）生态保护红线面积占其所在省（市）面积的比例均为 20%～30%。

经过几代人的努力，长江上游生态得以逐渐恢复。长江流域森林蓄水保土能力显著增强，2018 年长江干流断面水质优良比例已达 79.3%，2016 年河南花园口水文站监测到黄河含沙量比 2000 年减少了 90%。森林碳汇能力大幅度提升，我国森林植被总碳储量 91.86 亿 t，其中 80% 以上的贡献来自天然林。2018 年长江流域水土流失面积 5.20 亿亩，占流域总面积的 19.35%，与 2013 年相比，面积减少了 5686 万亩，减幅 9.85%。以四川省为例，同 1997 年相比，全省森林蓄积增加 4.93 亿 m³，达到 18.79 亿 m³，森林面积增加 1.07 亿亩，达到 2.83 亿亩，分别位居全国第 3 位、第 4 位，森林覆盖率提高 14.6 个百分点，达到 38.83%，高出全国平均值 15.87 个百分点。2018 年全省森林和湿地生态服务价值达到 1.9 万亿元。

8.2.2　探索建立跨省流域生态补偿机制，形成"新安江模式"

2011 年 2 月，习近平同志在全国政协《关于千岛湖水资源保护情况的调研报告》上作出重要批示："千岛湖是我国极为难得的优质水资源，加强千岛湖水资源保护意义重大，在这个问题上要避免重蹈先污染后治理的覆辙。浙江、安徽两省要着眼大局，从源头控制污染，走互利共赢之路"。为贯彻落实习近平同志重要指示精神和党中央、国务院工作部署，浙江与安徽两省开启了全国首个跨流域生态补偿机制试点。经过两轮试点后取得了明显成效，形成了可复制、可推广的"新安江模式"。并且成功入选中央组织部组织编选的《贯彻落实习近平新时代中国特色社会主义思想、在改革发展稳定中攻坚克难案例·经济建设》。安徽与浙江的新安江、钱塘江水系，摒弃了长期以来人类在水资源共同利用、跨省流域生态环境治理的老路。

新安江发源于安徽省黄山市休宁县境内六股尖的新安江流域，干流总长 359km，近 2/3 在安徽境内，经黄山市歙县街口镇进入浙江境内，流入下游千岛湖、富春江，汇入钱塘江。千岛湖超过 68% 的水源来自新安江，新安江水质优劣很大程度决定了千岛湖的水质好坏，关乎长三角生态安全。

建立完善补偿机制框架，解决矛盾。为确保试点顺利开展，财政部、原环境保护部统筹协调，制定并出台了《新安江流域水环境补偿试点实施方案》《关于加快建立流域上下游横向生态保护补偿机制的指导意见》等政策文件，有效解决两省存在的意见分歧。根据实施方案精神，皖浙两省建立联席会议制度，加强合作，基于"成本共担、利益共享"的共识，坚持"保护优先，合理补偿；保持水质，力争改善；地方为主，中央监管；监测为据，以补促治"四项原则，实施水环境补偿，促进流域水质改善。

构建流域共治共享平台，加强合作。统一监测方法、统一监测标准和质控要求，获取上下游双方都认可的跨界断面水质监测数据，并每半年对双方上报国家的数据进行交换，真正做到监测数据互惠共享，建立联席交流会议制度。杭州市与黄山市共同制定《关于新安江流域沿线企业环境联合执法工作的实施意见》；淳安县与黄山市歙县共同制定印发了《关于千岛湖与安徽上游联合打捞湖面垃圾的实施意见》，并建立每半年一次的交流制度，通报情况，完善垃圾打捞方案。黄山与杭州多层面互动，在生态环境共治、交通互联互通、旅游资源合作、产业联动协作、公共服务共享领域等方面不断深化区域协同发展，在设施全网络、产业全链条、民生全卡通、环保全流域等方面取得新突破。

构建全流域保护、治理、绿色发展理念。以流域为单位，加强点源与面源污染治理，实施封山育林与造林工程，强化全流域水源涵养能力，加强生态建设；开展城乡垃圾与污水处理系列改革工程；全面改善流域城乡面貌，降低污染风险，提升综合能力。同时，转变发展理念，注重生态保护，绿色发展，优化产业结构，引导全民参与，转变生活方式。

在两轮试点中，新安江流域总体水质为优，跨省界街口断面水质达到地表水环境质量标准Ⅱ类，每年均达到补偿条件；千岛湖湖体水质继续保持优良，2017年，千岛湖水质各项指标基本符合Ⅰ类水标准，出境断面水质持续保持Ⅰ类标准，营养状态指数逐步下降，并与新安江上游水质变化趋势保持一致，表明试点环境效益逐渐显现。借助生态补偿机制试点的契机，黄山市和淳安县通过开展全域环境整治，提升了整体环境质量。黄山全市森林覆盖率提高到82.9%，空气质量稳居安徽全省首位，地表水水质达标率、饮用水源地水质达标率均为100%，"望得见山、看得见水、记得住乡愁"成为黄山城乡最鲜明的标识符。淳安县饮用水源地水质达标率为100%，空气优良率达到94.7%，森林面积达499.88万亩，森林蓄积量2269.6万 m^3，生态环境质量始终保持浙江全省前列，先后获评"中国好水"水源地、国家生态县，成功创建全球绿色城市、国家森林旅游城市，2016年被新增纳入国家重点生态功能区。

8.2.3　"共抓大保护、不搞大开发"理念引导流域整体性保护

（1）江苏完善环境准入制度，推动绿色发展转型

要抓保护，先立规矩。2019年11月，江苏根据国家长江办《长江经济带发展负面清单指南（试行）》、《关于进一步加快推进〈长江经济带发展负面清单指南（试行）〉实施细则编制工作的通知》和国家、省有关规定，结合江苏实际，制定了《长江经济带发展负面清单指南江苏省实施细则（试行）》。2020年7月，江苏省出台了《"三线一单"生态环境分区管控方案》，建立了覆盖全省的生态保护红线、环境质量底线、资源利用上线、生态环境准入清单的管控体系，设立了生态环境质量中长远发展目标。努力让红线"守得住"、发展"保得好"、效益"调得高"，确保"一张蓝图管到底"。

砸笼换绿、腾笼换鸟。近年来，南京关停退出钢铁产能1788万t、水泥产能1565万t，化工生产企业压减到2924家，沿江1km内化工生产企业关闭退出132家。投入150多亿元，关停搬迁曾有化工之乡的燕子矶地区全部化工生产、仓储物流、砂场码头404家企业；转而引进了一批有实力的名企入驻，实现了从'传统工业'向'现代服务业'的蝶变。常州选择做"减法+加法"处理，减无效供给、低端产能，加高端产业、绿色产业；淘汰落后低效、高能耗高污染产能，加大"砸笼换绿"力度，推动冶金、化工、纺织、煤电等传统行业转型升级；同时，着力加快产业向中高端迈进，研究制定工业高质量发展三年行动计划，重点发展"253"产业集群。

加快转换，新动能引领经济发展。以苏南国家自主创新示范区为依托，江苏推动产业链和创新链双向融合，促进先进制造业集群、现代服务业集聚。在常州，"东方碳谷"正在崛起，2019年，常州全力打造的新型碳材料先进制造业集群产值达823亿元，约占全国信息碳材料总产值的15.3%，其中石墨烯相关产业产值占比近三成，整体规模和技术水平处于全国第一阵容，部分领域在全球领先。从新型碳材料到大医药健康产业，从物联网到集成电路，江苏13个先进制造业集群相继崛起。工信部组织的2020年先进制

造业集群竞赛初赛，江苏 9 个集群入围，数量全国居首。坚持把修复长江生态环境摆在压倒性位置，大刀阔斧，改头换面，倒逼产业转型升级，探索形成一系列长效机制，在新动力的推进下，在实现经济高质量发展的同时，形成了经济蓬勃发展与生态问题源头修复同步的江苏实践模式。

（2）打造美丽中国，绿色发展之江西样板

坚持标本兼治，全面彻底整治突出问题。2018 年 5 月，江西省印发了《江西省长江经济带"共抓大保护"攻坚行动工作方案》，包含十项行动，三十项具体措施；在水资源保护、水污染治理、生态修复与保护、城乡环境综合治理、岸线资源保护利用、绿色产业发展六大领域，从解决生态环境保护突出问题入手，抓重点、补短板、强弱项，系统谋划、综合施策、集中攻坚，筑牢长江中游生态安全屏障，打造美丽中国"江西样板"。解决长江经济带生态环境欠账，最大的问题在水，而水问题的根子在岸上。江西坚持破立并举，紧盯中央环保督察和群众反映强烈的突出环境问题，逐一列出清单，狠抓整改落实。深入开展化工围江、黑臭水体、污水管网等专项排查整治；近三年共审理各类涉环境资源案件 6204 件，2019 年起诉各类破坏环境资源犯罪 2369 人，跟进监督长江经济带生态环境保护相关问题 54 件。

全力打造水美、岸美、产业美的长江岸线，筑牢生态屏障。长江流域重点水域禁捕退捕，大力组织实施"清船""清网""清江""清湖"行动，重拳出击整治非法捕捞行为，35 个水生生物保护区、长江干流江西段和鄱阳湖全面禁捕。有"鱼保姆"美称的护鱼队每日沿岸监督，禁止捕鱼钓鱼等行为；2018 年，江西省财政投入 2131.9 万元，建设蛇山岛省级联合巡逻执法指挥中心、无线应急通信专网、雷达监控三大系统。2019 年，江西省公安厅首次投入警用无人机参与巡航，全年巡逻。截至 2018 年，鄱阳湖有江豚1042 头，超过长江干流及其他所有支流江豚数量的总和。在赣江、信江、饶河、抚河、修河五河全流域颁布了最严格的保护制度，周边 1km 以内禁止修建重化工项目；五河沿岸及周边 5km 范围内不再布局新的重化工类工业园区。赣江源，每年输出的 I 类水超过1000 万 t，为加大环境保护，当地政府关闭了 10 家养殖场。修河源，在政府引导下，当地居民发展林下经济，在增加经济收入的同时又保护了生态，当地现已成为黄精、重楼、白芍、石斛等濒危药用植物的繁育基地。抚河源，香樟林茂密葱绿，是亚洲最大的香樟基因库。

（3）长江沿岸 11 省市积极探索绿色发展典范

长江沿岸各省份发挥自身优势、积极作为，形成合力推动长江生态环境质量改善。2019 年前 11 个月，长江经济带优良水质比例达到 82.5%，同比上升 3.4 个百分点，优于全国平均水平 6.1 个百分点；劣 V 类比例为 1.2%，同比下降 0.5 个百分点，优于全国平均水平 2.8 个百分点。长江水更清、更绿了，"共抓大保护、不搞大开发"理念已经深入人心。

湖北全力做好治湖、治岸和治渔三件事来保护长江。治湖，南湖曾经是武汉污水治理最难啃的"硬骨头"，水质一直处于劣 V 类。2017 年，武汉启动"四水共治"工程，南湖是其中的重点，通过三年的污水治理工程，南湖水质恢复至Ⅲ类。2020 年，武汉再次升级"四水共治",启动"三湖三河"流域系统治理。治岸,截至 2020 年 9 月,湖北长江干线累计拆除各类码头 1211 个、泊位 1383 个,腾退岸线 150km,岸线利用率从 14%降低到 6%,复绿面积达 856km²,治出了两岸青山。治渔,自 2020 年 7 月 1 日起,长江湖北段及汉江段实施十年禁捕;宜昌市对清江全流域网箱养殖进行清退,总面积达 3509 余亩,1800 多户养殖户上岸发展,渔民们在政府引导与扶持下,找到稳定工作或发展新的产业。

湖南对全省 79 个限制开发区域县取消了人均 GDP 考核;云南把金沙江流域(云南部分)3.6 万 km² 划入生态保护红线,占全省生态保护红线面积的 30.5%。

重庆全面落实河长制,建立了市、区县、街镇三级"双总河长"架构,全市 5300 余条河流、3000 余座水库"一河一长"全覆盖。

浙江长江口海域环境保护和综合治理、长江支线航道水环境治理和水资源保护、长三角空气污染联防联控等方面持续发力。海上"一打三整治"专项行动,大力实施蓝色海湾整治行动;"十百千万治水大行动",提速建设"百项千亿防洪排涝工程",全面实施水污染防治行动计划等。

上海深化河长制,落实湖长制,以苏州河环境综合整治四期工程为引领,全力推进各项整治任务;据统计,2018 年上海共完成 408km 河道整治、18 万户农村生活污水处理设施改造;2019 年,上海全市劣 V 类水体的比例将进一步控制在 12%以内。

8.3　黄河流域生态文明建设实践

黄河流域上游,特别是河源区,是中国重要的生态屏障、水源涵养区和草业生产区,由于地处生态脆弱地区,该处生态环境对人类活动和气候变化极为敏感。作为中国的"母亲河",黄河长期以来对我国政治、经济、文化等各个方面发展起到了主要推动作用,黄河流域保护则是我国生态文明建设的重要组成部分。黄河上游生态环境直接或间接地影响流域中下游,而国家加强上游生态保护修复机制和规划的建立,地方强化"上游意识"并积极落实,是黄河流域生态文明建设的有效实践。为贯彻落实习近平生态文明思想,做到"山水林田湖草"一体化统筹,确实做到生态保护与修复工作的实质有效,我国制定了针对性的法律、法规,启动了大量生态保护与修复重点工程,形成了确实有效的保障机制,这对于黄河流域上游的生态保护工作提供了制度保障、实践指导,以及具体细致的任务要求。

8.3.1　积极探索"草畜"平衡制度,减缓源头区生态系统压力

黄河流域中上游,尤其上游河源区,生态系统相对脆弱,而植被类型以草原、草甸为主,是该地区维护生态平衡的主要类型。该区域草原退化严重,这是由多个因素共同作用的结果,如气候制约、过度放牧、毒杂草竞争、兔鼠啃食等,而过度放牧是人类直接参与、影响明显的一个因素。草地是西部地区游牧民族的主要聚居区,是牧草赖以生存的基本物质基础,在国民经济中具有重要意义和作用。也正是因为这个原因,人类活动的日益强烈,尤其近几十年来的人口激增,造成了草地区域超载放牧、草地退化沙化,

严重影响了牧民的生活生产水平，并对该地区的生态状况造成破坏。

为保护、建设和合理利用草原，维护和改善生态环境，促进畜牧业可持续发展，需要保持草原生态系统良性循环，即"草畜"平衡，具体来说，就是在一定时间内，草原使用者或承包经营者通过草原和其他途径获取的可利用饲草饲料总量与其饲养的牲畜所需的饲草饲料量保持动态平衡。《中华人民共和国草原法》中明确指出，"国家对草原实行以草定畜、草畜平衡制度"，"草原承包经营者应当合理利用草原，不得超过草原行政主管部门核定的载畜量；草原承包经营者应当采取种植和储备饲草饲料、增加饲草饲料供应量、调剂处理牲畜、优化畜群结构、提高出栏率等措施，保持草畜平衡"。依据法律要求，农业部制定了《草畜平衡管理办法》，明确了以草定畜、增草增畜、因地制宜、分类指导等原则，并提出基本要求。

该地区按照要求落实，获得较好的成效。以青海省为例，自 2011 年青海实施十年草原生态补奖政策以来，截至 2020 年，累计落实补奖资金 218 亿元，21.5 万户近 80 万人受益，人均领取补奖金 2.73 万元。得益于补奖政策，禁牧草原 2.45 亿亩，草畜平衡 2.29 亿亩，核减超载牲畜 570 万羊单位，青海全省天然草原基本达到草畜平衡。青海草原植被盖度由 2010 年的 50.17%提高到 2016 年的 53.58%。产草量从 2010 年的每亩 159kg 提高到 2017 年的 170kg。2.29 亿亩草畜平衡草原，年增加鲜草 25.19 亿 kg，可多饲养 121 万羊单位，年增加收入 4.8 亿元。退化沙化草原缩减为 1.88 亿亩，草原生态环境状况总体退化趋势得到初步遏制，局部地区呈现出好转态势，草原生态功能逐步恢复。同时，青海也基本实现了生态畜牧的转型升级，另外，政策落实也增加了牧民的收入。

8.3.2 多种生态保护修复措施，共同推动生态系统恢复

为缓解或扭转黄河流域生态状况恶化的问题，实现生态和生产的平衡以及草地牧业的长远发展，我国提出并落实了大量生态保护修复的工程或业务，逐步实现黄河上游生态系统功能维持、恢复、提高，并对中下游地区生态状况起到积极作用。近年来，我国生态保护修复相关规划日益完善，1998 年印发《全国生态环境建设规划》，2000 年印发《全国生态环境保护纲要》，2014 年印发《全国生态保护与建设规划（2013—2020 年）》，2020 年印发《全国重要生态系统保护和修复重大工程总体规划（2021—2035 年）》，其中有大量工程涉及黄河流域，如退牧还草工程、甘南黄河重要水源补给生态功能区保护与建设工程、三江源生态保护和修复工程、青藏高原矿山生态修复工程、黄河重点生态区矿山生态修复工程、黄土高原水土流失综合治理工程等。

退牧还草工程。2002 年 12 月，在蒙甘宁西部荒漠草原等地区用五年的时间采取禁牧、休牧和划区轮牧 3 种形式，恢复退化草原，对黄河流域生态状况有重要影响。2005年农业部提出《关于进一步加强退牧还草工程实施管理的意见》，明确了实施退牧还草工程的目标原则，建立工程项目实施管理的责任制。2011 年 8 月国家发展和改革委员会、财政部、农业部印发《关于完善退牧还草政策的意见》，提出了合理布局草原围栏、配套建设舍饲棚圈和人工饲草地、提高中央投资补助比例和标准、饲料粮补助改为草原生态保护补助奖励等措施，强化退牧还草工程成效。以上游青海省为例，截至 2019 年累计争取国家投资 67.92 亿元，共建设围栏 18 881 万亩，补播改良草地 4095 万亩、多年

生人工饲草地 77 万亩,建设舍饲棚圈 8.35 万户,治理黑土滩 128 万亩、毒害草 40 万亩。通过各项工程的实施,项目区生态保护取得了阶段性成效,退化、沙化草原自身恢复能力得到增强,遏制了草原生态环境恶化的势头。同时,有效帮助农牧民转变畜牧业生产方式,改善草原生态环境和草原畜牧业基本生产条件,实现草原资源可持续利用,达到了"增草、增水、增样、增收、增和"的目标。2020 年,国家发展和改革委员会、国家林草局安排青海省退牧还草工程中央预算内资金 8 亿元,用于支持青海省三江源和祁连山地区休牧围栏 173 万亩、划区轮牧 180 万亩、毒害草治理 91 万亩、退化草原改良 283 万亩、人工种草 46 万亩和黑土滩治理 161 万亩。

源头区生态修复工程。2005 年,国务院批准了《青海三江源自然保护区生态保护和建设总体规划》,投资 75 亿元在三江源自然保护区开展生态保护和建设一期工程。2005～2012 年,实现在三江源自然保护区天然草地减畜 459 万羊单位,基本实现畜草平衡;森林覆盖率提高 7%,草地植被覆盖度提高 20%～40%;增加水源涵养量 13.2 亿 m^3,增加黄河径流 12 亿 m^3,青海三江源地区生态功能明显恢复,阶段性成效初步显现。2014 年 1 月,总投资 106.6 亿元的三江源二期工程启动,实施面积增加到了 39.5 万 km^2。截至 2019 年年底,累计下达投资 135 亿元,占规划总投资的 84%。2020 年,拟实施湿地保护、沙化土地治理、黑土滩治理、森林草原有害生物防治、生物多样性保护与建设、生态畜牧业基础设施建设、退牧还草和生态监测等项目。截至 2019 年年底,各单项项目前期工作均已完成。

强化青海矿山生态修复。矿产资源开发对于生态系统的影响巨大,短期造成的地表剧烈变化,对周边生态状况造成难以恢复的破坏,而长期开采或长期废弃的矿山的影响会随时间流逝而不断扩大。黄河流域是一个有机整体,上中下游之间相互贯通,各生态系统相互影响,而上游的破坏影响尤其严重。为解决青海省黄河流域历史遗留矿山生态修复问题,2020 年 4 月,自然资源部、财政部下达 1.26 亿元资金,切实推进修复工作,项目覆盖青海省黄河流域 6 个市(州)13 个县(区),拟治理总面积 1031.52hm²,主要以黄河流域露天矿山集中开采区、生态功能脆弱区及黄河干流和主要支流左右岸、重要交通干线沿线为重点区域,优先对破坏生态严重、影响人民群众生产生活和区域可持续发展的废弃露天矿山开展生态修复。项目实施后,将消除或减轻治理区地质灾害隐患,切实保障周边人民生命财产安全,通过修复已损毁的土地资源,提升历史遗留矿山与周边地形地貌景观的和谐度,提高黄河沿线水土保持能力,改善流域人居环境,稳步提升区域受益人群满意度。

自然保护区建设。黄河流域已建立各级自然保护区 680 余处(其中国家级自然保护区 152 处),主要分布在黄河源头、祁连山、贺兰山、太行山、秦岭、黄河三角洲等生物多样性丰富,水源涵养、土壤保持等生态功能极为重要的区域,而涉及上游的国家级自然保护区有二十余处,其中,流域上游范围内面积最大的为三江源国家级自然保护区,面积占上游范围内国家级自然保护区面积的 60%以上。从黄河流域上游生态状况来看,其脆弱性决定了自然保护区建设的必要性和紧迫性,其保护的目标突出了区域的原真性和典型性。例如,三江源国家级自然保护区主要保护对象为高原湿地、高原森林、高寒草原、高寒灌丛等多种生态系统以及珍稀、濒危动植物;洮河国家级自然保护区主要保护对象为天然原始山地寒温性针叶林生态系统、珍稀野生动植物资源及其栖息地;甘肃黄河首曲国家级自然保护区的主要保护对象为黄河首曲高原湿地生态系统和黑颈鹤等候鸟及其栖息环境等。

重点生态功能区生态保护与建设。2012 年 6 月,国家重点生态功能区生态保护与建设规划编制正式启动,先期试点开展甘南黄河重要水源补给等 5 个重点生态功能区生态保护与建设规划的编制。国家发展和改革委员会于 2007 年批复了《甘肃甘南黄河重要水源补给生态功能区生态保护与建设规划(2006—2020 年)》,批复总投资 44.51 亿元。截至 2018 年,甘南黄河重要水源补给生态功能区生态保护与建设已初见成效,草原生态保护得到明显改善,人口、资源、生态与经济发展的关系得到有效改善和协调,水源涵养能力得到进一步加强。通过退牧还草工程、草原鼠害综合治理等项目的实施,天然草原植被有了一定恢复,生态环境改善比较明显,草场区域牧草平均盖度增加了 12.8%,生产能力提高 69.9kg/亩,全州草原植被综合盖度达到 96.78%。林业生态保护得到加强,每年落实森林管护面积 643.4 万亩。2000~2018 年,全州林地面积增加了 100 万亩,森林面积净增 134 万亩,森林蓄积量净增 540 万 m^3,森林覆盖率提高 4.53 个百分点,达到 24.38%。尕海湖面积逐年扩大,全州湿地保有量面积达到 800 万亩。在民生方面,年平均增加 134.8 万 t 优质天然牧草,为转移超载牲畜和半农半牧区发展草产业找到了一条畜与草结合的良性发展途径。

8.3.3　跨省横向补偿机制,推进流域生态系统的整体性保护

黄河流域生态补偿在三江源水源涵养区、陕甘渭河跨省流域上下游、沿黄河九省(自治区)重点生态功能区以及省内流域生态补偿等开展了实践。三江源区生态补偿对黄河源头保护与治理起到重要作用。由于三江源的重要性,通过中央预算内投资藏区专项、三江源生态保护和建设二期工程、省级财政专项等渠道投入 34.21 亿元用于生态环境保护、基础设施及能力建设等。2017~2019 年,通过长江经济带生态保护修复奖励资金给青海省落实资金 5 亿元。青海省在 2010 年就印发了《关于探索建立三江源生态补偿机制的若干意见》,旨在加大水源涵养区保护力度。自实施生态补偿机制以来,三江源生态系统逐步改善,重点治理区生态状况好转。为探索建立黄河全流域生态补偿机制,加快构建上中下游齐治、干支流共治、左右岸同治的格局,推动黄河流域各省(自治区)共抓黄河大保护,协同推进大治理,2020 年 5 月,财政部、生态环境部、水利部和国家林草局制定印发《支持引导黄河全流域建立横向生态补偿机制试点实施方案》,将在 2020~2022 年开展试点,探索建立流域生态补偿标准核算体系、完善目标考核体系、改进补偿资金分配办法、规范补偿资金使用。

渭河流域治理是陕甘两省的"痛点",为了更加有效地开展渭河流域治理,陕甘两省自发商议推动开展渭河流域跨省生态补偿试点。2011 年,陕甘两省沿渭河 6 市 1 区签订了《渭河流域环境保护城市联盟框架协议》,启动渭河流域跨省界生态补偿,实施期限暂定为 2011~2020 年。这是黄河流域首个地方自发推动实施的跨省流域上下游横向生态补偿试点,补偿标准依据两省议定的跨省界出境监测断面水质目标,甘肃渭河上游出境水质达到两省设定的目标,则陕西省向甘肃天水、定西两市分别提供生态补偿资金,专项用于上游污染治理、水源地生态保护和水质监测等。自试点启动以来,陕西省向天

水市支付了 1100 万元生态补偿金,向定西市支付了 1200 万元生态补偿金,实施跨省流域生态补偿调动了定西、天水两市生态环境保护的积极性,对改善渭河流域水环境质量起到了积极作用,这为实施黄河流域跨省横向生态补偿提供了先行经验。

8.4　珠江流域生态文明建设实践

珠江流域由西江水系、北江水系、东江水系及珠江三角洲诸河组成,总面积 45.37 万 km²,流经滇、黔、桂、粤、湘、赣等省(自治区)及越南的东北部。东江是珠江第三大水系,发源于江西省,向南流入广东省,是流域沿岸及珠三角、香港等地的重要饮用水水源,其水质好坏直接影响区域可持续发展,生态安全战略地位非常重要。因此,为解决东江流域水生态问题,确保东江水资源的可持续利用,加强东江源头区域的生态环境保护和建设,东江流域被纳入 2014 年国土江河流域综合整治两大试点之一,江西和广东两省联合制定跨省流域横向生态补偿实施方案,联手开展流域生态补偿试点工作。珠江流域以东江流域上下游横向生态补偿试点为例。

8.4.1　环境准入和生态修复协同推进,探索源头区生态恢复新路径

东江源头区域涵盖江西省寻乌、安远和定南 3 县,有色金属、稀土矿产以及林木资源十分丰富,大量矿产资源开发和畜禽养殖业排污造成的水污染问题对生态环境形成威胁。为做好源区生态环境治理工作,江西省实行严格的环境准入制度,大力实施生态建设工程,有效改善了东江源头区域的生态环境,确保了香港和珠江三角洲地区的源头水质。包括严格执行“环保一票否决制”,未经环保审批的项目一律不予以立项,拒绝引进高污染、高耗能的项目,及时关停了一批对环境有破坏和危害的项目,截至 2013 年共拒绝 800 多家污染型企业落户,淘汰关闭小造纸厂、松焦油厂、小冶炼厂、木材加工厂等 300 多家,关停稀土、钨砂、黄金和萤石等 800 多个矿点。

积极实施生态建设工程,先后实施了退耕还林、珠江防护林建设、农业综合开发、水源保护核心区居民搬迁、自然保护区建设、污水处理厂建设等一批重大建设工程,防止东江源头区域生态功能退化。源区涵盖的各县也各出奇招,探索治理的新模式。定远县实施“三禁三停三转”举措,即对森林资源实行全面禁伐,对东江源头河道实行禁渔,对稀土钼矿、河道沙石实行禁采;对污染项目实行停批,对污染企业实行关停,对污染行为实行叫停;对遭黄龙病损毁的果园进行转产,对资源消耗型企业进行转型,对粗放型生产方式进行转变的政策措施。寻乌县按照小流域综合治理和分区实施的总体思路,摸索出了一套“山上山下同治、地上地下同治、流域上下同治”的模式及项目建设和管理同步推进、相互结合的方法,在截水拦沙工程实施过程中首次从国外引进了高压旋喷桩工艺。定南县采取 PPP 模式(政府和社会资本合作模式),引进湖南长沙中联重科股份有限公司参与农村生活环境治理,探索“政府主导、农民主体、社会资本参与”的“三位一体”新模式。

8.4.2　多种生态补偿模式共举,推动流域生态整体性保护

根据对珠江流域水资源特点的分析,可将东江流域生态补偿划分为三类:跨界流域

生态补偿、水资源开发利用生态补偿、流域重要水源区保护的生态补偿，且三种模式并非完全独立，而是相互交叉、互为补充。一是跨界流域生态补偿；二是水资源开发利用生态补偿，主要表现在水资源开发利用过程中对水环境的损害；三是流域重要水源区保护的生态补偿，主要问题表现在水源区所在区域社会经济发展落后和水源保护投入不足，其利益相关者是水源区和供水受益区。

跨界流域生态补偿。水资源分布不均、利用程度不一的特点在东江流域内普遍存在。按照"谁受益，谁补偿"的原则，过量取水和排污的地区，损害了用水较少地区的利益，需要进行生态补偿；上游的污染，将导致下游地区水质下降、污水处理成本增加，上游应当给予受影响的下游地区相应的赔偿；若上游水质达到控制目标，下游地区应从节约的治水成本中给予上游地区一定的补偿；流域内生态保护责任以及对上游地区发展机会的影响，也应该考虑在补偿范围内。所以如何有效地调动各个地区的生态补偿积极性，形成跨界流域生态补偿的良性循环，成为东江流域生态补偿的重中之重。将水质目标责任制予以经济化，在一定程度上将能够消除流域上下游利益失衡问题，将极大地调动流域上下游水环境保护的积极性。

水资源开发利用生态补偿。水利工程会对周围环境造成一定的影响，该类补偿主要表现在水资源开发利用过程中对水环境的损害部分。一般情况下，水电开发增加的生态系统服务功能包括发电、供水、灌溉等，不仅水电开发的业主是主要受益者，河流流经地区的城市和农村也从中获得显著的灌溉和供水效益。因此，水电开发业主和河流流经地区的受益者应按受益比例支付生态补偿金额。生态补偿机制的建立，可以对为改善库区及其周边生态环境做出奉献的人给予关心和补偿，同时生态补偿的一部分资金又可以对破坏的生态进行修复。这样就可以有效保护水利工程及其周边生态环境，从而将由于水利水电的开发而对生态环境的破坏降到最低限度。

流域重要水源区保护的生态补偿。该类补偿主要针对限制开发区，如对东江源的赣州市的安远、寻乌和定南三县的补偿，前两者曾是国家扶贫开发工作重点县，后者则曾是省级贫困县，县财政状况均属于"吃饭财政"，但为了保证水源区水质达到优于Ⅱ类标准，三县都采取了严禁一些矿产资源性招商引资项目、关闭污染矿点、加大废弃矿坑治理、实施一大批封山造林和退耕还林等生态保护工程、上马水利工程和环保基础设施等措施，并进行相应的居民搬迁工作。三地因此丧失了发展的机会，也带来了额外的支出费用。需要由供水受益区提供相应的生态补偿，政府层面为水源区生态建设提供政策支持，实现水资源的可持续利用。

8.4.3 因地制宜，建立符合广东和江西的生态补偿措施

广东省以政府补偿为主，市场补偿为辅。目前广东对于东江水源区的生态补偿的方式是以政府补偿为主，市场补偿为辅（孙治仁，2017）。政府补偿又以直接补偿为主，包括财政补贴（财政转移支付）、安排生态建设专项资金（水土保持专项治理、天然林保护工程、水污染治理工程）、多渠道筹集建立生态保护基金等形式。从1999年开始，广东省财政每年都对东江水源区的市县进行财政转移支付，1999～2004年财政转移支付达到10亿元，近年来广东省政府的财政转移支付力度逐年加大，2013年对河源市的财

政补贴达 18.75 亿元（孙治仁，2017）。从 1992 年起广东省财政每年安排 4000 多万元东江水系水质保护专项经费，1999～2007 年还安排东江流域生态公益林补偿资金 62 616 万元。2013 年，由广东省人大环资委、省政协人资环委发起，多家企业响应，广东省民间启动了"感恩东江"活动，募集生态基金，用于东江流域上游环境保护建设，首期活动就募集到 3000 万元。政府的间接补偿形式包括水资源有偿使用、建立产业转移工业园等。通过实施取水许可制度和水资源有偿使用制度，对一定规模的工业用水和城市集中供水收取水资源费，再统一调配部分水资源费用于东江水源区的中小流域治理、中小型水库除险加固等多项水利工程建设。同时，广东省政府积极鼓励珠江三角洲企业到流域上中游地区建立产业转移工业园，推动当地经济发展。广东省颁布实施了《广东省跨行政区域河流交接断面水质保护管理条例》《广东省生态保护补偿办法》《广东省生态保护补偿机制考核办法》《广东省东江流域省内生态保护补偿试点实施方案》，为完善生态补偿制度进行了积极的探索。

　　江西省以保护建设方案先行，多渠道资金做保障。江西省对东江水源区的生态补偿主要是以政府财政转移支付和生态环境建设项目投入等形式开展。2003 年，江西省发布了《关于加强东江源区生态环境保护和建设的决定》，随后又发布了《关于加强东江源区生态环境保护和建设的实施方案》，把源区生态环境保护和建设纳入当地经济和社会发展的中长期规划和年度计划。并通过开辟政府、企业、社会、国际等多元投资渠道，鼓励社会力量参与生态环境保护和建设；拿出专项资金，加强基层生态环境和环境资源保护执法队伍建设，加大环境与资源保护法律法规的执行和监督力度，推进生态破坏、水土流失、水环境污染由末端治理向源头控制的转变；对生态环境保护和建设经费的使用组织专项审计，加强监督，确保专款专用等方式落实国家生态补偿政策。在"十一五"期间，江西东江水源区三县投入 14.2 亿元，实施退耕还林、天然林保护、小流域水土流失治理工程、矿山生态恢复、生态移民等九大工程。

　　广东与江西跨省横向生态补偿，将水质考核与生态补偿资金挂钩。国家补偿与地方补偿共同推动源头区生态保护。2005 年，广东省就出台了《东江源生态环境补偿机制实施方案》，提出了跨省东江流域生态补偿试点方案。2013 年开始的"十二五水专项"，也提出了"纵向补偿与横向补偿相结合"的生态补偿实施路径，即中央财政每年出资 10 亿元设立专项资金，用于补偿上游 8 个县为源区生态安全作出的牺牲。同时，广东、江西两省建立了"双向补偿"的横向生态补偿标准。江西省人民政府、广东省人民政府于 2016 年 10 月签署了《东江流域上下游横向生态补偿的协议》（2016—2018 年）（以下简称《第一期横向协议》），以"成本共担、效益共享、合作共治"的原则，以流域跨省界断面水质考核为依据，建立东江流域上下游两省横向生态补偿机制，确保流域水环境质量稳定和持续改善。协议期满并取得良好成效后，两省又于 2019 年 10 月续签了《东江流域上下游横向生态补偿协议》（2019—2021 年）（以下简称《第二期横向协议》），全面落实习近平总书记在广东和江西视察的重要讲话精神，切实保障粤港澳大湾区饮用水源安全。源头区水环境质量明显改善。截至 2018 年 8 月，东江流域开展生态环保和治理工程项目 79 个，总投资 18.88 亿元，其中财政资金 15 亿元，包括中央财政资金 9 亿元、江西省级财政资金 2 亿元、广东省级财政资金 2 亿元。通过推进流域生态补偿试点工作，落实各项污染防治制度和措施，东江源区水环境质量改善明显。庙咀里、兴宁电站跨省界断面 2016 年、2017 年年均水质达到Ⅲ类，其中 2016 年定南水庙咀里断面水质达标率为 100%，寻乌水兴宁电站断面水质达标率为 83.3%，比 2015 年同期上升了 8.3%。2018 年年均水质达到Ⅱ类，水质保持稳定，江西省出境水质达标率 100%。

8.5　辽河流域生态文明实践

辽河流域是我国七大流域之一，辽河是辽宁人民的母亲河。改革开放以来，随着辽河流域的开发和工业化、城市化加速，辽河流域水污染不断加重，生态环境日趋恶化，生态系统结构功能逐渐退化，已成为制约辽宁中部地区经济和社会发展的重要因素。1996 年，辽河被列入国家重点治理的"三河三湖"之一。为了治理辽河流域，2010 年，辽宁省委、省政府划定辽河保护区，设立辽河保护区管理局，这是我国七大江河首次进行"划区设局"，是河流治理保护区的思路创新和体制创新，在全国流域管理、河流治理与生态保护方面开了先河。为了保水质、促生态，保护区开展了一系列生态治理与保护工作，包括湿地网络构建、实施退耕还河、加强生态修复工程建设、创新管理体制等，推动辽河水质明显改善，促进生态环境逐渐恢复，使辽河保护区成为区域经济社会发展的生态环境屏障和依托。通过"划区设局"流域管理模式，实现了辽河流域整体性保护。

构建湿地网，修复保护区水环境。坚持恢复河流生物完整性和"给河流以空间"的理念，通过开展生态蓄水工程、支流河口、干流湿地、坑塘湿地等建设，构建形成错落有致、结构功能多样的湿地网络，有效阻控支流来水污染，增强干流自净能力，改善干流水质，同时还发挥了涵养水源、调洪蓄洪、气候调节和促进生物多样性恢复等多重作用。

实施退耕还河与生态沟渠建设，阻控面源污染。治理主行洪通道，实施退耕还河措施。在退耕边界处建设一条生态沟渠，与管理路共同形成生态阻隔带，并与主行洪保障区内的湿地群联通，两岸共修建长 700 余千米的生态阻隔带。通过生态阻隔带的建设，使主行洪保障区外的农田退水和雨水汇集进入生态沟渠，并在沟渠内得到初步净化，然后再进入主行洪保障区内的湿地群进行深度净化，最后汇入辽河干流，有效控制了农业面源污染。

加强生态修复工程建设，促进保护区生态修复。为了实现辽河干流的生态保护和恢复目标，2011 年，开始划定辽河保护区封育区。在辽河干流主行洪保障区基础上确定封育区范围，即在辽河保护区内以河流中轴线为中心两岸各划定 500m 为界，形成宽为1000m，长 500 余千米的生态封育区，在边界建设围栏设施用于自然封育。另外，在封育区边界各建 25m 宽的管理路及阻隔沟。辽河保护区封育区总面积达 75 万亩以上，其中，封育河滩地面积 62 万亩以上。经过封育管理，辽河保护区封育成果显著，生物多样性得到快速恢复，河道裸露沙滩地得到有效覆盖。保护区成立后，实施了大规模河流湿地保护修复等系列工程，形成了辽河干流福德店至盘锦河口长 538km、面积约 66 万亩的生态廊道，植被覆盖率增大，鸟类、鱼类和植物种类增多，保护区生态系统功能明显恢复。"十二五"以来，还相继实施了大伙房水库水源保护区综合治理、沈阳卧龙湖生态保护与修复等工程；结合水源涵养林保育和湖库岸边带修复技术，加强了大伙房水源一级保护区的管护，实现退耕还草约 3.4 万亩，2013～2018 年大伙房水库库区总氮浓度下降 34.6%，总磷浓度下降 64.7%，水质均保持在 II 类；完成卧龙湖退耕还湿约 2500 亩，增加生态涵养林 7700 亩；实施了盘锦辽河口退养还滩工程，恢复自然滩涂超过 3 万亩。通过生态治理与修复，在持续改善水质的同时，使保护区生态系统逐渐恢复，生态状况整体好转。

划区设局，创新管理体制。辽宁省委、省政府在辽河干流"划区设局"，在搞好部门配合的同时，强调区域管理，强化基层建设，从而较好地解决了体制机制上的问题，将水利、环境保护、国土资源、交通运输、林业、农业、渔业等部门的相关工作职能集于一身，依据颁布实施的《辽宁省辽河保护区条例》，统一负责辽河保护区内的污染防治、资源保护和生态建设等工作，对保护区实施封闭管理，结束了"多龙治水、分段管理、条块分割"的传统管理模式，开创了"统筹规划、集中治理、全面保护"的全新局面，为治理保护工作奠定了组织基础。截至 2013 年，沿河 4 市 14 个县（市、区）组建了辽河保护区管理局和辽河保护区公安局，建成了"省、市、县、站"四级管理体系。各地建立起在县政府统一领导下，县辽河局长负总责，各巡护站（河道所）分工负责及乡镇长包片、村民组包段、任务落实到人头的健全管理网络，实施责任制、责任追究制和奖惩机制，初步建立了"河长负责制，专职专责、群管群护"综合管理体系。另外，建立了省、市、县三级联动，管理局与公安局联动的综合执法体系，确保守住保护区边界线和通道宽 1050m 的主行洪保障线，强化了对保护区生态环境的保护，有力地预防和打击了各类违法犯罪行为。

第9章　产业生态文明实践模式

9.1　工业生态文明建设实践

人类文明的发展史就是人与自然关系的演变史，从原始文明时期人类对自然的敬畏和崇拜，到农业文明时期人类对自然的模仿和改造，再到工业文明时期人类对自然的征服和控制，这一发展历程体现了人与自然关系的嬗变。在工业文明出现以前，人类对自然虽然造成了一定程度的破坏，但并未超出自然的调整能力，人与自然的矛盾还未充分显露。然而，到了工业文明阶段，由于自然科学的发展、生产技术的进步，人类在创造巨大物质财富的同时，也对自然造成了严重破坏，导致人与自然关系失衡。为了治理环境问题，需要找到一条既能实现现代化又能保护环境的绿色发展之路。党的十九大报告把社会主义现代化强国目标更新为"富强民主文明和谐美丽"，即从物质文明、政治文明、精神文明、社会文明、生态文明的高度，提出推进新时代中国特色社会主义发展的目标，凸显了发展的整体性和协同性。

中国是一个发展中大国，在尚未完成工业化的条件下建设生态文明，任务复杂而艰巨。我国工业文明发展滞后于工业化进程，社会经济中的二元结构，往返于城市与乡村之间的农民工大军，这些都反映了我国发展的很多方面仍未完全脱离农业社会的影响，距离实现社会主义工业文明还有很长的路要走。工业生产是现代物质财富的主要来源，也是物质文明的基础。在过去300多年工业文明发展进程中，在工业技术、组织、制度创新的激发下，人类的智慧和创造力得以深度开发和充分释放，工业文明为人类生存发展和进步作出了巨大贡献。

目前，我国经济社会发展面临资源环境、外部风险等严峻复杂因素制约，经济增长的质量和可持续性都有待进一步提升。因此，面对我国的特殊国情和不均衡的工业化进程，不应将生态文明与工业文明割裂、对立起来，而应积极推动工业文明与生态文明融合发展。既要深刻反思粗放式工业化和低质量工业文明对环境和生态系统造成的严重破坏，又要客观分析生态文明与工业文明的兼容点，全面升级改造经济社会发展理念和组织方式，加快推进新型工业化。

习近平同志强调，"保护生态环境就是保护生产力，改善生态环境就是发展生产力"，深刻揭示了从工业文明到生态文明跃升的基本规律，为新时代推进新型工业化提供了思想指导和行动指南。按照绿色发展理念推进新型工业化，一方面对原有工业经济系统进行绿色化或生态化改造，包括开发新的生产工艺、降低或替代有毒有害物质使用、高效和循环利用原材料、减少能源消耗、降低污染物排放及净化治理等。这些能够降低环境压力，并提高资源利用效率的工作，是传统工业部门必须完成的转型任务。另一方面发展能源资源节约型、生态环境友好型的绿色制造业或绿色产业，既包括能够有效利用能源资源、保护生态环境的新兴产业，也包括充分运用自然规律和资源循环利用原理的传统产业。产业升级改造的同时，还要发展太阳能、水能、风能等清洁能源，促进调整能源结构，实现能源的清洁、安全和高效利用。管理机制上既要加强政府监管，提升环境治理能力；又要激发企业的积极性，让企业在环境治理中发挥主体作用。新时代的企业不仅是技术和商业模式的创新者，也是绿色工业化和生态文明的引领者。

9.1.1　工业企业生态文明建设实践

（1）信阳市上天梯非金属矿管理区：让绿色矿山变成"金山银山"

非金属矿物采选业作为传统的高污染工业行业，生态文明建设势在必行。信阳市上天梯非金属矿作为亚洲最大的非金属矿，近年来紧紧围绕坚守矿权和环保两条生命线，全力攻坚资源整治、绿色矿山建设、环保整治，积极构建良好的产业生态，打好产业基础高级化、产业链现代化攻坚战，探索实践高质量发展。

信阳市上天梯非金属矿管理区以绿色矿山建设为抓手，紧紧围绕露天矿山生态修复，高标准规划、高质量推进国家级绿色矿山建设示范基地建设，取得了阶段性成效。其深刻认识生态文明建设内涵，并在工作中积极贯彻执行。

绿色矿山建设初具雏形，全力打造矿山生态公园。上天梯绿色矿山建设项目是生态项目、产业项目、民生项目的综合性、立体性的生态文明建设工程，创造了极大的经济效益和社会效益，绿色矿山俨然已成为一座"金山银山"。其按照"植绿复绿密疏适当、高低错落，兼顾多样性、季节性，打造成一个天然矿山生态公园"的目标，分别设计了生产矿山、政策性关闭矿山和责任主体灭失矿山治理方案。在项目建设过程中，上天梯非金属矿管理区坚决树牢绿色发展理念，结合矿区周边山体、水体自然风貌，一矿一策，宜耕则耕、宜林则林、宜水则水、宜景则景、宜建则建，全面推进矿山生态修复，全力打造矿山生态公园。

大力推进资源整合，共享绿色发展成果。信阳市上天梯非金属矿管理区在稳步推进绿色矿山建设和生态修复的同时，坚持"边组建、边整治、边生产"、依法依规和不让任何合法利益受损的原则，寻求社会"最大公约数"，优化、调整矿山开采布局，对现有的采矿权进行整合，寻求发展"最大公倍数"。力争将采矿权人由目前的 4 个整合到 1 个。并采用先进的采矿方法和加工工艺，使矿山开采回采率、综合利用率达到设计要求，综合利用共伴生矿产，"三废"得到妥善处理和回收利用。推行资源开发与生态修复同时设计、同时施工、同时投入生产和管理，确保矿区环境得到及时治理恢复。目前已有共计 1.41 万名群众领取了矿业发展共享金，这是近 50 年来，上天梯群众首次尝到绿色矿山建设发展带来的"福利"。

多措并举推进治理，实现环境质量突破。通过一年的开发式、多举措环境治理，该矿区累计投入资金 1.4 亿元，环境质量实现了新的突破。过去一年多来，上天梯管理区破釜沉舟，积极探索，找到了环保整治的密码，空气质量已进入全市中间方阵，彻底摘掉了贴标多年的信阳污染源帽子。并初步形成了科学分析、选矿分级、精准供应的开采体系，改变了过去矿业生产秩序混乱、企业管理混乱、功能布局混乱的局面。

该区推进以资源高效利用、节能减排、矿山数字化与信息化为主体的技术改造，实施了绿化工程，共栽种雪松等树种 500 余棵，播散草籽覆盖面积 6000m²。同时新建环保改造工程，建设 4m 高的防风抑尘网 2km，防尘网覆盖裸露矿体 2000m²，安装在线小微监测仪 4 座，矿容矿貌得到有效改善。

（2）山西太钢不锈钢股份有限公司：开拓成为国际一流的钢铁行业绿色工厂典范

钢铁行业作为资源和能源消耗大户，在实现国家可持续发展战略中承担着重大责任。加快调整产业结构，淘汰落后产能，提高资源能源的利用效率，成为钢铁企业迫切需要解决的问题。保护环境、节能低碳、循环经济、实现绿色发展既是社会和城市的要求，又是山西太钢不锈钢股份有限公司自身发展的必然选择。

以科技创新和技术进步为依托，大力推动环境保护。太钢不锈钢以科技创新和科技进步为支撑，大力倡导节约、环保、文明、低碳的生产和生活方式，坚持走新型工业化道路，走可持续发展之路。先后成功实施了干熄焦、煤调湿、焦炉煤气脱硫制酸、烧结烟气脱硫脱硝制酸、高炉煤气联合循环发电、高炉煤气余压循环发电、饱和蒸汽发电、钢渣处理、膜法工业用水处理、城市生活污水处理、酸再生、冶金除尘灰资源化、钢渣肥料制造等节能环保项目，万元产值能耗、吨钢综合能耗、新水消耗烟粉尘排放、二氧化硫排放等主要指标居行业领先水平。

致力节能低碳发展，提升企业节能水平。太钢不锈钢股份有限公司先后投入大量精力致力于企业的能源节约和低碳发展，节约能源方面，一是完成政府下达的"十二五"节能任务量，五年间累计节能折合 15.08 万 t 标准煤，超额完成政府下达的任务；二是实施了大量节能技改项目，干熄焦、余热发电、高炉煤气发电、变频改造、能源管理中心等一批重大节能技术和装备得到运用，有效地提高了能源利用效率，奠定了企业节能的硬抓手；三是按照工业和信息化部发布的四批《高耗能落后机电设备（产品）淘汰目录》要求，淘汰了部分落后机电设备，提升了能效；四是强化了节能管理，通过能源管理体系的审核再认证和能源管理中心的建设，使企业的节能管理水平提升到一个新高度。低碳研究方面，目前公司已按照国家发展改革委下发的《关于切实做好全国碳排放权交易市场启动重点工作的通知》要求，积极组织开展碳盘查工作，制定了碳盘查的实施方案，成立了公司碳盘查组织机构，设立了公司碳盘查领导组，明确了各成员单位的职责分工，同时积极追踪先进的碳减排技术，并明确了公司未来减排降碳的工作思路。

以循环经济为原则，全面推进清洁生产和资源综合利用。太钢不锈钢股份有限公司坚持以循环经济"减量化、再利用和资源化"为原则，在钢铁生产及产品服务全生命周期努力践行清洁生产、绿色采购和废弃物资源化利用等循环经济发展理念，通过源头削减、工艺技术优化和过程控制等措施，大幅降低原材料消耗，提高资源产出率，从而实现企业资源节约与环境友好。强化对供应商和采购过程的精细化管理，坚决开展绿色采购和持续推进绿色采购供应链建设。坚持运用世界先进技术推进节能、减排和资源综合利用，全面提高企业清洁生产和循环经济发展水平，努力实现企业的绿色、低碳、循环发展，以及与社会的和谐共融发展。目前，太钢不锈钢股份有限公司主要资源能源消耗、污染物排放等清洁生产指标和资源循环利用率都处于行业领先水平。

架构能源体系平台，提高能源利用效率。太钢不锈钢股份有限公司以能源管理体系、能源管理中心为平台，以配备的各类节能措施为抓手，通过对区域内物质、能量、信息的集成，提高能源精细化管理水平，深化能源管理，加大节能技改力度，不断提高余能、煤气、蒸汽、电、水等能源的利用效率，追踪并尝试创新高温与中低温余热回收技术，发挥企业的能源转换功能，实现能源价值最大化。

（3）中芯北方集成电路制造（北京）有限公司：打造集成电路行业绿色发展示范企业

集成电路产业是现代电子信息产业的基础和核心。随着全球信息化、网络化和知识经济的迅速发展，集成电路产业在国民经济中的地位越来越重要，推动着整个信息产业的快速发展。同时，集成电路产业在国防建设和国家安全领域，经济建设和增强综合国力等方面，具有不可替代的核心作用。集成电路产业已成为关乎经济发展、国防建设、人民生活和信息安全的基础性、战略性产业。但随着集成电路行业的逐渐发展壮大，其带来的能源、水资源消耗量巨大，污染物甚至有毒、有害污染物排放量大的环境问题日益凸显，开展生态文明建设，实现绿色发展的必要性和紧迫性十分突出。

中芯北方集成电路制造（北京）有限公司（简称"中芯北方"）是由中芯国际、国家集成电路产业发展基金以及北京市政府共同出资成立的集成电路制造企业，量产目前国内最先进的 28～40nm 集成电路晶圆。自 2013 年公司成立以来，中芯北方始终把节能、环保、健康和安全放在经营的重要地位，积极打造绿色工厂，制订了一系列管理方法，绿色发展已经融入企业设计施工、设备采购和日常运营等各个环节，废弃物排放远低于国家标准排放限值。

再生水替代自来水成为生产制程用水。集成电路制造需精确到纳米级，微小的失误都会影响生产线质量的稳定性，集成电路制造企业普遍采用自来水作为生产制程用水，以降低风险。但考虑北方地区缺水的特点，中芯北方在建厂伊始，大胆引用再生水替代自来水，作为生产用水和配套冷却水塔、空调洗涤塔的水源。目前，企业自来水替代率已达到 90%，水资源综合利用率达 98%以上，极大降低了水资源消耗，节约了水资源。

余热再利用显著降低蒸汽用量。集成电路生产通常需要 90℃热水，使用后水温会下降至 70℃，业内均使用热蒸汽进行加温。中芯北方发挥地利优势，将厂区附近的华润协鑫电厂热水锅炉的余热通过管道引入，采用板式热交换器对中芯北方的循环热水进行加热，以代替循环热水系统中市政蒸汽，大大减少了市政蒸汽的使用量，并且保证循环热水系统更加稳定地运行，有效降低能源消耗量。

生产废水多级分质回用。中芯北方在建厂之时，设计建造了生产冲洗排放水回收系统。该系统在企业投产后即开始收集生产冲洗排放水，废水按酸碱浓度分类收集并进行水质分析，浓度高的溶液回收再利用，浓度低的溶液经过吸附和反渗透过滤等多道处理设备后，回收到纯水箱，继续用于生产。此外，制程冷却水热回收系统、自由冷却系统等多套环保设备的应用，也极大程度地降低了水、电、蒸汽等资源或能源消耗，从生产源头做到绿色发展。

绿色设计引领创新发展。中芯北方主营业务为 12 英寸①集成电路代工，产业链上游企业为集成电路设计企业，芯片生产从设计端开始就全部以低功耗为主要指标。在芯片生产过程中，中芯北方致力于降低材料及有害物质的使用量。目前，公司以现有设施及

---

① 1 英寸=2.54cm，下同。

技术为依托，联动企业、科研院所、第三方机构及下游企业，凝聚产学研多方资源，共同组建绿色制造联合体，共同开展"中芯北方绿色制造技术升级项目"。在现有湿法清洗工艺的基础上，针对集成电路制造流程中的不同制程步骤分别进行工艺研究及改进，实现在40nm和28nm制程中，将最终产品平均单片清洗工艺中硫酸的使用量由20L降至16L以下，单片硫酸的使用量减少20%以上。废酸进行无害化处理，无新危废产生。项目实施减少了原材料的使用和废弃物的排放，从根源上消除了废硫酸外运造成的环境风险，为打造环境友好型企业、实现可持续发展提供了技术支持，同时为引领集成电路行业的可持续绿色发展做出了贡献。

末端污染无害化处理。废物处理方面，中芯北方拥有六大类废液处理系统及三大类废气处理系统，提升了末端污染治理能力。废液处理系统主要分为：含氨废液处理系统、含氟废液处理系统、含铜废液处理系统、一般酸碱废液处理系统、研磨废液处理系统以及生活污水处理系统。废气处理系统主要分为：酸性废气处理系统、碱性废气处理系统以及有机废气处理系统。固体废物方面，中芯北方建有固体废物回收站，分类储存工业固体废物，并在外运处理处置环节，始终与相关具有专业处理资质的单位紧密合作，保证了废物的无害化处理。

（4）鲁泰纺织股份有限公司：以源头减排为抓手促进纺织行业绿色发展

作为纺织工业最靓丽的底色，绿色发展理念深入人心，可持续发展有力推动了行业的转型升级。随着绿色制造的深入开展，绿色工厂、绿色园区的广泛建立，社会责任的持续发布，生态文明的稳步推进，节能环保的全面实施，不仅彰显了行业践行社会责任的历史担当，更为形成资源节约、环境友好、生态和谐的纺织新格局，实现中国梦贡献了"纺织经验"。

纺织行业是国家生态文明建设的三个试点行业之一。从2015年开始，纺织业就开始了生态文明的建设工作，并探索性地提出了纺织行业生态文明建设新模式，开展了"中国纺织生态文明万里行"活动，挖掘出山东鲁泰等6家企业的生态文明建设经验和优秀实践。通过选择一批重点企业开展培育、试点和创建工作，完善各项生态指标，使企业的经营理念与环境保护、资源节约及综合利用、生态文明意识教育等同步规划、实施和发展，使企业在生态经济、生态环境、生态人居、生态文化、生态制度等方面达到行业先进水平，为行业树立标杆。

鲁泰纺织股份有限公司是全球最大的高档色织面料生产商和全球顶级品牌衬衫制造商，在发展过程中，鲁泰纺织股份有限公司始终坚持以科学发展观为统领，以振兴纺织产业为己任，始终坚持低碳生产、能源节约、生态文明的发展战略，走出了一条清洁生产，推动绿色发展；坚持节能减排，推动低碳发展；坚持生态环保，推动循环发展；坚持以人为本，推动文明发展的基于纺织而又超越纺织的绿色、低碳、科技、人文之路，为行业的绿色发展树立了标杆。

全程关注"碳、水足迹"。鲁泰纺织股份有限公司在生产运行过程中始终关注"碳足迹"，紧跟行业低碳技术发展，采用新技术、新工艺、新设备、新能源，实现生产经营中的全程节能把控。例如，鲁泰纺织股份有限公司从每个被行业习以为常的细节入手，打破了传统全浸满式的染色方法，在行业内率先成功开发了具有国际领先水平的"半缸染色"技术，获得了全国印染行业节能减排成果一等奖。鲁泰纺织股份有限公司还始终全程追寻"水足迹"，研发减排新技术、采取减排新措施，有效实现了液氨回用率 98% 以上。

全面推进源头减排。为了紧抓污染源头，鲁泰纺织股份有限公司始终坚持使用安全、健康的助剂、染化料，并实施了一系列应对措施，严格对化学品的管理控制。同时在研究泡沫上浆理论与工艺技术的基础上，对传统上浆设备进行优化，研发泡沫上浆装置，优化泡沫上浆工艺。该技术应用在色织用 50 支以下单纱和 100 支以下股线产品中，在保证浆纱质量及织造效率的前提下，可降低经纱上浆率 2%，节约浆料和标煤分别为 26.9% 和 21.6%；在退浆工序中，可减少助剂用量、用水量和退浆废水处理费分别为 34.4%、25.4% 和 10.6%。该项技术实现了泡沫浆纱方式由试验阶段到产业化推广的突破，并制定了相关企业标准，突破了泡沫浆纱设备技术、泡沫浆纱浆料配方技术及工艺技术三大难点，荣获 2015 年度中国纺织工业联合会科学技术奖一等奖。

积极推动产业升级改造，打造数字化纺织环保企业。多年来，鲁泰纺织股份有限公司以优质项目建设带动企业转型升级，实现全球产业布局；积极履行企业社会责任，走节能减排、绿色低碳之路；实施创新驱动战略，全面打造智能化、数字化纺织企业；深入推进企业文化建设，在推动企业健康稳定持续发展等方面扎实推进，促进了经济、社会和环境效益相统一。鲁泰正努力创建资源节约型、环境友好型模范企业，并迎合 21 世纪的数字化、信息化的发展潮流，将企业生产与数字信息结合发展，管控污染产生，防范安全事故发生，发挥数字化在生态文明建设的主体作用，积极履行社会责任，努力为生态文明建设做出积极努力，为国民经济发展和纺织行业进步做出积极贡献。

（5）宜宾纸业股份有限公司：秉承"以竹代木、保护森林"的生态理念，全面实施"竹浆纸及深加工一体化"生态发展战略

近年来，特别是十八大以来，造纸行业坚持人与自然和谐发展，着力治理环境污染，树立绿水青山就是金山银山理念，生态文明建设取得明显成效。自 2007 年以来，造纸行业主要污染物大幅度下降。生态文明建设的提出无疑为造纸行业的健康绿色发展注入更强更新的能量与活力。造纸行业"林浆一体化"、清洁生产和产业升级则是推动产业迈向"生态文明"的三大引擎。

宜宾纸业股份有限公司（简称"宜宾纸业"）前身为"中国造纸厂"，始建于 1944 年，是中国第一张新闻纸的诞生地，也是中国造纸行业第一家上市公司。作为践行生态文明建设的先锋队，宜宾纸业紧跟绿色发展潮流，秉承"以竹代木、保护森林"的生态文明建设发展理念，一直将环境保护、绿色发展工作放在重中之重的位置，充分利用宜宾丰富的竹资源优势，全力书绘"竹浆纸及深加工一体化"绿色发展宏图。

优化生产工艺流程，升级传统废水处理技术。宜宾纸业的废水处理厂对生产废水采取两级物化（预处理+初沉池）处理，处理后进行两级生化（水解酸化+好氧曝气）处理，再进行芬顿处理、沉淀、过滤处理，最终实现达标排放。为减少进入污水系统的 COD（化学需氧量）总量，公司对制浆生产线的工艺和流程进行全面优化，采用先进的 DDS 蒸煮（间歇式置换蒸煮）、两段氧脱木素和二氧化氯加过氧化氢漂白，不但降低了单位产品的废水量，还大大降低了废水中的 COD 总量。除前端通过创新大幅度减少废水总

量和 COD 总量外，在废水处理厂，公司对制浆造纸废水处理传统工艺进行优化与创新，采用射流曝气和卡鲁塞尔氧化沟相结合的形式，既利用了氧化沟混合均匀的优点，又规避了其氧利用率低的缺点，对于废水处理产生的污泥通过板框脱水后，直接送到公司热电锅炉与煤混合燃烧处理，实现固废综合利用。目前，宜宾纸业废水处理厂的废水 COD 排放浓度稳定，且远低于国家排放标准，已经达到同行业先进水平。

建设第一线生产车间，扩大产业链生态辐射效应。宜宾纸业立足于本地丰富的竹资源优势，大力实施"竹浆纸及深加工一体化"发展战略，将第一车间建到农村，建到原材料生产第一线。大大减少了中间环节，避免不必要的原辅料损失。同时方便竹农卖竹，推动原料保障体系建设，是宜宾纸业联系竹农的桥梁。宜宾纸业建立的料场采取"公司+专业合作社+农户""公司+政府+料场""公司+合作料场"三种合作模式开展竹料收购和竹基地建设，实现了"做大资源规模、挖掘资源存量、控制资源流向、节约资源能源流失"的四大目标，预计每年需采购竹料量 80 万 t。在保障公司原料供应的同时，以竹产业为链条带动周边竹农实现生态效应辐射致富。

创新引领未来，为企业绿色发展注入原动力。宜宾纸业在市委市政府产业发展"产业发展双轮"驱动战略的指引下，通过整体搬迁实现了传统产业转型升级的目标，从一个高能耗、高排放、低效率的传统制浆造纸企业转型升级为一个低能耗、低排放、高效率的现代化大型制浆绿色造纸企业。一是实现了原料转型。宜宾纸业老区年用木材 30 万 t 以上，新区年用竹量 80 万 t，实现了以竹代木的原料转型。二是实现了产品转型。宜宾纸业新区淘汰了新闻纸和文化纸，转型为食品纸和生活用纸，并成功开发出更加绿色环保的全竹浆食品纸、未漂白竹浆食品纸、本色竹浆生活用纸。三是实现了技术进步。装备方面，食品纸生产线集成芬兰、美国、法国、意大利、德国纸机先进水平；生活用纸生产线整机引进意大利亚赛利设备工艺，化学浆采用 DDS 蒸煮、氧脱木素及 ECF 漂白（无氯元素漂白）工艺。从原料到技术到产品，以创新驱动，形成了完整的绿色生态发展模式。

（6）北京汽车集团有限公司：践行集团绿色发展理念，打造绿色工厂示范案例

北京汽车集团有限公司（简称"北汽集团"）积极应对汽车行业新技术发展趋势，在汽车的轻量化、智能化、电动化、网联化等方面积极创新，使用绿色制造，生产绿色产品，绿色工厂基于"自动化+信息化+智能化"的理念，全面对标安全节能、绿色环保、先进制造系统和可追溯质量管控等多项符合现代高端制造业的行业工厂建设标准，努力打造业内的绿色工厂典范。

北汽集团已有 10 家企业进入工业和信息化部公布的 3 批绿色工厂名录。北汽集团为践行集团绿色发展理念，建立了完整的节能环保管理体系，以"坚韧、执着、专注、极致"的北汽"工匠精神"打造绿色工厂：建立自上而下、统一规范的环保能源守法准则，相应建立全体系的检查、督查与考核体系；在各重点能源单位和重点排污单位建立国际标准的管理体系；以重点节能减排项目为引领，设定污染总量，统筹安排、上下结合组织各企业开展节能减排项目实施；在有条件的试点企业率先使用最先进的节能减排技术，以点带面，率领开展全集团节能减排技术提升工作。

基础设施智能环保。北汽集团所有绿色工厂在厂房、办公楼的设计和建设阶段，普遍采用分层建造、分区照明的模式，充分选用高效节能灯具和利用自然光反射照明，走

廊及楼梯间照明采用定时供电、光控、红外等智能化的自动控制系统，以达到节约用电的目的。北汽集团在用水量较大的工厂，建设污水处理站，污染物均由在线监测设备进行监控，处理过的中水回用作绿化用水等。

以北京奔驰汽车有限公司为例，该工厂的机动车停车场及人行道采用透水砖及嵌草砖铺装，同时最大限度使雨水回渗到地下，涵养水源，此外，为加强对雨水的调蓄和控制能力，实现节约自来水和中水的目的，北京奔驰汽车有限公司建立了雨水调蓄池湖9座。该项目使用的 PP 模块相比传统混凝土调蓄池，具有施工难度低、施工周期短、耐受性好、维护成本低、容积率高等优点。

管理体系精细完整。北汽集团所有的绿色工厂实施的精细化能源环保管理均已通过能源环保管理体系认证，建立了精细化信息管理平台。其中，北京新能源汽车股份有限公司青岛分公司、北京汽车动力总成有限公司等绿色工厂通过了质量管理体系、环境管理体系、职业健康安全管理体系与能源管理体系认证。

能源资源绿色节约。北汽集团重视新能源使用，在所有的绿色工厂铺设光伏电站，使用绿色能源。以北京新能源汽车股份有限公司青岛分公司为例，该公司在厂房顶部及停车场车棚顶部覆盖建设太阳能光伏电站，总面积达9万多平方米，已建设完成 8.5MW 光伏电站，平均每年发电量 947 万 kW·h，每年可节约标准煤 3100t，减少排放 2575t 碳粉尘、9441t 二氧化碳、284t 二氧化硫、142t 氮氧化物。该节能工程可广泛应用于其他行业，发电量可满足公司内部使用并输送至国家电网。

同时北汽集团也重视节能技改，如北京奔驰汽车有限公司在加工废气净化系统中加装了"热回收箱"，这在国内机械加工行业中尚属首次。该设备不仅实现了对加工油雾等废气的过滤回收，还可以通过热转换器，对冬季室内送风进行预热，以达到节能减排的双重效果。其还在车间采用了地源热泵技术，该技术仅需输入少量的电能，即可获取 4～7 倍的能量回报，从而达到"零废气、零泄漏"的环保节约型用能效果。

终端产品绿色设计。北汽集团积极应对汽车行业新技术发展趋势，在汽车的轻量化、智能化、电动化、网联化等方面积极创新，开展绿色设计。北汽集团下属的北汽新能源是在国内率先提出电池置换业务的企业，2016 年年初至 2017 年年底，回收置换车辆已超过 1000 辆。同时，北汽集团在河北建设了电池梯次利用及电池无害化处理和稀贵金属提炼工厂，通过物理和化学方法将锂电池中的主要成分重新提纯、回收利用等。北汽集团还发布了"擎天柱计划"：到 2022 年，"擎天柱计划"预计投资 100 亿元，在全国范围内建成 3000 座光储换电站，累计投放换电车辆 50 万台，梯次储能电池利用超过 5GW·h。

北京汽车动力总成有限公司进行了热试辅料循环使用的改造：为了降低发动机机油、防冻液的使用量，在发动机热试后抽取发动机内部机油，抽取完成后进行机油的过滤以便循环使用，使用压缩空气将发动机内部防冻液吹回防冻液水箱中，以节省机油和防冻液的使用量。其还建立了油雾集中处理系统，从不同加工中心或加工工位抽出污染空气，并将过滤后达标的干净空气排回车间内。回收油集中于过滤器底部，可用于再循环。

（7）深圳市裕同包装科技股份有限公司：智能化环保化，传统包装印刷行业迈向工业 4.0

随着国民环保意识的提升，以及政府、社会及印刷包装企业对生态文明建设的逐渐重视，借助科技创新与智能化发展的不断深入，绿色、环保包装将是印刷包装企业实现可持续发展的必由之路。围绕减量、回收、循环、生产原料替代等绿色印刷包装的核心要素，积极采用用材节约、易于回收、科学合理的适度包装解决方案，是当下印刷包装行业的必然发展方向。

终端产品研发力求绿色环保。深圳市裕同包装科技股份有限公司自成立以来，就建立了多层次的研发创新体系。在环保包装方面，公司已拥有保鲜包装和全生物降解塑料袋成熟的生产技术，自主研发的生物降解快递塑料袋在废弃后6个月内能完全自行降解，能广泛用于餐具、购物袋、快递包装袋等多种类型产品，部分包装产品已在生鲜原产地、生鲜电商、物流电商中广泛应用。裕同科技自主研发的纳米保鲜纸箱在生产过程中融入纳米保鲜材料，此材料是一种经纳米级别处理的天然矿物质，具有强烈的物理吸附功能，可有效吸附果蔬在纸箱内发生呼吸作用挥发出的催熟气体乙烯及其他有害物质，从而延长果蔬保鲜时间，且包装体积小、成型简单、环保绿色，可以降低运输成本及人力成本，加大配送半径。2017年，推出具备数码化、防伪及可抗压缓冲的环保包装盒"e拉盒"，这款包装纸盒采用留痕卡扣设计，一次性封箱，一旦拆箱将无法复原，让用户对货品是否安全一目了然，不仅减少了运输损毁，也真正实现了防盗包装。

整体方案全流程绿色环保。裕同科技的环保理念，不仅体现在产品上，还体现在整个产品的制造流程中。为了做到对环境友好，其环保绿色包装不仅在原材料的选择上充分贯彻了"绿色环保"的概念，在设计方案和生产方式上也会选择最为绿色的方式。裕同科技将环保、绿色、生态理念注入整个产品制造流程，从原料、工艺、设计、生产多个维度，在成就包装价值的同时，主动践行节能减排，帮助客户提升产品形象。通过开发不同类型100%生物可降解原料，结合标准化、自动化、绿色化成型工艺，使产品不仅满足传统塑料包装对结构强度、表观性能的要求，同时符合ISO以及欧美对环保产品的质量要求。

9.1.2 工业园区生态文明建设实践

（1）合肥高新技术产业开发区：创新驱动带动绿色发展

合肥高新技术产业开发区（简称"合肥高新区"）是国家级高新技术产业开发区。面积128.32km²，常住人口20余万人，坐拥"一山两湖"，生态环境优良，是合芜蚌自主创新综合试验区核心区和合肥市"141城市空间发展战略"西部组团的核心区域。2010年成为国家创新型科技园区，进入"二次创业"阶段。2017年承载合肥综合性国家科学中心核心区建设，作为全国三大科学中心之一代表国家全面参与全球科技竞争。2018年4月，合肥高新区被科技部火炬中心纳入世界一流高科技园区建设序列。2013年获批国家生态工业示范园区。

构建绿色循环产业体系，正确处理经济发展与环境保护的关系。发挥合肥高新区区位和产业优势，坚持创新驱动发展，着力提升园区开放创新、科技创新、制度创新能力，提升国际合作水平，推广应用信息化技术、节能低碳技术、新型环保技术等推动优势主导产业绿色转型发展，同时增强制造服务业和科技服务业与先导产业及其他新业态的互补动态发展，把合肥高新区绿色发展建立在创新驱动、集约高效、环境友好、惠及民生、高质量发展的基础上，不断增强核心竞争力和绿色可持续发展能力，为在"十四五"及国家中长期科技发展规划的时间内在全国工业园区中处于领先地位奠定坚实基础。

建立绿色发展规划体系，明确绿色发展规划为上位规划。以实施"美丽中国"战略和建设"安徽省水清岸绿产业优美丽长江经济带"为契机，牢固树立合肥综合性国家科学中心和环巢湖生态文明示范核心区的定位，正确把握整体推进和重点突破、生态环境保护和经济高质量发展、总体谋划和久久为功、破除旧动能和培育新动能、自身发展和协同发展等关系，建立一个综合绿色发展规划体系，其中包括一个总体规划和六个专项规划。规划体系坚持"改造提升支柱优势产业优化存量，加快发展战略性新兴产业培育增量"的原则，以"加强科技创新促产业转型，打造产业生态，构建低碳可持续发展方式"为主线，实施"两个支撑、四项措施、六个专项、八项保障"的"2468"战略（图 9-1）。

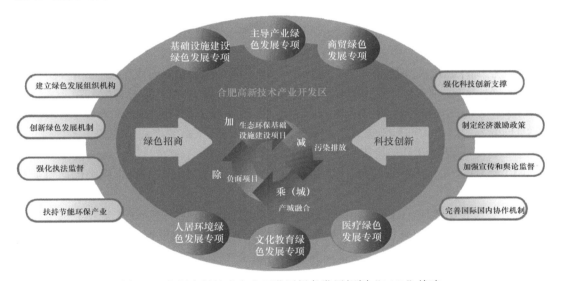

图 9-1　合肥高新技术产业开发区绿色发展规划"2468"战略

以科技创新和绿色招商为重要支撑。全面落实习近平总书记视察安徽的重要讲话精神，扎实推进供给侧结构性改革，进一步激活创新发展动力源。下好创新"先手棋"，充分发挥科技对园区的支撑和引领作用，着力培育创业创新生态，形成集原始创新、技术创新、产业创新为一体的项目支撑，大力发展人工智能、光伏新能源、新一代信息技术、生物医药、节能环保等战略性新兴产业，优化提升高端装备、智能家电、新能源汽车及配套等优势产业，加快发展现代服务业，推动新技术、新产业、新业态蓬勃发展，创造新供给、培育新动力，聚焦"高能级"，着力建设高端创新平台，形成园区新的内生驱动力。同时，要根据园区产业结构和发展方向，制定项目绿色准入要求，引入符合园区发展规划，能够进一步延伸生态产业链的绿色、低碳、循环发展项目。坚持"绿色招商""生态招商""补链招商"，要以科技创新为支撑，以绿色招商为引导，坚持产品高端化、生产集约化、产业绿色化，赋能园区产业结构转型升级，推深做实高质量发展。

根据合肥高新区实际情况，分片区开展"加、减、乘（城）、除"四项措施，综合提升园区核心竞争力。"加"：增加生态环保基础设施建设项目，提升园区环境治理能力。

加强生态环保基础设施建设，对标国际一流园区的硬件要求，全面提升园区内资源、能源综合利用和污染集中治理能力，确保环保要素配套"适度超前、五年领先"。加快城市供水、污水、雨水、燃气、供热、通信等地下综合管廊建设，推动综合管廊信息化管理。落实国家推进海绵城市建设要求，统筹推进新老城区海绵城市建设，推进海绵型建筑和相关基础设施建设，提升城市生态效能。"减"：传统制造业转型升级，减少污染排放。推进制造业高质量发展，加快传统产业升级改造，鼓励和引导企业实施数字化改造，优化技术和改进工艺，实施清洁生产提标改造，实施全产业链生态设计，提升污染末端治理技术和水平，实现对全过程污染控制和末端减排，降低资源消耗和污染物排放量。"乘（城）"：开展产城融合综合设计，建立基于生产、生活、生态的"三生"融合的发展格局。随着合肥高新区承载能力、产业竞争力、综合服务能力逐步提升，打造国际化城区条件日趋成熟。开展园区内产城融合综合设计，进一步完善基础设施，提升园区的社会服务功能；创造良好产业环境，吸引更多高素质、高收入的人才走进产业园区；营造良好园区文化，增强园区思想动力；提升社区服务质量，做好人才后勤保障，监理基于生产、生活、生态的"三生"融合的发展格局。"除"：制订园区环境准入负面清单，问题企业项目制定关停搬迁计划。根据园区内不同分区单元的功能区划设置及管控要求，明确空间布局约束、污染物排放管控、环境风险管控防控、资源开发利用效率等方面禁止和限制的环境准入要求，建立园区环境准入负面清单及相应的治理要求，提高园区项目准入的环境"门槛"要求。此外，根据国家最新颁布的产业结构调整指导目录、园区产业发展规划以及环境保护管控要求等，对园区内具有重大环境风险的企业和项目，以及中央环保督察中存在重大问题的企业，制定关停搬迁计划，以保障园区健康有序发展。

设计六个专项，全面引领园区走绿色高质量道路。按照科技"领先一步"助推产业"领先一路"的思路，园区分别从基础设施、主导产业、商贸发展等园区发展的硬性条件，以及人居环境、文化教育及医疗保障等柔性条件方面，编制六个专项规划，将绿色发展理念贯彻落实到园区实际生产生活当中，实现高质量发展。六个专项规划具体包括：①基础设施建设绿色发展专项规划，将强化生态环保基础设施建设，满足建设国际一流园区的硬件要求，全面提升园区内资源、能源综合利用和污染集中治理能力，确保环保要素配套"适度超前、五年领先"。②主导产业绿色发展专项，将着力培育创业创新产业，大力发展新能源、新一代信息技术、生物医药、节能环保等战略性新兴产业，优化提升高端装备、智能家电、新能源汽车及配套等优势产业，加快发展现代服务业，推动新技术、新产业、新业态蓬勃发展。③商贸绿色发展专项，将积极融入"一带一路"、长江经济带发展战略，深化与国内一流园区交流合作，学习一流园区先进经验做法，发挥示范带动作用，辐射带动合肥都市圈跨越发展。同时，加快实施"引进来""走出去"战略，促进对外贸易规模扩大和结构优化，培育外贸竞争优势。④人居环境绿色发展专项，将逐步健全生活配套设施，规划建设综合公共服务中心，完善商贸设施建设，提升人居环境，着力打造宜居生态。推进建成区提升改造工作，优化商务服务环境。积极推进城市综合体建设，规划建设"邻里中心"，引入国际金融机构、商业综合体、甲级写字楼、国际知名酒店等配套设施，提升国际商务服务服务能级，实现产城融合优化提升。⑤文化教育绿色发展专项，将全面实施素质教育，坚持立德树人，践行社会主义核心价值观，激发学生社会责任感。推动教育均衡发展，着力提升教育品质。深入推进教育改革创新，构建教育绿色发展模式，初步构建以"管、办、评分离"为核心的区域教育治理体系。⑥医疗绿色发展专项，将优化医疗机构区域布局，加快推进基层医疗卫生机构标准化建设，逐步构建以大型综合医院为核心，专科医院为支撑，社区卫生服务中心为骨干节点的多层级医疗网络格局。此外，提升医疗卫生服务水平，增强社区医疗体系建设，探索互联网与基本公共卫生服务的融合，推进高新区"智慧医疗"发展。

完善八项保障机制，全面保障园区建设绿色本色不变。①建立园区党工委领导下的绿色发展组织机构，以党建促业务，以业务促党建，实现党建与业务两手抓、两促进、两提高，发挥党建业务"双轮驱动"优势，全面领导高新区绿色可持续发展工作。党工委书记兼管委会主任为组长，管委会副主任为副组长，小组由经济贸易局、建设发展局、农村工作局、社会事业局、招商局、科技局、环保分局、城市管理局、国土分局等部门领导为成员，负责日常协调调度，督促检查各项工作落实，统筹解决规划实施中遇到的重要问题。②创新绿色发展机制，全面推进管理体制创新，建立考核评价机制，为推进高新区绿色发展，充分发挥考核的指挥棒、风向标、助推器作用，健全奖惩机制，将考核评价结果作为公平合理地酬赏或惩治企业或干部的依据。③改革生态环境监管体制，强化执法监督。结合中央环保督察"回头看"、安徽省环保督查等，紧紧抓住执法问题多发、易发的关键环节和重点领域，强化监督检查园区内环境违法违规问题，环境风险大、环保违法情况严重的企业要逐步搬离园区。④扶持节能环保产业，推动绿色发展，加快建立绿色生产和消费的法律制度和政策导向。高新区应在继续鼓励促进节能环保技术自主创新的同时，推进在节能环保技术成果转化、财税、政府采购、知识产权、科技基础设施等方面的政策环境建设，加大对节能环保领域基础研发和前沿技术探索的支持力度。⑤强化科技创新支撑，以建设综合性国家科学技术中心为契机，积极争取在合肥高新区内部署建设量子技术、空地一体化网络、智慧能源集成等多个科技创新中心，打造合肥综合性国家科学中心的核心承载区。打造多层次创新平台体系，完善"众创空间+孵化器+加速器"的梯级创业创新孵化体系，建设众创空间集聚区。推动政府孵化器市场化改革，提升现有科技孵化器的服务水平和运营效率，将创新孵化变为高新区创新发展新动能，充分发挥安徽创新馆集成作用，构架起安徽全产业链创新体系的大支点。⑥制定经济激励政策，为产业绿色发展提供制度保障。针对绿色发展重点领域制定相应扶持和激励政策，建立多元化的绿色发展专项资金来源体系并加大专项资金扶持力度，在税收、海关、金融、科技成果转化、产业平台建设、高端人才、生态规划管理等方面制定激励政策，布局"政产学研用金"科技成果转化"六位一体"的深度融合机制。⑦加强宣传和舆论监督，通过报刊、电视、网络、广告牌、宣传册、培训班等多种形式，经常性地宣传和普及绿色发展理论和实践。加强舆论监督，包括公众对政府行为的批评和建议、对企业违法行为的举报、对企业改善管理的建议、对社会不良现象的舆论批评等，强化舆论监督力量。⑧完善国际国内协作机制，积极学习上海、江苏、成都等地的国际金融、高新技术发展经验。积极比照国家新区的要求，聚焦优质要素资源，加强要素集约利用、加快配套设施建设，满足争创国家新区核心区的软硬件要求。此外，深入推进中俄、中德、中韩产业园等国际创新园建设，搭建国际产业转移中心，示范性国际科技合作基地，大力引进境外研发机构、创业人才团队、世界500强企业等。搭建国际商贸流通平台，紧抓市级重大对外开放平台建设机遇，积极承建国际通关、物流、商务信息平台。

生态文明建设功在当代、利在千秋。合肥高新区要牢固树立社会主义生态文明观，推动形成人与自然和谐发展的现代化建设新格局。

（2）潍坊滨海经济技术开发区：产业链模式下的资源梯级利用

潍坊滨海经济技术开发区（简称"潍坊滨海开发区"）是国家级经济技术开发区。潍坊滨海开发区以海洋化工产业为基础，依据循环经济理念、工业生态学原理，探索出"一水六用、动脉扩张、静脉串联、动静耦联"具有鲜明潍坊滨海特色的生态工业发展模式，形成生态海洋化工产业高度聚集、上下延伸、左右关联的产业集群，实现了区域资源、能源的高效利用和废物资源化，建立了区域内工业生态平衡，实现经济、社会和环境"三效益"的有机统一。在"一水六用"基础上，围绕主导产业不断延伸产业链，形成盐、碱、溴、氯碱四大系列动脉产业链条，确保发展生态海洋化工的产业基础。在动脉产业发展的同时，积极发展静脉产业，成功培育完善的静脉产业，实现园区废物的资源化利用。通过物质或能量传递关系将废物综合利用串联于动脉产业中，形成动静耦合、复合发展的海洋化工产业体系，提高园区生态系统柔性，确保园区生态化改造的稳定发展。

"一水六用"提高卤水资源利用效率。以卤、海水为原料生产溴素、溴化物、原盐、硫酸钾、氯化镁等海洋化工产品的潍坊滨海开发区，通过纵向延伸主导产业产品链，横向耦合废物、副产品产业链，在我国首次探索出"一水六用"的卤、海水资源高效利用模式。海水首先被用于养殖鱼虾蟹等海产品，浓度升高到初级卤水时放牧卤虫；中级卤水和抽取的地下卤水先送纯碱厂、热电厂等供工艺冷却；吸收化工废热后的卤水送至溴素厂吹溴，以提高溴素提取率；吹溴后的卤水送至盐场晒盐；晒盐后的副产品苦卤送至硫酸钾厂生产硫酸钾、氯化镁等产品，有效提高了卤水资源利用效率（图9-2、图9-3）。

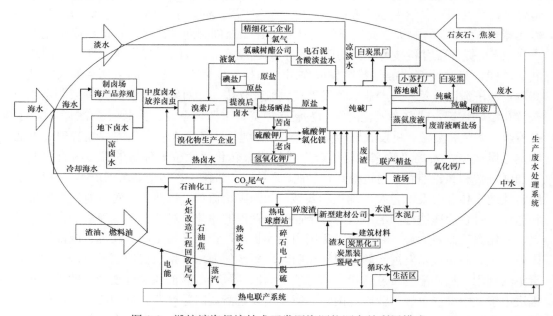

图9-2　潍坊滨海经济技术开发区资源能源高效利用模式

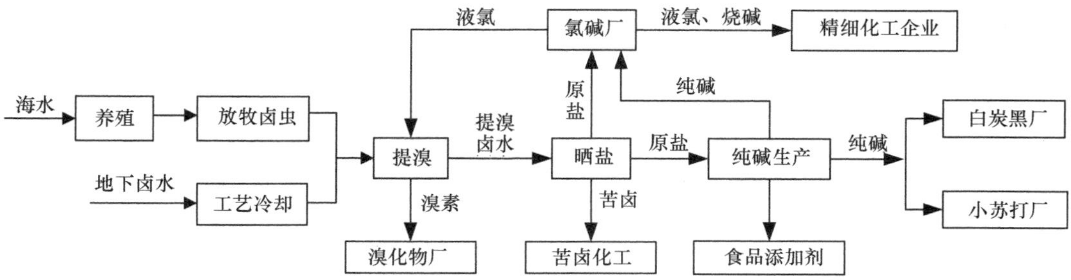

图 9-3　潍坊滨海开发区卤、海水资源"一水六用"模式

废水循环利用实现水资源高效循环。①蒸氨废液梯级利用。为解决区内纯碱生产产生的大量蒸氨废液难以处理的问题，区内企业通过与科研院所、高校联合攻关，成功地完成蒸氨废液二次兑卤晒盐项目。园区投资 3.7 亿元建设蒸氨废液生产氯化钙项目，年利用蒸氨废液 500 万 m^3，生产氯化钙 50 万 t，产量居亚洲首位，其中 80%用于出口，年可实现利润 5000 万元。②提溴废水梯级利用。区内溴素企业的吹溴废水日排量高达 30 余万立方米，对近海滩涂造成污染。区内龙威公司投资 5000 万元，修建引水渠 31km，将溴素生产企业的废水引到公司的万亩虾场集中存放，用于养殖卤虫和制盐，年可综合利用溴素化工废水 6000 余万立方米，产盐 50 余万吨，实现经济效益 4000 余万元。③酸性废水的梯级利用。为解决溴化物生产企业产生的大量含酸、含溴废水深度处理费用高、工艺运行不稳定等问题，区内溴素生产企业通过管网向原料卤水中添加酸性废水酸化原料，实现含酸、含溴废水的梯级利用，有效节约含酸、含溴废水治理及卤水酸化的处理费用。

开发区通过蒸氨废液、提溴废水、酸性废水的梯级利用，极大地提高了水资源的利用效率。卤、海水中氯元素代谢效率达到 86.0%；钙元素的代谢效率达到 52.8%；溴元素的代谢效率达到 92.7%。

（3）阜阳界首高新技术产业开发区：以资源循环利用为主导的绿色产业发展

阜阳界首高新技术产业开发区（简称"界首高新区"）是安徽省省级开发区。

完善产业链条，构建绿色产业结构体系。界首资源循环利用产业是目前国内链条最长、最完善的循环利用产业集群。主要形成了废旧电池拆解、铅冶炼及合金生产、电瓶壳粉碎再造、电池生产及废酸、碱渣、余热再利用的再生铅产业链条；形成了废铝材熔炼、铝锭、铝板、铝型材、铝铸件、铝彩膜、泡沫铝的再生铝产业链条，并随着产业转型升级进一步向高附加值领域延伸；形成了废旧塑料分拣、清洗、造粒、改性、注塑和压延等再生塑料产业链条。三大产业板块均形成了以清洁生产为特点的企业内部自循环，以上下游协调配套为特点的园区中循环，以节能减排和资源循环利用为特点的社会大循环。

开展清洁生产，推动绿色产业结构调整。界首高新区持续加强政策支持和引导，实现重点企业清洁生产审核实施率 100%。再生铅产业投入资金 20 亿元，实施"双改两新"战略，推动再生铅冶炼、极板蓄电池生产工艺革新和装备升级，对接国家产业政策和准入条件，同时改善用能结构，积极推行"煤改气"，在节能、减排、环保和污染物治理等方面取得了较好的经济效益、环境效益和社会效益，有利于促进区域的绿色发展。

天能电池集团（安徽）有限公司采用极板生产自动化技术和内化成工艺，更加环保、节能、高效，可削减 80%左右的水消耗，削减 70%酸雾的产生量，节电 30%以上，铅烟、铅尘处理更加到位，满足清洁生产二级以上的要求。安徽华铂再生资源科技有限公司通过技术改造，实现"渣危废"含量降至 0.5%，远低于国家标准 2%以内的要求，SO_2、氮氧化合物排放浓度均低于国家标准，98%的废水实现了循环利用，技改项目清洁生产指标有 12 项达到清洁生产指标一级水平，4 项达到二级水平，节能 30%以上，减排 50%以上，降低成本 20%以上。

完善规划建设，引领空间布局优化。界首高新区坚持产业集聚、产城融合发展理念，已建成五大特色专业园区，打造了特色鲜明、产业集聚的"一园五区"格局。田营科技园主打再生铅加工和铅酸蓄电池生产，光武科技园形成了再生塑料的企业集群，西城科技园主要产业为再生铝产业，东城科技园主要为营养与健康综合产业，北城科技园主攻塑料高值化改性。

加大环保基础设施建设，打造立体化生态防护体系。大力开展污水、大气污染和土壤污染等末端治理活动，完成 3 个污水处理厂等治污设施建设，全区工业废水纳管率达到 100%；引进专业化废物处理再利用服务公司，搭建废物交换公共服务平台，实现园区静脉串联；建设污染源排放在线管控监控系统，"蓝天卫士"高清视频监控实现全覆盖，对园区企业实行 24 小时不间断全程检测监管，实时掌握环境动态；建成万亩森林公园、万亩防护林带，构建了严密的水、气、渣"三废"控制处理规范和产业发展生态、工艺、装备立体化的环境生态防护体系。从政府层面，实施过程引领，把生态保护纳入党政领导干部考核体系。

积极开展生物质能利用，实现废物利用。界首市伟明环保能源有限公司新建 2 条垃圾焚烧线，配套 1 台 12MW（3.8MPa，400℃）的凝汽式汽轮发电机组并同步配套了烟气净化系统，2019 年通过竣工验收，可实现日处理垃圾 500t，发电量 19.19 万 kW·h，推动实现废物资源化，大大缓解界首市生活垃圾处置能力不足的现状，从根本上消除垃圾环境污染，改善环境质量。

推进高新区"云、网、端"等信息基础设施建设。依托华鑫物流、黑豹物流、富源物流三家大型物流公司，构建数字化物流园，培育发展智慧物流，逐步搭建自动化、数字化的仓储、管理及配送体系。积极建设物流公共信息查询系统、物流电子政务信息系统及电子商务信息系统等公共信息平台，形成统一高效、资源共享的物流信息网络。

搭建咨询、检测平台，完善技术支撑。搭建技术咨询线上服务平台。联合安徽省资源综合利用龙头企业与安徽循环经济研究院等高校院所，面向企业提供资源循环利用产业建设、运营、改造等全体系服务，鼓励企业积极开发资源循环利用、节能环保解决方案等资源循环利用咨询产品与服务，延伸价值链。

高新区设有国家级再生金属检测中心、省级再生塑料检测中心、环境监测中心，为企业提供从原料到产品全过程的质量检测服务；安徽枫慧金属股份有限公司、安徽东锦资源再生科技有限公司等企业与合肥工业大学分析测试中心和安徽省生态工程技术研究中心建立合作关系，为园区生态环境提供数据分析和技术支持。

界首高新区已经形成以资源循环利用为主导的绿色产业发展体系，形成资源循环利用与集约发展并重的发展路径。2019 年，全市绿色产业（资源循环利用产业）共实现产值475.3亿元，占比工业产值77.2%，税收20.1亿元，成为界首市实现工业强市战略和奋力崛起的主导力量，在全省资源循环利用产业发展过程中发挥了示范引领作用。截至2019年，累计培育行业骨干企业150余家，获批国家级绿色园区1家（田营园区），获批国家级绿色工厂6家，绿色产品5个，绿色供应链管理企业1家，省级绿色工厂5家，成为践行绿色发展模式的模范先锋。绿色产业（资源循环利用产业）高度聚集，主要集中在田营、光武、西城、北城等区域，产业聚集度达到83.5%。

（4）嘉兴港区：绿色智慧引领化工园区持续发展

嘉兴港区是浙江省省级开发区。该区以习近平生态文明思想为指导，深入实施省委省政府"八八战略"和"创新强省、创业富民"战略，以滨海开发为引领，着力打造全球特色临港产业新高地、长三角国际化现代新港口、环杭州湾和谐生态新港城。2012年，嘉兴港区开始开展国家生态工业示范园区创建工作。2020年获批国家生态工业示范园区命名，荣获"国家新型工业化产业示范基地""全国智慧化工园区试点示范单位"等荣誉称号，走出了一条绿色创新发展的新路子。

构建生态化供应链网，育强化工新材料一体化产业体系。园区坚持产品链及产业网络一体化建设化工新材料产业体系，形成若干循环经济特色产业链条，推动化工新材料产业发展向产业链两端延伸和价值链高端攀升，提高物质资源效率。一是围绕氯碱和酸，形成了有机硅单体、气相二氧化硅、聚碳酸酯、环氧乙烷、丁基橡胶等化工新材料产业链；二是围绕乙烯丙烯原料，发展了环氧乙烷及下游乙醇胺、表面活性剂等系列产品；三是通过废弃物梯度利用形成了过氧化氢、氯化石蜡、脂肪酸、甲酯、磺酸盐等产业共生项目。

国内首个智慧园区试点，引领化工园区安全环保智能管控。嘉兴港区作为全国首个智慧园区试点示范单位，首次制订了智慧化工园区地方标准，建立了智慧环保监测体系，形成了"点、线、面"多维度全方位的监测网络，实现了智能工厂全覆盖。智慧园区平台对园区安全、环保、物流、能源、地理信息以及公共服务等作出准确高效的智能响应，实现了园区"基础设施智能化、园区管理精细化、生产管理信息化、物流运输一体化、产业发展现代化"。

突出排放清洁化，创新开展"两无"创建。嘉兴港区创新开展"无异味企业"和"无异味园区"创建。园区与全部企业签订目标责任书，压实企业主体责任；加大财政补助；全方位摸排问题；注重群众参与，组建"民间闻臭师"队伍，全程参与创建和验收，真正让群众成为企业异味治理的主裁判。"两无"创建工作受到了各级、各界的高度关注，浙江省生态环境厅将创建方案在全省转发，2019年11月19日《人民日报》头版头条报道了"两无"创建。

9.2　农业生态文明建设实践

中华人民共和国成立后，随着经济的发展，农业环境污染问题日益突出，已严重制约了农业的可持续发展。《第二次全国污染源普查公报》显示，2017年，农业源排放化学需氧量1067.13万t，占全国化学需氧量排放总量的49.77%；排放氨氮21.62万t，占全国氨氮排放总量的 22.44%；排放总氮 141.49 万 t，占全国总氮排放总量的 46.52%；排放总磷 21.20 万 t，占全国总磷排放总量的 64.22%。农业占全国 GDP 的比例仅为 7.1%，但其已经成为中国最大的污染源。农业生态文明作为生态文明重要的组成部分，是以习近平生态文明思想为指导，以绿色发展为目标，以"保障国家粮食安全、保证主要农产品有效供给、促进农民持续增收"为前提，加快农业现代化、生态化和循环化，不断提高农业生产力和资源能源利用效率，减少污染以及农药、化肥的施用量，保护耕地，最终形成与资源承载力相匹配、与生态环境相协调的农业格局。农业生态文明既应包括农业经济的稳定健康发展，也应包括农业资源的高效持续利用和农业生态环境的不断改善。

农业实现生态文明体现在以下几个方面。

（1）延长产业链，提升产品附加值。充分发挥特色农产品优势，以农业为基础，提质增效，延长产业链，发展农产品精深加工、物流、会展、休闲农业、乡村旅游、康养产业等二三产业，打造全产业链，实现产业链由低端向高端的转化。

（2）发展高端农业，提升农业产值。坚持质量兴农、品牌兴农，发展高端特色农产品，品牌产品，有机、绿色、无公害产品及供应稀缺的产品，提升农业产值。适应市场和消费升级需求，积极开发营养健康的功能性食品，积极打造质量过硬、标准化程度高的农产品品牌。

（3）发展生态农业，减少化肥农药施用量，改善农业环境。发展生态农业、循环农业、绿色农业，大力推广立体种植和间作套种技术、绿色高效生态畜禽养殖技术、优质高效集约化生态水产养殖技术等，推动农业生产模式由粗放型向集约型转变。

9.2.1 湖北省鄂州市峒山村：南方水网区水体清洁型生态农业建设模式

我国广大南方水网密布地区，雨量丰沛，水系发达，但目前近半数湖泊存在水体富营养化现象，其营养物质主要来源于农业生产。在南方水网区，水稻种植和水产养殖在农业生产中所占比例较大，过量施用肥料、饲料和农药，是导致南方水网区农业面源污染问题较为突出的重要原因。

峒山村位于湖北省鄂州市鄂城区长港镇，地处梁子湖环湖区域，是典型的南方水网型村落，也是南方水网区水体清洁型现代生态农业示范基地建设试点之一。为解决南方水网地区农业水源污染问题，峒山村现代生态农业示范基地通过化肥减施、绿色防控、稻虾共作、林下养禽等关键技术，配套生态沟渠、湿地等工程，构建了"源头消减+综合种养+生态拦减"水体清洁型生态农业建设模式。主要做法包括如下几个。

稻虾互利共生复合循环种养。利用水稻闲置期开展小龙虾养殖，每亩投放 5~10kg 虾苗，一方面小龙虾为稻田疏松土壤、清除杂草和害虫幼卵，其排泄物为水稻生长提供营养；另一方面，稻田为小龙虾提供充足的水分和栖息活动场所，水稻秸秆还田沤腐后，为龙虾提供天然的饵料。这种稻虾互利共生的复合循环种养生态模式，充分利用了稻田光、热、水及生物资源，将水田生态系统的种植业与养殖业有机结合，在确保粮食稳产的前提下，形成了"一水两用、一田双收、种养双赢"的格局，实现了水稻稳产、水产品增产、品质提升的目的，取得了"1+1=5"（水稻+水产=粮食安全+食品安全+生态安全+农业增效+农民增收）的综合效益，最大限度提高了稻田产出率，同步提升了品质和价格。试验数据表明，稻田化肥用量下降30%以上，农药用量下降70%以上，平均亩产稻谷 624.7kg、小龙虾 124.5kg，亩产值 5546.6 元，亩纯收入 2978.2 元，相比单一种植水稻平均每亩提高 2000 元以上。现在峒山村的亩均纯收入能达到 3500～4000 元，村民通过给村集体流转的土地打工，一年就能有 4 万元的收入，实现了水质改善、生态功能恢复和产品效益的同步提高。

"葡萄-草-鸡"立体种养。利用葡萄架下的空间，以黑麦草为先锋清除其他杂草，再按 60%～70%豆科牧草、30%～40%禾本科牧草的比例混播，种植多年生、耐踩踏、再生性强和耐阴性强的牧草，投放适应性强、勤于觅食、抗病力好、体型小、耐粗饲、肉质细嫩的优质地方土鸡，形成葡萄下种草、草上养鸡、鸡粪肥园循环，减少化肥施用量，增加园内有机肥含量，降低了杂草96.8%。利用鸡吃烂果、病果，有效控制了葡萄病菌基数，阻断了病菌链，减少农药使用次数和施用量。葡萄、草、鸡互利共生模式实现了葡萄、鸡双丰收，据测算，葡萄每亩产量 2500kg，按每千克 5 元计算，年收入 12 500 元；土鸡每只 100 元，每亩 20 只，一年 2 批，年收入 4000 元，与单一种植葡萄相比，每亩节约除草用工 150 元、肥料 200 元、农药 120 元，加上土鸡收入，全年每亩增收 4470 元。

利用人工湿地水生植物对氮磷进行吸收和拦截。配套生态拦截沟渠、人工湿地塘等水循环处理措施，在湿地中种植湘莲等净水植物，以吸收入河湖的氮磷，提升入河湖水体水质。根据连续监测数据，峒山村稻田化肥施用量下降30%以上，农药施用量下降70%以上，从源头上控制了农业面源污染。

综合种养利用共生原理，辅以人为措施，以废补缺、互利助生、化害为利。有效提高了农田单位面积效益，实现了生态平衡，不仅解决了农民增收难题，还构建了美好田园，把生态价值转化为产品价值和品牌价值。近年来，峒山村吸引了大批以自驾游为主体的市民，美好田园变为了城镇居民的休闲乐园，成为农业科普平台、资金聚集平台、收入增长平台、人气凝聚平台，据统计，2015 年村级集体经济纯收入达到 230 万元，农民人均纯收入 1.2 万元。

9.2.2　重庆市巴南区二圣镇：西南山区生态保育型生态农业建设模式

水土流失是中国重要的生态问题之一，2019 年，全国共有水土流失面积271.08 万 km^2，占国土总面积的 28.24%。西南丘陵地区是我国水土流失较为严重的地区之一，水土流失面积24.86 万 km^2，占土地总面积的23.52%。该区域山石陡峭，海拔高，多暴雨，土壤少，储水能力低，在暴雨的袭击下，薄层土壤极易遭侵蚀，滑坡、泥石流等自然灾害频发。

重庆市位于长江上游，是青藏高原与长江中下游平原的过渡地带，是典型的"山城"，境内山高坡陡，沟壑纵横，山地和丘陵占比达 98%，海拔高差达 2723.7m，是长江上游水土流失最为严重的城市之一，重庆库区也是国家级水土保持重要生态功能区和水土流失重点治理区。据第一次全国水利普查水土保持情况调查结果，重庆市水土流失面积3.14 万 km^2，占土地总面积的 38.06%，是我国水土流失最严重的地区之一。其中中度以上水土流失面积达 2.07 万 km^2，占总流失面积的 66.1%。年均土壤侵蚀模数为 3393t/ km^2，年均土壤侵蚀量达 1.06 亿 t。每年流失的表土若按 20cm 厚度计算，相当于流失 3.03 万 hm^2 耕作层，流失有机质达 163 万 t。

巴南区二圣镇集体村现代生态农业示范基地位于重庆天坪山地区，是典型的水土流失区。针对西南丘陵地区水土流失、化肥农药过量问题，重庆市二圣镇集体村现代生态农业示范基地集成节水节肥节药技术，加强农业废弃物综合利用、农村清洁和生态涵养工程建设，构建了"生态田园+生态家园+生态涵养"的生态保育型生态农业建设模式，突破了西南丘陵地区产业发展面临的资源瓶颈。主要做法包括如下几个。

生态田园。集体村的主打产业是高山梨、花卉苗木以及茶叶，针对基地产业发展情况，从坡顶到坡腰依次发展生态茶园、生态梨园、生态葡萄园及生态花园，采取水肥一体化、病虫害绿色防控技术，有效减少灌溉定额 90%、化肥用量 50% 以上。与生猪基地合作，使用有机复合肥来替代化肥，通过营养诊断，科学合理地分配施肥次数和用量，再补充一定的微量元素。用太阳能杀虫灯、性诱剂、黏虫板等生物防治的方法替代农药防治病虫害；对果实实施套袋，减少化学农药的使用；在树下种植三叶草，按每亩播种 0.6kg 的标准栽培，过少则抑制杂草作用不明显，过多则会与果树争夺土壤养分。实施测土配方施肥、梨树营养诊断施肥，推广沼液沼渣综合利用、绿肥还田，提高有机肥施用量等来培肥梨园土壤肥力。

生态家园。以农村清洁工程为核心，通过污水处理池、人工湿地、垃圾收集站等工程的修建和各类技术的推广，实现家园清洁、环境优美。生活垃圾采取"户分类、村集中、镇中转、区处理"的链条式处理，生活污水厌氧发酵处理后排入小型人工湿地，人畜粪便采用三格式化粪池处理后作为有机肥，使无害化处理率达到 80% 以上。

生态涵养。依托山形山势建设生物拦截及沟塘坝系统，削减农田径流中的氮磷含量。通过种植红叶石楠等各类观赏植物，形成植物篱拦截随水土流失的氮磷等营养物质，并在坡地种植等高植物篱，立体美化生态景观，减少地表裸露，保持水土，涵养水源，保护环境。

同时，集体村还每年举办梨花节、采梨节、格桑花节等节庆活动，促进了乡村旅游发展，并于 2020 年被列入第二批全国乡村旅游重点村。基地产出的早熟梨由 2013 年的每千克 8 元，增长到了 2016 年的每千克 16 元，3 年翻了一番；集体村农民人均收入由 2014 年的 1.4 万元，增长到 2016 年的 1.6 万元，年均增长 8.8%。

9.2.3　山东省德州市齐河县：集约化农区清洁生产型生态农业建设模式

华北平原是典型的冲积平原，该区域地势低平、土壤肥沃、自然条件较好，是我国粮棉油作物的主要生产基地，粮食产量占全国粮食总产量的 30% 以上。小规模农户生产模式带来了大量资源浪费、能量高耗和环境污染问题，随着规模的不断扩大，集约化种植已成为华北平原农业发展的重要途径。华北平原水资源短缺，而农田灌溉需要大量的淡水，地下水被超量开采，形成了世界上最大的地下漏斗区，面积约几万平方千米。

齐河县位于山东省德州市，与济南隔黄河相望，系黄河下游冲积平原，海拔为 19～35m，水资源短缺，素有"绿色黄河粮仓""中国小麦之乡"的美誉，是国家农业绿色发展先行区和华北地区唯一国家粮食生产功能区试点建设县，农业用水量占总用水量的

92.56%。针对华北平原区化肥农药投入强度高、种植单一化、地下水漏斗等突出问题，山东省齐河县依托新型经营主体，培育社会化服务组织，构建了"种养结合化+生产标准化+生物多样化"的集约化农区清洁生产型生态农业建设模式。主要做法有如下几个。

以"绿色生产"为引领，实现投入品源头减量。在全县范围内推广测土配方精准施肥，以农业种植合作社、家庭农场示范带动，推广种肥同播、化肥深施及机械追肥等先进耕作技术，实现化肥减量增效。制定《齐河县绿色食品原料标准化生产基地农业投入品管理办法》《农业投入品公告制度》，在全省率先建立农作物病虫害智能化监测平台 5 套，组建专业化植保服务组织 29 家，年统防统治面积达到 160 万亩/次，统防统治覆盖率达到 40%以上，有效降低了农药使用量。

以"循环模式"为抓手，实现废弃物资源化利用。推行农田秸秆深松还田为主、部分秸秆机械打捆回收利用、养殖粪便和食用菌废弃物转化成有机肥替代部分化肥的策略，探索出的"麦秸覆盖、玉米秸秆全量粉碎还田技术模式"被农业农村部遴选为秸秆农用十大模式之一，已向全国推介发布。建立了以"市场主体回收、专业机构处置、公共财政扶持"为主要模式的农药废弃包装物回收和集中处置体系。构建的"粮经饲—养殖—粪便（沼渣）—还田"生态循环发展模式，在全县整建制推进。农业生产"循环模式"带动全县乡村生态环境及产地生态环境明显改善。

以"农田多样"为引导，实现现代农业新景观。开展作物间作轮作，建设生态沟渠道路，种植水生植物和油葵、格桑花等各种蜜源植物以及速生杨，在净化水体、美化环境和增加生物多样性的同时，构建了生态林网体系，形成了基地沟渠路林相连的生态格局，成为现代生态农业新景观。

以"品牌战略"为驱动，实现农业提质增效。发布《齐河县小麦、玉米质量安全生产标准综合体县市规范》和《齐河县小麦、玉米生产社会化服务标准综合体县市规范》两个国家级标准，推广小麦生产"八统一"和玉米生产"六配套"技术模式，保障粮食高产、高效、优质、安全、生态。开展"食安山东"和"齐鲁灵秀地品牌农产品"行动，注册"齐河小麦""齐河玉米""华夏一麦"3 个国家地理商标，打造"巨能鲁齐颗粒粉"、"康花面粉"以及"百益德麦芯小麦粉"等 5 个绿色品牌，现已拥有绿色食品、有机产品、地理标志产品 59 个，单产水平高、质量优的"华夏一麦"品牌叫响全国。

以"科技创新"为支撑，实现农技服务全覆盖。创建"四个三"农业科技创新服务体系，即三个创新实验示范基地、三级联动农技推广体系、三种农技推广形式、三股农业科技培训力量，在绿色发展模式引进、技术集成创新、先行先试和示范推广等方面形成了清晰、科学、合理的路径。目前，全县拥有农技推广人员 240 人，遴选科技示范户 6600 户。2019 年，农业生产社会化服务面积达到 660 万亩次，占农机作业总面积的 75%以上。每年培训农民 5 万余人次，发送"农政通"手机短信技术信息 25 万条。

以"政策扶持"为保障，实现全员共建绿色先行区。加强对农业绿色发展工作的政策扶持，将各类农业资源与生态环境资金向农业绿色发展先行区建设任务倾斜。健全农业资源生态修复保护政策，完善生态补偿机制，对生态保护、循环农业、高效生产、绿色防控等模式倾斜支持、适度补贴。建立具有齐河特色的多元化资金保障机制，调整优化财政资金支出结构，倾斜支持农业绿色发展项目，引导龙头企业加大对国家农业绿色发展先行区项目的参与和投资，形成新型经营主体、科研推广机构、农户以及其他各类社会主体共建国家农业绿色发展先行区建设的良好格局。

齐河县积极探索平原地区粮食生产大县实现绿色发展的典型模式,走出了一条农业发展和生态环境协同提高的新路径,基地亩均增产 100kg 以上,灌溉用水及化肥、农药用量均减少了 10%,秸秆综合利用率也达到了 100%。

9.2.4　甘肃省金昌市金川区:西北干旱区节水环保型生态农业建设模式

西北地区是我国最干旱的地区,我国绝大多数干旱地带均位于这里,这里年均降水量只有 230mm,年蒸发量却是其年降水量的 8～10 倍。这里发展农业最大的制约因素就是水资源短缺。而为了保水、保墒,这里的种植业必须使用地膜,"白色污染"成为当地重要的生态环境问题。

金川区地处甘肃省河西走廊东端,阿拉善台地南缘,地形以山地平原和戈壁绿洲为主,平均海拔 1500m,气候干旱,降水量少,年均降水量仅有 119.5mm,蒸发量大,为2722mm,为年均降水量的 22.78 倍,水资源紧缺。

针对西北干旱区水资源短缺、"白色污染"问题,甘肃省金昌市金川区古城村现代生态农业示范基地构建了"农田综合节水+地膜综合利用+种植间作套作"的节水环保型生态农业建设模式。

工程节水与农艺节水并行。精准灌溉是该区域节水农业的主要特点。经济作物采用膜下滴灌、根区导灌、低压管灌等节水技术,果树采用根区导管灌溉方式,粮食作物采用低压管灌方式,并通过使用地膜综合发挥保墒、集雨、节水、增产等多重效果。

应用地膜一膜多用覆盖技术。通过示范应用玉米—玉米地膜覆盖、玉米—葵花地膜覆盖、辣椒—小麦地膜覆盖、复种娃娃菜—小麦—玉米地膜覆盖等技术模式,该模式在金川区乃至河西走廊是首创,3 年内每亩土地减少地膜使用量 8kg,每亩的地膜残留量可减少 1.2kg。其次地膜还可回收再利用,基地将混杂有作物根茎的废旧地膜进行粉碎,经过高温溶解,铸型,生产出适宜在城市供水、供暖等市政工程中使用的复合型井盖。

推行种植间作套作。采用灰枣套种蔬菜、鲜食葡萄套种蔬菜、麦后复种娃娃菜、糯玉米套种西瓜等间套作技术,在提升农业产值的同时,提高农田生物多样性,改善农田生态环境。

该模式使地膜残留量明显减少,废旧地膜回收率达到 85%以上,加厚地膜使用率达到 95%以上,产量平均增加 6%左右。

9.2.5　山西省临汾市吉县:黄土高原区果园清洁型生态农业建设模式

黄土高原是中华文明的重要发祥地,也是中国典型的生态环境脆弱区和自然灾害频发区。黄土高原农业生产与生态状况直接关系到该区 1 亿多人口的生存和发展。1999 年以来,国家实施西部大开发战略和退耕还林(草)政策,使黄土高原的生态环境得到了举世瞩目的改善,但迄今仍未能从根本上改变区域生态的脆弱性和重大灾害的风险性。

黄土高原土地面积为 64.2 万 km^2,约占黄河流域总面积的 85.4%,是连接中国传统农耕区与畜牧区的核心区域,亦是中国中东部地区重要的生态屏障。历史上该区发达的传统有机农业创造了灿烂的中华民族文明。但是,黄土高原多为半干旱的生态脆弱区和自然灾害频发区，干旱缺水与水土流失严重的现象并存，是中国经济欠发达地区和贫困集中连片区，是黄河流域生态保护与高质量发展障碍最多的区域。该区自然资源利用效率低下，农民人均收入不到东部地区的 40%，发展农业生产与改善生态环境矛盾尖锐。

吉县位于吕梁山区、黄河中游东岸，山西省西南部，总面积 1777.26km^2。三面环山，一面滨水，境内山峦起伏、沟壑纵横、地形复杂。多年来，受自然、历史等多种因素影响，农村能源紧缺，生态保护和经济发展失调，属于典型的生态脆弱区。吉县是苹果种植大县，拥有适宜种植苹果的纬度、海拔、土壤、温差、光照和空气质量，被评为全国苹果最佳优生区之一，苹果产业成为该县民众脱贫致富的支柱产业，苹果种植占耕地总面积的 80%，从事苹果生产的农户占总农户数的 80%，苹果收入占农民人均纯收入的 80%以上。吉县苹果被誉为"中华名果"，吉县被命名为"中国苹果之乡"。该县针对黄土高原区水土流失、生态环境脆弱、土壤有机质缺乏现状，构建了"生态种植+生态节水+循环利用"的果园清洁型生态农业建设模式，大力发展果粮间作、林果业为主的特色种植，开辟了一条促进黄土高原农村经济发展，改善生态环境的有效途径。主要做法有如下几个。

发展清洁生产技术。山西省农业厅环保站自 2014 年领办了农业部现代生态农业基地清洁生产技术试验示范项目后，在吉县东城乡采用"政府+科研院校+龙头企业+农民专业合作社+基地"的组织模式，以户为单位，以果园为依托，示范带动农户 281 户、892 人试验示范了沼肥施用技术、节水保墒技术以及病虫害绿色防控技术。引导果农推行有机苹果标准化生产技术，杜绝使用化学农药和化学肥料，依靠沼液、沼渣补充养分，广泛应用沼液和木醋液半量替代农药，布设太阳能灯光诱虫和黏虫板以及利用边际土地种植生物隔离带进行生物防治病虫害，果树修剪废弃枝条通过生物质炉转化为清洁能源，并试验示范果园林下生草等节水保墒技术，运用坡改水平梯田技术，封坡育林育草，拦截和涵蓄坡面径流，有效解决了当地农业资源、生态环境有效利用和保护的问题，开辟了一条促进黄土高原农村经济发展、改善生态环境的有效途径。

推行生态循环模式。引导果农杜绝使用化学农药和化学肥料，养分补充主要依靠沼液、沼渣，果树修剪废弃枝条通过生物质炉转化为清洁能源，回收和处理苹果生产过程中的各种废弃物，改善农村人居环境，通过"三沼"综合利用，节省燃料，减少化肥农药的使用，提高苹果品质，增加收益。在养猪场推广"猪—沼—果"模式，利用猪粪经沼气微生物厌氧发酵技术，转化为沼渣、沼液，用于果树的基肥、追肥、叶面肥等。推行果园生态养鹅技术，选用美国香豌豆、白三叶等豆科作物固氮保墒，养殖蚯蚓改良土壤并提供鹅蛋白质饲料，来养殖经济价值高的鹅种，将鹅粪直接入地为果园提供高氮有机肥，形成"草-虫-鹅-粪-土"模式。经过三年连续实施总结，形成一套物理防治及生物防治结合沼液喷洒为主要手段的果树病虫害防治方法，目前基地已获国家有机苹果认证，认证面积 2164 亩。

发挥科技示范户作用。组建了吉县朝晖苹果农民专业合作社，采取"合作社+基地+社员"的产业化模式，聘请有关专家在基地建立"三农讲堂"，对 104 户项目户进行种植、用肥、病虫害防治、田间管理、农业废弃物处理等清洁生产技术培训，并选派相关专家、技术人员按照物候期进行技术指导，提高农民清洁生产科学技术水平，共召开培训会议 30 余次，培训 2000 余人次，使每户至少有一个技术明白人，8～10 户有一个技术骨干。平台建立后，果农积极参与，不仅提升了自身的种植技术水平，还实现了增产增收。三年来，该县通过示范户，基地建立农业科技成果转化与农技推广服务机制，全面推广机械操作、剪密间伐、生物覆盖、土壤修复、节能栽培、病虫害综合防治等标准化生产关键技术。同时，该县实施生物防治、生态调控及循环利用技术，实现了现代果树生产技术的综合应用，着力解决了制约苹果产业发展的关键技术问题，主攻国内外高档果品市场，大幅度提高了苹果的产量和品质，显著提高了果农的种植效益。

截至目前，吉县苹果面积稳定在 28 万亩，总产量达到 20 余万吨，产值达到 10 亿元，果农人均果品收入上万元，带动 2.3 万贫困人口脱贫摘帽。

9.2.6　浙江省宁波市鄞州区：大中城市郊区生态多功能生态农业建设模式

在城市化发展过程中，大城市郊区农业发展面临着水土资源紧张、农业用地萎缩、农业发展滞缓、劳动力短缺、生态环境恶化、生态农产品供应能力不足和综合效益低等困境，发展高效的多功能生态农业是城郊农业发展的必然趋势。

鄞州区是浙江省宁波市的核心城区之一，经济发达，2019 年实现地区生产总值 2211.0 亿元，人均 GDP 达到了 15.7 万元，是全国平均水平的 2.21 倍；地区生产总值达到了 2.77 亿元/ km^2，是全国平均水平的 26.84 倍。

面对大中城郊水土资源、劳动力紧张、外来及内在污染风险并存、生态农产品供应能力不足问题，浙江省宁波市鄞州区章水镇郑家村现代生态农业示范基地构建了"种养合理配置+污染综合防控+生态产品增值"的大中城郊生态多功能生态农业建设模式。主要做法有如下几个。

打造多功能生态农业。将 1030 亩农田建设成了蔬菜生态种植区、水稻生态种植区、"果园养鸡"生态果园区、水产养殖区、畜禽生态养殖区等区块，科学配置种养规模，配套清洁生产技术，区块间种养高效循环、资源有机互补，实现以种定养、以养促种，实现雨水及灌溉水循环利用。

推行污染综合防控。园区内还建设了城市园林树枝消纳场、有机废弃物处置中心、雨水收集循环系统，对园区内的废弃物进行综合收集处理。通过种养合理配置，如果园养鸡、稻鸭共作，水稻与紫云英、小麦和油菜轮作等方式，实现了养殖固体废弃物肥料化、饲料化应用，养分实现了内部循环利用。建立了天敌扩繁中心，实现全基地病虫害生物物理防治，杜绝使用化学农药。

提升产品品质。由于有效降低化肥和农药使用，提高有机肥的利用率，园区土壤环境得到了很大的改善，同时基地生产的水稻、蔬菜、瓜果产品产量高、品质好、市场竞争力强，初期年利润近 100 万元。还带动了休闲观光、旅游采摘和土地认养等休闲农业发展，又为当地剩余农民劳动力就业创业、增收致富搭建了一个新平台。

第10章 地方生态文明建设典型实践模式

我国幅员辽阔，各地在资源禀赋、功能定位、发展阶段等方面存在较大差异，需要因地制宜探索符合各地实际的生态文明发展道路。当前，国家及各部门通过试点示范，树立先进典型，以点带面，积小胜为大胜，聚沙成塔。鼓励和推动各地区积极探索生态文明建设的不同路径和形态，全国初步形成了点面结合、多层次推进、东中西部有序布局的建设体系。各个地方在推进生态文明建设示范创建工作过程中也普遍表现出先进典型先行先试，党政领导高度重视，上下左右协力联动，重点问题及时破解，很好发挥了正面引导、优化倒逼、协调高效等示范作用，将为全面建成美丽中国筑牢根基，以钉钉子精神推进我国生态文明建设。

结合多年的业务实践，本书对各地在推进生态文明建设中的一些典型案例和经验模式进行了凝练总结，现阶段主要归纳出了五种类型，分别是以体制机制创新为核心的制度引领型，以绿色发展为核心的绿色驱动型，以守护绿水青山为核心的生态友好型，以提升生态资产为核心的生态惠益型，以特色文化为基础的文化延伸型。

10.1 制度引领型模式

该模式注重发挥体制机制的引领作用，通过构建完善生态文明综合决策机制，建立健全配套制度建设体系，率先探索生态文明体制改革重点任务，创新环境经济政策手段等，统筹引领推进生态文明建设，为提升生态文明治理能力提供示范样板。

浙江省丽水市示范引领全国生态产品价值实现路径。围绕"两山"理念，有效强化生态制度供给、丰富生态产品体系、拓展生态服务渠道，在全国率先探索构建生态产品价值实现机制，推动形成多条示范引领全国的生态产品价值实现路径。目前，丽水生态产品价值核算体系初步形成，构建了市县乡村四级 GEP（生态系统生产总值）核算体系，发布《生态产品价值核算指南》市级地方标准，成果纳入浙江省县域《生态系统生产总值（GEP）核算技术规范》地方标准。此外，生态产品市场交易、政府购买生态产品也取得了新突破。

福建省南平市首创"生态银行"模式。南平市在全国首创"生态银行"模式，借鉴商业银行"分散化输入、整体化输出"的模式，构建"森林生态银行"这一自然资源管理、开发和运营的平台，对碎片化的森林资源进行集中收储和整合优化，转换成连片优质的"资产包"，引入社会资本和专业运营商具体管理，打通了资源变资产、资产变资本的通道，提高了资源价值和生态产品的供给能力，促进了生态产品价值向经济发展优势的转化。

安徽省旌德县和福建省武平县率先推进林权收储担保融资试点并率先探索开展集体林权制度改革。旌德县在全国率先推进林权收储担保融资试点，创新实施"林农增收五法"，实现"不砍树能致富"。全国林改第一县武平县在全国率先探索开展集体林权制度改革，率先开展林权直接抵押贷款，盘活林农资产，率先探索重点生态区位商品林赎买机制，让原本待砍伐商品林变身"绿色不动产"，率先探索兴"林"扶贫机制，其"三率先""青山变金山"成功经验为全国林改探路子树典型作示范。

海南省三亚市"无废城市"建设试点。2019 年 4 月，生态环境部发布了全国首批 11 个"无废城市"建设试点城市名单，三亚市是海南省唯一入选城市。三亚立足全市固体废物产生和管理现状，积极构建政府主导、部门协同、企业主体、公众参与的多元共治格局。建立"无废城市"监督考核体系和评价指标，将建设指标和成效作为政绩考核的重要内容和督查部门加强监督检查的重点。围绕"世界一流滨海旅游城市"的发展目标，推动形成针对旅游和常住人口的绿色生活和消费方式，促进城市生活垃圾源头减量，构建生态文明的旅游文化。

重庆市森林覆盖率指标交易。通过设置森林覆盖率这一约束性考核指标，明确各方权责和相应的管控措施，形成了森林覆盖率达标地区和不达标地区之间的交易需求，搭建了生态产品直接交易的平台，打通了"绿水青山向金山银山"的转化通道，构建了生态保护的长效机制，让保护生态者不吃亏、能受益，推动了生态效益与经济效益的有机统一。重庆市森林覆盖率指标交易被自然资源部列为第一批"生态产品价值实现典型案例"。

10.2　绿色驱动型模式

该模式重在构建以产业生态化和生态产业化为主体的生态经济体系，大力发展环保经济、低碳经济、绿色经济、循环经济，培育壮大节能环保产业，形成资源节约、环境友好的产业结构、生产方式，推动生态优势向经济优势、发展优势转化，为有效推动同类型区域经济高质量发展提供经验借鉴。

浙江省仙居县"观念绿色化、机制绿色化、生产绿色化、生活绿色化、治理绿色化"的"五绿方式"改革。从发展观念和思维上进行创新，立足自身发展实际与特色资源，把绿色发展作为实现县域发展的突破口与着力点，带来发展模式和生产方式的创新。通过"观念绿色化、机制绿色化、生产绿色化、生活绿色化、治理绿色化"的"五绿方式"，逐步向"生产发展、生活富庶、生态良好、生命健康、生机活力"的"五生目标"迈进。

江苏省苏州市吴中区大力推行环太湖绿色发展"加减法"模式，以建设"减法"换生态"加法"、效益"加法"，将腾出的建设空间和用地指标，有偿调剂给区内重点开发的国家级开发区、省级高新区、经济发达镇，解决了环湖板块财力薄弱、经济板块空间紧缺、合理配置地价级差三大问题。有效推动了紧缺土地资源在区域内的统筹集约高效配置，科学推动生态优势向"农文体旅"融合，向生态工业发展、现代服务业集聚转化。

内蒙古自治区阿尔山市探索"山水变金银"产业融合发展。2014 年习近平总书记视察阿尔山时指出："无论什么时候都要守住生态底线，保护好生态就是发展"。为贯彻落实好总书记指示精神，阿尔山提出了"天字号工程是棚户区改造""天字号产业是旅游业""天字号任务是生态保护"三个"天字号"目标。深入践行"绿水青山就是金山银山""冰天雪地也是金山银山"理念，大力实施环保型工业、特色农牧业和现代服务业，并以"白狼镇"为典型，探索了"生态工业+特色农牧业+旅游"的一二三产融合发展路径；以"天池镇"为典型，探索了"全域+全季+全员"的"政府+企业+农户"全链条旅游联结发展路径，实现了绿色资本转化模式。

贵州省贵阳市乌当区延伸产业链推动"生态+"融合发展。乌当区围绕生态产业基础，延伸产业链条，围绕"医、养、健、管、食、游"六大板块统筹三次产业扩幅补链，推动"医养健管融合、康养健游联动、种养加销一体、政产学研结合"，实现全区"大生态、大扶贫、大健康、大数据、大旅游"的高质量发展，全业态打造生态健康产业体系，培育绿色发展新动能，走出一条符合实际、具有乌当特色的绿色发展转型升级之路。

山东省威海市华夏城、江苏省徐州市贾汪区、湖南省资兴市"灰色"到"绿色"的蝶变。威海市将生态修复、产业发展与生态产品价值实现"一体规划、一体实施、一体见效"，优化调整修复区域国土空间规划，明晰修复区域产权，引入社会主体投资，持续开展矿坑生态修复和后续产业建设，把矿坑废墟转变为生态良好的5A级华夏城景区，带动了周边区域发展和资源溢价，实现了生态、经济、社会等综合效益。

徐州市贾汪区潘安湖采煤塌陷区以"矿地融合"理念，推进采煤塌陷区生态修复，将千疮百孔的塌陷区建设成为湖阔景美的国家湿地公园，为徐州市及周边区域提供了优质的生态产品，并带动区域产业转型升级与乡村振兴，维护了土地所有者权益，显化了生态产品的价值。资兴市曾是全国有名的煤都，2009年被列为国家第二批资源枯竭城市，资兴以此为契机，着力改造提升传统产业、发展壮大新型工业，产业发展由资源依赖型转向科技创新型，"黑色经济"转型"绿色经济"，书写了城市工业转型发展的壮丽史诗。

10.3　生态友好型模式

该模式以改善生态环境质量为核心，把生态环境风险纳入常态化管理，持续加大绿水青山保护力度，呵护"生态颜值"，重点打造以生态环境良性循环和环境风险有效防控为重点的全过程、多层级生态安全体系。

浙江省德清县探索"九法治水"和河湖"精细化"管护模式。探索出了"九法治水"举措和河湖"精细化"管护模式。围绕"河里有鱼、河道可游、河水可喝"的目标，通过工业污染全面治、矿山污染重点治、农业面源污染彻底治、城乡污水综合治、河道污染系统治、饮用水源严格治、河长领衔治、部门联动治、社会共同治九种措施，集中力量打赢"清水治污"攻坚战，全力推进水环境综合治理，推行启动"河湖健康体检"和公众护水平台，制定"一河一策"提升河长履职实效，连续5年荣获浙江省"五水共治"工作最高奖项——"大禹鼎"。

福建省永春县探索创建"全域生态综合体"建设模式。永春县改变过去局部生态治理的理念，坚持树立全域系统思维，探索创建"全域生态综合体"建设模式，全力打好"流域综合治理、最美县城创建，美丽乡村建设和全城植绿"四套组合拳，不断增强生态系统功能，为全国生态文明建设福建方案提供了永春样本。"全域生态综合体"建设模式被纳入国家生态文明试验区改革成果并复制推广。

福建省长汀县：探索出适宜南方水土流失治理的新模式。长汀县曾是我国南方红壤区水土流失最为严重的县份之一，水土流失面积占其国土面积的近三分之一。长汀人民大力弘扬革命老区光荣传统和"滴水穿石、人一我十"的精神，实现从荒山到绿水青山的转变，昔日"火焰山"变成了如今绿满山、果飘香的"花果山"，全县水土流失面积由 1985 年的 146.2 万亩，减少到了 2018 年年底的 36.9 万亩，水土流失率从 31.5% 降为 7.95%，探索出了一条适宜南方水土流失治理的新模式。

安徽省绩溪县：建立县、乡、村、组四级河长制。绩溪县以治水为突破口，安徽省率先推行"民间河长制""河道警长制"。创新河湖长联动工作机制，开展"行政河长""民间河长""河道警长""技防河长""四长"共治，构建县-乡、乡-村、村-组的网格式责任体系，全县所有河道（含沟渠）全面覆盖，实现了"水清、河畅、鱼跃、岸绿、景美"。

江西省赣州市寻乌县"山水林田湖草"综合治理模式。寻乌县在统筹推进"山水林田湖草"生态保护修复的同时，因地制宜发展生态产业，利用修复后的土地建设工业园区，引入社会资本建设光伏发电站，发展油茶种植、生态旅游、体育健身等产业，逐步实现"变废为园、变荒为电、变沙为油、变景为财"，实现了生态效益和经济效益相统一。寻乌县"山水林田湖草"综合治理模式被自然资源部列为第一批"生态产品价值实现典型案例"。

云南省洱源县：推进洱海保护治理"七大行动"。洱源县全面贯彻落实习近平总书记"一定要把洱海保护好"的重要指示精神，牢固树立"洱源净、洱海清、大理兴"的理念，全力推进洱海保护治理"七大行动"，打响洱海保护治理与流域转型发展"八大攻坚战"，走出了一条"生态优先、绿色发展"的具有洱源特色的生态文明建设和绿色发展之路。

10.4　生态惠益型模式

该模式主要依托特色生态资源，扎实推进惠民项目建设，开发生态产品，不断拓宽"绿水青山"和"金山银山"的转化路径，推动多样化实现生态产品价值，推动生态利民、生态为民，让群众共享生态红利。

山东省长岛县、浙江省玉环市海洋特色生态养殖打造"两山"理念海岛模式。

长岛县围绕海洋特色养殖和海洋牧场，形成了企业大网箱带动群众小网箱、接力养殖、共同致富的产业链条，打造践行"两山"理念的海岛模式；玉环市同样依托海岛优势，鼓励发展"碳汇渔业"和生态渔业，加快构建以海洋渔业、海洋生物医药产业为重点，兼顾海洋食品加工、海洋废弃物利用等内容的海洋生物产业链。

吉林省集安市发展以人参精深加工为主的大健康产业。集安市坚持参业发展与生态保护并重的原则，大力发展以人参精深加工为主的大健康产业，推进农文旅协调发展，注重人参文化传承发扬，将人参产业发展与特色城镇建设有机结合，打造清河人参小镇等，探索了一条与生态资源相匹配、与环境保护相协调、与可持续发展相符合的"生态产业化"道路。目前，集安市国家现代农业产业园已发展成为全国人参种植基地最大、全国人参精深加工能力最强、精深加工程度最高、林下参交易规模最大、人参创新成果最丰富的产业园区。

四川省稻城县实行旅游门票分红惠益群众。2010 年以来，县委、县政府充分利用亚丁的良好自然生态旅游资源，大力围绕保护促旅游、旅游促发展、发展促保护的思路，设置公益岗位，提供多种生态补贴，出台了《稻城亚丁旅游门票分红制度》，用门票收入分红给亚丁保护区内 4 个乡镇农牧民，2018 年亚丁村农牧民年人均可支配收入达 4.5 万余元，是 2010 年（7370 元）的 6 倍多。稻城县仁村，采用房屋租赁，盘活农村现有资产，推进农旅融合，全村 50% 以上的农牧民获得了就业岗位，70% 的农村居民房屋已资本化运作，2018 年实现人均纯收入 3.5 万余元。通过创新生态惠民新模式，亚丁村等全县最落后的村落转变为县域最富有的村落，2018 年稻城县麻格同村成功入围"世界旅游联盟旅游减贫案例"，为藏区精准脱贫提供了可操作、可复制的样本和典范。

福建省将乐县"森林+"创新全域森林康养绿色产业。以促进深呼吸大健康为目标，结合全域旅游发展、美丽乡村建设，充分利用境内丰富优质森林生态资源、景观资源、绿水资源和文化资源，将森林康养功能与休闲观光、健康疗养、体育运动、科普宣教深度结合，探索实践"森林+养生""森林+旅游""森林+体育""森林+研学"等多种森林康养新业态，科学布局全域森林康养蓝图。目前，将乐县已有 8 个主题不同、各具特色的森林康养基地，其中，龙栖山和鹭鸣湾康养基地已列为三明市全域森林康养试点建设典型示范区，鹭鸣湾森林康养基地 2016 年被列为全国首批森林康养基地试点单位，2018 年获得"中国森林康养 50 佳"。

山西省右玉县、河北省塞罕坝机械林场、甘肃省古浪县八步沙林场，把荒漠变绿洲，生态资产不断累积。右玉全县干部群众经过 70 年艰苦奋斗，坚持不懈植树造林，坚韧不拔改善生态，目前全县林木绿化率达到 55%，90% 以上的沙化土地得到有效治理，昔日的不毛之地变成了如今的塞上绿洲，在过程中孕育形成了宝贵的右玉精神。习近平总书记先后五次对右玉精神作出重要指示，"右玉精神体现的是全心全意为人民服务，是迎难而上、艰苦奋斗，是久久为功、利在长远""右玉精神是宝贵财富，一定要大力学习和弘扬"。塞罕坝人在自然条件极其恶劣的情况下，一代接着一代接续奋斗 55 年，持续造林护林营林修复生态，创造了荒原变林海的人间奇迹。如今，林场造林面积达到了 112 万亩，成为世界上面积最大的人工林场，成为守卫京津的重要生态屏障，每年产生的生态服务价值达 142 亿元。2017 年 8 月 14 日，习近平总书记作出重要指示，称赞塞罕坝林场是推进生态文明建设的生动范例。古浪县八步沙林场三代治沙人，38 年来扎根荒漠，接续奋斗，以联户承包经营方式从义务治沙到专业治沙，累计治沙造林 21.7 万亩、封沙育林草 37.6 万亩，使周边 10 万亩农田得到保护，实现了将"不毛之地"转化为"绿水青山"。探索将防沙治沙与产业富民、精准扶贫相结合，通过种植枸杞、红枣、梭梭接种肉苁蓉和养殖八步沙"溜达鸡"发展林下经济，为移民群众及当地农户创造了大量的就业机会，增加了农民收入，改变了贫苦落后的面貌，实现了将"绿水青山"转化为"金山银山"。积极践行绿色发展理念和模式，坚持经济和生态融合发展，培育壮大沙产业、大力发展高效复合型林业，种植经济作物，推动"金山银山"转化，创造了新时代"愚公"承包治沙模式。

西藏自治区林芝市巴宜区鲁朗镇打造"中国最美户外小镇"。鲁朗镇位于西藏自治区林芝市巴宜区，以"雪山林海、云涛彩霞、一岭四季、十里九景"著称。1998 年起，西藏自治区对林区全面实施禁伐，中央和自治区不断加大对藏东林区森林保护与建设力度，优化生态环境，让青山换"金山"。在青山绿水的滋养下，鲁朗镇的老百姓依靠生态旅游捧上了"金饭碗"，通过不断发展"生态+"旅游业，走上了生态立镇、旅游活镇的生态旅游经济之路，绘就了"生态美、百姓富"的鲁朗幸福画卷。

10.5　文化延伸型模式

该模式重点植根于传统文化土壤，培育以生态价值观念为准则的生态文化体系，以先进的生态理念为指导，引导公众的价值取向、生产方式、消费模式，打造特色生态文化产业等，实现文化富民、惠民。

黑龙江省黑河市爱辉区依托特色文化打造文化创意产业园。人文历史独特，具有"中国历史文化名镇""北方游猎第一乡""中俄双子城"等多项美誉。爱辉区以文促旅、以旅彰文、文旅相融，围绕"瑷珲历史、中俄界江、少数民族、知青垦荒"四大主题文化，对各类文化旅游资源进行系统提升，提出"一核、一带、三点、四线"发展格局，辐射带动瑷珲古城、民族民俗体验、历史研学实践基地、龙江特色民居等诸多文旅融合重点项目。每年举办"瑷珲上元节""古伦木沓节""库木勒节""颁金节"等再现历史民俗盛况的区域特色文化节庆活动，依托瑷珲镇非遗传承基地、新生乡民族文化传承教育基地，打造文化创意产业园。全社会呈现出"生态兴、产业兴、文明兴、品牌兴"的良好发展态势。

福建省泉州市鲤城区以"古泉州（刺桐）史迹申遗"推动文脉延续与生态理念融合。以古城"生态修复、城市修补"试点项目为抓手，注重历史文化名城建筑风貌整体性保护，启动了金鱼巷、三朝巷等"微改造"以及中山路示范段整治提升工作。同时，找准历史遗存和现代气息结合点，以"古泉州（刺桐）史迹申遗"为契机，启动实施古城文化整体性保护利用提升工程，推动文脉延续与生态理念融合，古城人文生态价值持续提升，在留存"古早味"、展示历史风貌、活化古城文脉的同时，改善民生，让人民"看得见乡愁、记得住乡愁"。

云南省元阳哈尼梯田遗产保护区依托农耕梯田文化打造哈尼品牌。红河元阳哈尼梯田遗产区先后被列入世界文化遗产、全球重要农业文化遗产、中国重要农业文化遗产、国家湿地公园、全国重点文物保护单位、国家 AAAA 级旅游景区，哈尼四季生产调、乐作舞、哈尼哈巴等多项农耕文化项目列入国家级非物质文化遗产名录，有 1300 多年的历史，呈现出特有的森林、村寨、梯田、水系"四素同构"生态系统，形成以梯田为核心的高原农耕技术、民俗节庆、宗教信仰、歌舞服饰、民居建筑等梯田文化，充分体现了人与自然、人与人以及人与自身之间"天人合一"的文化内涵，昭示了人与自然和谐相生的生存智慧，是哈尼族、彝族等先民农耕文明的智慧结晶和农业文明文化景观的杰出范例，是中国梯田的杰出代表，世界农耕文明的典范。红河哈尼梯田的保护与管理得到了中央、省、州党委政府高度重视。习近平总书记一直牵挂边疆、牵挂民族地区、牵挂哈尼梯田，在 2013 年 12 月 23 日、2017 年 12 月 28 日两次中央农村工作会议上都提到元阳哈尼梯田，对元阳哈尼梯田的保护、哈尼文化的传承、践行好"绿水青山就是金山银山"寄予厚望。

西藏自治区当雄县以"当吉仁"赛马节打造文旅"标签"。当雄地处游牧文化和农耕文明的交汇地，自然及人文历史交叠，具有丰富而独特的文化遗产。历经 300 余年的"当吉仁"赛马节，是当雄的文化旅游"标签"，民间的歌舞、饮食和服饰，也彰显着当雄的特别之处。2008 年，"当吉仁"赛马节被列入国家级非物质文化遗产名录，以此为契机，当雄县重点打造提升了"当吉仁"赛马节的品牌，大力发展文化旅游产业，与《中国国家地理》杂志共同启动"第三极户外影像计划"，与"中国符号"栏目合作拍摄"当吉仁"赛马节纪录片，把当雄的自然风光、人文精神、文化内涵通过影像记录的形式实现对外传播。如今，当雄县委、县政府将马文化深深扎根于决胜脱贫攻坚、致力小康社会进程中，马文化已从过去简单的养马、骑马、赛马，转变成"以马致富"的文旅产业、净土产业。

新疆维吾尔自治区特克斯县打造"世界喀拉峻·中国八卦城"品牌。特克斯县城又名八卦城，按易经六十四卦布局，是迄今世界上唯一建筑正规、规模最大、保存最完整的八卦城，在 2001 年以其"建筑正规，卦爻完整，规模最大"荣膺"上海大世界基尼斯之最"，2007 年被国务院批准为国家历史文化名城。近年来，特克斯县全面推进文化旅游品牌化，持续举办冰雪旅游节、天山文化体育旅游季、摄影节、周易大会，讲好特克斯故事、唱响特克斯歌曲、推介特克斯美景，逐渐打响了"世界喀拉峻·中国八卦城"品牌。

第 4 篇

中国生态文明发展水平评估

第 11 章　生态文明指数评估指标与方法

11.1　评估指标体系

11.1.1　指标选取原则

（1）继承性原则

充分体现党和国家对生态文明发展的目标、任务的政策性部署，也要体现国际可持续发展目标的新趋势，充分借鉴国内外可持续发展评估、绿色发展评估相关研究成果，形成科学、客观的生态文明发展指标体系。

（2）导向性原则

指标体系要体现生态文明发展的规律和特点，能够适时进行调整和完善，适应国家政策的变化及数据可得性的变化，具有导向性和前瞻性，能够对生态文明发展具有超前的指导作用。

（3）系统性原则

指标体系具有层次性，分别从目标层、领域层、指标层进行分层分级构建，各指标要有一定的逻辑关系，从不同的侧面反映生态文明建设"五位一体"的部署和要求，各指标之间相互独立，又彼此联系，共同构成一个有机统一体。

（4）分异性原则

考虑到我国不同区域自然资源禀赋、生态环境条件、经济社会发展等差异较大，指标体系既要体现生态文明发展水平的一般要求，也要反映区域的自然地理条件、经济社会目标差异，能够综合体现不同区域生态文明发展水平的分异特征。

（5）权威性原则

指标的选取要以权威机构发布的统计资料为基础，部分引用权威机构的评价指标。

（6）可操作性原则

考虑数据获取和统计评估上的可行性，指标在数量上要体现少而精，在实际应用过程中要方便、简洁，具有广泛的实用性，指标便于量化，数据便于采集和计算；需要进行量化计算的尽可能选择具有广泛共识、相对成熟的公式和方法，公式中的参数易于获取。指标的选取以状态指标为主，可以进行时间纵向和区域横向之间的比较，所构建的指标体系能够兼顾考核、监测和评价的功能，指标体系能够描述和反映某一时间点生态文明发展的水平和状况，能够评价和监测某一时期内生态文明建设成效的趋势和速度，能够综合衡量生态文明发展各领域的整体协调程度，以达到横向可比、纵向也可比。

11.1.2 指标体系框架

在中国生态文明发展水平评估指标基础上，根据生态文明建设和高质量发展导向，坚持可获取、可重复、可比较的评估原则，优化调整部分评估指标，完善指标体系，最终构建包含绿色环境、绿色生产、绿色生活、绿色创新 4 个领域和 8 个指数、16 个指标的三级评估指标体系（表 11-1）。

表 11-1 生态文明中国指数评价指标体系

领域层	指数层	序号	指标层	单位
绿色环境	生态状况指数	1	生境质量指数	无量纲
	环境质量指数	2	环境空气质量	无量纲
		3	地表水环境质量	无量纲
绿色生产	产业优化指数	4	人均 GDP	元
		5	第三产业增加值占 GDP 比例	%
	资源效率指数	6	单位建设用地 GDP	万元/km²
		7	万元 GDP 用水量	m³/万元
		8	化肥施用强度	t/hm²
绿色生活	城乡协调指数	9	城镇化率	%
		10	城镇居民人均可支配收入	元
		11	城乡居民收入比	无量纲
	城镇人居指数	12	人均公园绿地面积	m²/人
		13	建成区绿化覆盖率	%
绿色创新	创新能力指数	14	R&D 经费投入强度	%
		15	每万人 R&D 人数	人
	教育投入指数	16	教育经费支出占 GDP 比例	%

11.1.3 指标含义解释

生境质量指数 该地区生物栖息地质量，用单位面积上不同生态系统类型在生物物种数量上的差异表示。参照《生态环境状况评价技术规范》（HJ 192—2015）中生境质量指数的计算方法进行修改：林地、草地、水域湿地、耕地权重系数分别更改为 0.32、0.21、0.26、0.21。

环境空气质量 该地区环境空气质量状况用年均空气质量指数（air quality index，AQI）表征。

地表水环境质量 该地区地表水环境质量用城市水质指数（city water quality index，CWQI）表征。具体方法参照《城市地表水环境质量排名技术规定（试行）》。

人均 GDP 该地区生产总值与地区常住人口的比值。

第三产业增加值占 GDP 比例 该地区第三产业增加值占地区生产总值的比例。

万元 GDP 用水量 该地区每生产万元地区生产总值所使用的水资源量。

$$万元 GDP 用水量=用水量/GDP$$

单位建设用地 GDP　该地区每平方千米建设用地所生产的地区生产总值。

$$单位建设用地 GDP= GDP/建设用地面积$$

化肥施用强度　该地区每公顷农作物播种面积的化肥施用量（折纯量）。

$$单位农作物播种面积化肥施用量=化肥施用量（折纯量）/农作物播种面积$$

城镇化率　该地区城镇常住人口占该地区常住总人口的比例。

$$城镇化率=城镇常住人口/地区常住总人口$$

城镇居民人均可支配收入　该地区城镇居民可用于最终消费支出和储蓄的总和。

城乡居民收入比　该地区城镇居民人均可支配收入与农村居民人均可支配收入之比。

$$城乡居民收入比=城镇居民人均可支配收入/农村居民人均可支配收入$$

人均公园绿地面积　该地区市辖区城镇公园绿地面积的人均占有量。

建成区绿化覆盖率　该地区市辖区建成区的绿化覆盖面积占建成区面积的百分比。

R&D 经费投入强度　该地区全社会 R&D 内部经费支出与地区生产总值之比。

$$R\&D 经费投入强度=全社会 R\&D 内部经费支出/GDP$$

每万人 R&D 人数　该地区每万人地区常住人口 R&D 人数。

$$每万人 R\&D 人数=R\&D 人数/地区常住人口$$

教育经费支出占 GDP 比例　该地区一般公共预算中财政教育经费支出占地区生产总值的比例。

$$教育经费支出占 GDP 比例=一般公共预算支出中的教育支出/GDP$$

11.2　指标权重

为实现差异性评估，体现区域分异特征，本研究根据《全国主体功能区规划》和 31 个省（自治区、直辖市）的主体功能区规划方案，以 31 个省（自治区、直辖市）的 2867 个县级行政单位（含建设兵团的县级行政区）的主体功能分区结果为主要参考依据，确定 337 个地级及以上城市的主体功能区类型。

按照各类主体功能区定位要求分别确定差异化权重系数（表 11-2）。指标权重的确定充分体现"绿水青山就是金山银山"的理念，突出绿色环境的权重系数。优化开发区与重点开发区强调资源效率与城镇人居；农产品主产区和重点生态功能区注重产业优化和城乡协调。

表 11-2　各类主体功能区评价指标权重系数

序号	领域层及指数层	优化开发区	重点开发区	农产品主产区	重点生态功能区
	绿色环境	0.35	0.30	0.35	0.35
1	生态状况指数	0.30		0.35	
2	环境质量指数	0.70		0.65	
	绿色生产	0.25	0.30	0.25	0.25
3	产业优化指数	0.40		0.60	
4	资源效率指数	0.60		0.40	

续表

序号	领域层及指数层	优化开发区	重点开发区	农产品主产区	重点生态功能区
	绿色生活	0.20	0.20	0.25	0.25
5	城乡协调指数	0.40		0.55	
6	城镇人居指数	0.60		0.45	
	绿色创新	0.20	0.20	0.15	0.15
7	创新能力指数	0.60		0.50	
8	教育投入指数	0.40		0.50	

11.3 评估方法

11.3.1 综合评估方法

以全国的地级市及以上城市为单元,采用综合加权指数法评估市生态文明指数,以各市生态文明指数平均值计算各区域、省和国家生态文明指数。市域生态文明指数计算公式如下:

$$ECC = \sum_{i=1}^{n} A_i \cdot W_i \qquad (11\text{-}1)$$

式中,A_i 为第 i 个指标分值;W_i 为第 i 个指数权重;n 为评价指标数量。

省级生态文明发展水平:

$$ECC_P = \frac{\sum_{j=1}^{m} ECC_j}{m} \qquad (11\text{-}2)$$

式中,m 为该省所辖地级市数量。

中国生态文明发展水平:

$$ECC_N = \frac{\sum_{k=1}^{l} ECC_k}{j} \qquad (11\text{-}3)$$

式中,l 为全国地级市数量。

11.3.2 评价基准选择

由于各评价指标具有不同的量纲和属性,采用双基准渐进法对指标进行标准化。双基准渐进法为每项指标设定 A 和 C 两个基准值。A 值为优秀值,对应标准化分值为 80 分;C 值为达标或合格值,对应标准化分值为 60 分。每个指标根据距离两个基准值的远近赋分。双基准渐进法的原理示意图(图 11-1)及计算方法[式(11-4)]如下所示。

$$S_{ij} = \left(X_{ij} - X_{ij(C)}\right) \times \frac{S_A - S_C}{X_{ij(A)} - X_{ij(C)}} + S_C \qquad (11\text{-}4)$$

注:当 $S_{ij} < 0$ 时,S_{ij} 取值为 0;当 $S_{ij} > 100$ 时,S_{ij} 取值为 100

式中，S_{ij} 为第 i 年的第 j 个评价指标数据标准化后的值；X_{ij} 为第 i 年的第 j 个评价指标的原始值；$X_{ij(A)}$ 为第 i 年的第 j 个评价指标标准值 A 值；$X_{ij(C)}$ 为第 i 年的第 j 个评价指标标准值 C 值；S_A 为此评价指标标准值 A 值对应分数（80 分）；S_C 为此评价指标标准值 C 值对应分数（60 分）。

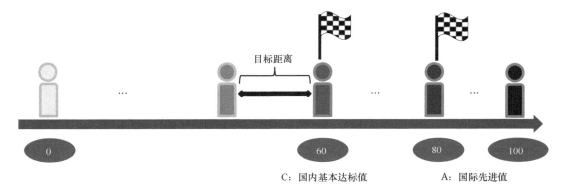

图 11-1 双基准渐进法原理图示

A 和 C 基准值的确定优先依据国家或部门行业标准、国家相关规划或其他要求、国内外城市的类比值。对于没有明确参考依据的部分指标，采用统计学中百分位数法确定的值为基准值。A 值主要依据国际先进值划定，C 值主要依据国内基本达标值划定（表 11-3）。

表 11-3 指标基准值及其选取方式

序号	指标	单位	基准值		选取依据
1	生境质量指数	无量纲	A: 70	C: 45	百分位数法确定基准值
2	环境空气质量	无量纲	A: 50	C: 100	综合考虑我国及欧盟、美国、世界卫生组织的空气质量标准，依据我国《环境空气质量标准》（GB 3095—2012），空气质量为"优"时为 A 值；"良好"时为 C 值
3	地表水环境质量	无量纲	A: 3	C: 10	综合考虑我国水质状况，利用百分位数法确定基准值
4	人均 GDP	元	A: 80 000	C: 20 000	根据世界银行 2015 年划定的高收入国家人均 GDP 划定 A 值；以《全面建设小康社会的基本标准》中关于我国小康水平人均 GDP 标准划定 C 值
5	第三产业增加值占 GDP 比例	%	A: 65	C: 40	根据 2015 年主要高收入国家的均值划定 A 值；根据 2015 年高收入国家的最低值划定 C 值
6	单位建设用地 GDP	万元/km²	A: 42 000	C: 28 000	百分位数法确定基准值
7	万元 GDP 用水量	m³/万元	A: 30	C: 60	根据百分位数法确定 A 值；根据全国平均用水效率划定 C 值
8	化肥施用强度	t/hm²	A: 0.225	C: 0.55	以国际上公认的安全上限 0.225t/hm² 化肥施用量为 A 值；百分位数法确定 C 值
9	城镇化率	%	A: 60	C: 40	以 2015 年主要高收入国家的平均值划定 A 值；以主要高收入国家的最低值划定 C 值
10	城镇居民人均可支配收入	元	A: 70 000	C: 20 000	以 2015 年高等收入国家人均国民收入划定 A 值；以《全面建设小康社会的基本标准》中关于城镇居民人均可支配收入的标准划定 C 值
11	城乡居民收入比	无量纲	A: 1.2	C: 2.5	根据世界各国城乡居民收入比在工业化不同阶段的发展规律划定 A 值与 C 值

序号	指标	单位	基准值		选取依据
12	人均公园绿地面积	m²/人	A: 30	C: 9	以百分位数法确定 A 值；根据《城市园林绿化评价标准》（GB 50563—2010）中Ⅱ级标准划定 C 值
13	建成区绿化覆盖率	%	A: 45	C: 34	以百分位数法确定 A 值；根据《城市园林绿化评价标准》（GB 50563—2010）中Ⅱ级标准划定 C 值
14	R&D 经费投入强度	%	A: 2.5	C: 0.8	以主要高收入国家的均值划定 A 值，根据百分位数法确定 C 值
15	每万人 R&D 人数	人	A: 43.5	C: 11.5	以主要高收入国家的均值划定 A 值，根据百分位数法确定 C 值
16	教育经费支出占 GDP 比例	%	A: 4	C: 2	百分位数法确定 A 值，根据我国财政性教育经费占 GDP 比例平均水平划定 C 值

11.3.3 评价等级划分

基于评价基准的选择，将中国生态文明发展水平划分为优秀、良好、一般和较差四个等级，便于城市之间进行对比，等级量度值范围见表 11-4。生态文明指数越高，表明生态文明发展水平越高。

表 11-4 生态文明发展水平评价等级划分

等级划分	得分	标准说明
A	ECC≥80	优秀：整体上能达到世界先进水平
B	70≤ECC<80	良好：整体上能达到国家良好水平
C	60≤ECC<70	一般：整体上能达到国家达标水平
D	ECC≤60	较差：整体上未能达到国家达标水平

11.4 数据来源与处理

评价中的经济社会数据来自于《中国统计年鉴》、《中国城市统计年鉴》、《中国城市建设统计年鉴》、各省市统计年鉴等，生态环境数据来自于《中国环境统计年鉴》、中国环境监测总站监测数据、遥感解译数据等。

为确保数据实用性，评估采用国家统一核算的 2019 年地区生产总值，并对 2019 年之前所有地级市的地区生产总值进行了更新。在此基础上，对评估指标体系中与地区 GDP 有关的 6 个指标进行了更新计算，含人均 GDP、第三产业增加值占 GDP 比例、万元 GDP 用水量、单位建设用地 GDP、R&D 经费投入强度、教育经费支出占 GDP 比例等。

全国 337 个地级及以上行政区（不包括港澳台）中，13 个城市缺失 3 个及以上指标数据，视为无数据城市，不参与评估，最终参与评估的城市共 324 个。缺失数据主要采用该省（自治区）的最低值进行插补，对于全省 50% 以上城市缺失数据的指标，采用该省的省域数据代替。

第 12 章　中国生态文明发展水平评估结果

12.1　中国生态文明发展水平整体状况

（1）中国生态文明建设整体达到良好水平

2019 年我国生态文明指数得分为 70.99 分，总体达到良好水平。全国 324 个评估城市中，14 个城市的生态文明指数超过 80 分，属于优秀等级，达到国际先进水平，主要分布在东南沿海地区；生态文明指数为良好与一般水平的城市分别为 179 个、126 个，超过总数的 90%；仅有 5 个城市为较差水平，未达到我国达标水平；生态文明发展水平达到良好及以上的城市占比接近 60%。但需注意的是，仍有约 40% 的城市生态文明发展水平属于 C 级及以下等级水平，仍需持续加强生态文明建设（表 12-1）。

表 12-1　中国 ECC 等级情况

城市个数及比例	A	B	C	D
城市个数/个	14	179	126	5
比例/%	4.32	55.25	38.89	1.54

（2）生态省建设先行区 ECC 得分排名前列

除直辖市外，浙江省、福建省和海南省在我国所有省份中生态文明指数得分位列前三位，分别得分 79.88 分、76.63 分和 75.12 分（表 12-2）。全国生态文明指数排名前十位的城市分别是杭州市、厦门市、福州市、珠海市、丽水市、长沙市、广州市、绍兴市、台州市、宁波市，主要分布在浙江、福建、广东等经济增长迅速的东南沿海省份。前十位城市生态文明指数得分均超过 80 分，达到优秀水平（图 12-1）。

表 12-2　前三位省份生态文明指数及领域层得分

排名	省	绿色环境	绿色生产	绿色生活	绿色创新	ECC
1	浙江省	81.82	81.10	73.64	80.14	79.88
2	福建省	84.23	72.59	72.98	70.48	76.63
3	海南省	86.27	65.56	72.10	71.87	75.12
	全国	74.04	67.25	69.05	70.55	70.99

浙江、福建、海南等省是我国最早开始生态省建设的一批省份，其生态文明发展水平整体达到良好水平，各个领域得分均超过 70 分，位居我国前列。结果表明，生态省建设战略促进了这些省份的生态文明建设。

（3）与世界先进水平相比，中国生态文明发展仍存在较大差距

与 OECD 和高收入国家等国际先进水平相比，我国环境质量、经济发展、科技

创新等主要生态文明指标差距明显（表 12-3）。高收入国家和 OECD 国家的 $PM_{2.5}$ 年均浓度为 15μg/m³，已经达到世界卫生组织的第三阶段目标，而 2019 年我国的 $PM_{2.5}$ 年均浓度为 36μg/m³，仍未达到世界卫生组织规定的第一阶段目标（35μg/m³）；我国的化肥施用强度为 0.326t/hm²，超过国际上的化肥施用安全上限，达到高收入国家和 OECD 国家的 2 倍以上；我国人均 GDP、第三产业占比、城镇化率等经济社会指标距离国际先进水平也有较大差距。

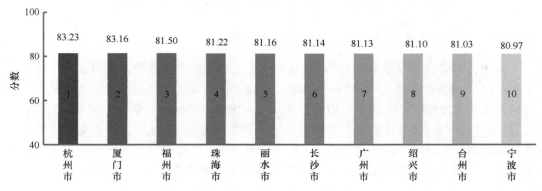

图 12-1　生态文明指数排名全国前十的城市

表 12-3　我国与国际生态文明国家主要指标对比

主要指标	高收入国家 [a]（2017 年）	OECD [b] 国家（2017 年）	中国（2019 年）
森林覆盖率/%	29.3	32.7	22.93
$PM_{2.5}$ 浓度/（μg/m³）	15	15	36
化肥施用强度/（t/hm²）	0.140	0.139	0.326
人均 GDP/美元	42 013	37 416	10 262
第三产业占比/%	69.7	69.7	53.9
城镇化率/%	81	80	60.6
R&D 经费投入强度/%	2.59	2.58	2.23

a 指世界银行划分的高收入的国家；b 指经济合作与发展组织。

（4）中国生态文明建设仍存在突出短板

从各指标得分情况来看，我国生态文明建设的短板主要表现在生态状况、产业效率、城乡协调、科技能力等方面。16 项评估指标中，4 项指标刚刚达到及格水平，特别是万元 GDP 用水量指标平均得分还未达标，仅有 47.67 分，距离及格水平仍有较大差距（图 12-2）。

产业效率较低是我国生态文明发展最突出的短板。单位建设用地 GDP 指标平均得分为 63.93 分，刚达到及格水平，超过一半的城市未达到及格水平；万元 GDP 用水量为 60.8m³/10⁴元，与及格水平相当，但所有城市的平均得分较低，185 个城市万元 GDP 用水量指标得分低于及格水平（表 12-4）。

生态状况较差、城乡收入差距较大、科技投入较低也是我国生态文明发展的主要短板。生境质量指数平均得分仅为 64.38 分，超过 1/3 的城市未达到及格水平；我国城乡居民收入比为 2.64，而发达国家的城乡收入比为 1 左右，城乡差距远超发达国家；我国 R&D 经费投入强度整体水平达到及格水平，但仍有超过 1/3 的城市低于 60 分。

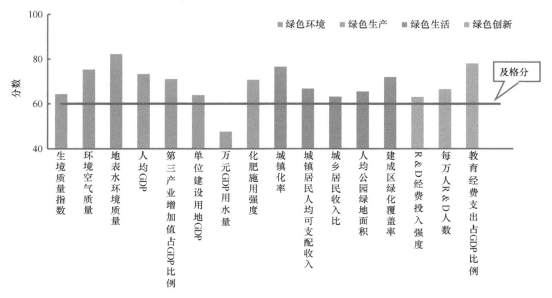

图 12-2　2019 年我国生态文明指数各指标得分

表 12-4　2019 年全国生态文明指数评价指标的平均值

指标	单位	全国平均值	未达标的城市数量/个
生境质量指数	无量纲	50.47	137
环境空气质量	无量纲	74	47
地表水环境质量	无量纲	4.83	7
人均 GDP	元	70 892	6
第三产业增加值占 GDP 比例	%	53.9	28
单位建设用地 GDP	万元/km^2	35 290	169
万元 GDP 用水量	m^3/万元	60.8	185
化肥施用强度	t/hm^2	0.326	42
城镇化率	%	60.6	33
城镇居民人均可支配收入	元	42 358.8	0
城乡居民收入比	无量纲	2.64	96
人均公园绿地面积	m^2/人	14.4	16
建成区绿化覆盖率	%	41.5	23
R&D 经费投入强度	%	2.23	141
每万人 R&D 人数	人	32.51	138
教育经费支出占 GDP 比例	%	3.33	46

（5）中国生态文明建设不平衡问题依然突出

城乡发展不协调。我国城乡居民收入比平均得分仅为 63.25 分，刚达到及格水平；城乡居民收入比达到 2.64，远超发达国家 0.9～1.3 的水平；全国 324 个评估城市中，96

个城市的城乡居民收入比未达到及格标准，城乡贫富差距较大。

经济发展与生态保护不平衡。高收入地区产业优化指数得分高于环境质量指数得分，两者相差5.56分；中高收入地区与中低收入地区环境质量指数得分高于产业优化指数得分，两者相差8分以上。环境质量指数与产业优化指数得分有明显的背离现象（图12-3）。

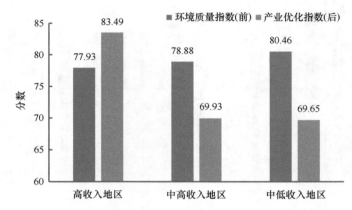

图 12-3　不同收入地区产业优化与环境质量指数得分

收入分类按照世界银行2019年公布的标准划分，人均GDP低于1025美元的城市为低收入地区，人均GDP 1026~3995美元的城市为中低收入地区，人均GDP 3996~12 375美元的城市为中高收入地区，高于12 375美元的为高收入地区

12.2　生态文明发展水平指数层评估

12.2.1　生态状况

我国生境质量指数平均分值为64.38分，总体刚刚达到一般水平。优秀等级的城市共 50 个，占城市总数量的 15.43%；达到良好级别的城市为 75 个，占城市总数量的 23.15%；62 个城市评估分值为一般水平，约占城市总数量的 19.14%；137 个城市的生态状况指数较差，约占城市总数量的 42.28%（表 12-5）。

表 12-5　生态状况指数评估结果

指数	指标	分值	项目	优秀	良好	一般	较差
生态质量	生境质量指数	64.38	数量/个	50	75	62	137
			比例/%	15.43	23.15	19.14	42.28

12.2.2　环境质量

我国环境质量指数平均分值为78.80分，总体属于良好水平。优秀等级的城市共 169 个，占城市总数量的 52.16%；达到良好级别的城市为 98 个，占城市总数量的 30.25%；50 个城市评估分值为一般水平，约占城市总数量的 15.43%；7 个城市的环境质量指数较差，约占城市总数量的 2.16%（表 12-6）。

表 12-6　环境质量指数评估结果

指数	指标	分值	项目	优秀	良好	一般	较差
环境质量	环境空气质量	75.34	数量/个	130	103	44	47
			比例/%	40.12	31.79	13.58	14.51
	地表水环境质量	82.26	数量/个	221	83	13	7
			比例/%	68.21	25.62	4.01	2.16
	综合得分	78.80	数量/个	169	98	50	7
			比例/%	52.16	30.25	15.43	2.16

12.2.3　产业优化

我国产业优化指数平均分值为 72.59 分,总体达到良好水平。优秀等级的城市共 50 个,占城市总数量的 15.43%;达到良好级别的城市为 125 个,占城市总数量的 38.58%;145 个城市评估分值为一般水平,约占城市总数量的 44.75%;4 个城市的产业优化指数较差,约占城市总数量的 1.23%(表 12-7)。

表 12-7　产业优化指数评估结果

指数	指标	分值	项目	优秀	良好	一般	较差
产业优化	人均 GDP	73.31	数量/个	75	84	159	6
			比例/%	23.15	25.93	49.07	1.85
	第三产业增加值占 GDP 比例	71.09	数量/个	56	103	137	28
			比例/%	17.28	31.79	42.28	8.64
	综合得分	72.59	数量/个	50	125	145	4
			比例/%	15.43	38.58	44.75	1.23

从具体指标来讲,人均 GDP 达到优秀水平的城市有 75 个,占城市总数量的 23.15%;第三产业增加值占 GDP 比例达到优秀水平的城市有 56 个,占城市总数量的 17.28%。15 个城市人均 GDP 达到 100 分,北京市和海口市第三产业占比得分最高,达到 100 分(表 12-7)。

12.2.4　资源效率

我国资源效率指数平均分值为 60.81 分,总体刚刚达到一般水平。优秀等级的城市共 40 个,占城市总数量的 12.35%;达到良好级别的城市为 63 个,占城市总数量的 19.44%;66 个城市评估分值为一般水平,约占城市总数量的 20.37%;155 个城市的资源效率指数较差,约占城市总数量的 47.84%(表 12-8)。

从具体指标来讲,单位建设用地 GDP 达到优秀水平的城市有 96 个,占城市总数量的 29.63%;万元 GDP 用水量达到优秀的有 50 个城市,占全国的 15.43%;化肥施用强度达到优秀的城市为 71 个,占全国的 21.91%(表 12-8)。

表 12-8　资源效率指数评估结果

指数	指标	分值	项目	优秀	良好	一般	较差
资源效率	单位建设用地GDP	63.93	数量/个	96	24	35	169
			比例/%	29.63	7.41	10.80	52.16
	万元GDP用水量	47.67	数量/个	50	51	38	185
			比例/%	15.43	15.74	11.73	57.10
	化肥施用强度	70.80	数量/个	71	139	72	42
			比例/%	21.91	42.90	22.22	12.96
	综合得分	60.81	数量/个	40	63	66	155
			比例/%	12.35	19.44	20.37	47.84

12.2.5　城乡协调

我国城乡协调指数平均分值为 69.66 分，总体接近良好水平。优秀等级的城市共 27 个，占城市总数量的 8.33%；达到良好级别的城市为 121 个，占城市总数量的 37.35%；147 个城市评估分值为一般水平，约占城市总数量的 45.37%；29 个城市的城乡协调指数较差，约占城市总数量的 8.95%（表 12-9）。

表 12-9　城乡协调指数评估结果

指数	指标	分值	项目	优秀	良好	一般	较差
城乡协调	城镇化率	76.59	数量/个	124	103	64	33
			比例/%	38.27	31.79	19.75	10.19
	城镇居民人均可支配收入	66.83	数量/个	2	49	273	0
			比例/%	0.62	15.12	84.26	0
	城乡居民收入比	63.25	数量/个	1	53	174	96
			比例/%	0.31	16.36	53.70	29.63
	综合得分	69.66	数量/个	27	121	147	29
			比例/%	8.33	37.35	45.37	8.95

12.2.6　城镇人居

我国城镇人居指数平均分值为 68.82 分，总体属于一般水平。优秀等级的城市共 2 个，占城市总数量的 0.62%；达到良好级别的城市为 143 个，占城市总数量的 44.14%；161 个城市评估分值为一般水平，约占城市总数量的 49.69%；18 个城市的城镇人居指数较差，约占城市总数量的 5.56%（表 12-10）。

表 12-10　城镇人居指数评估结果

指数	指标	分值	项目	优秀	良好	一般	较差
城镇人居	人均公园绿地面积	65.56	数量/个	5	33	270	16
			比例/%	1.54	10.19	83.33	4.94
	建成区绿化覆盖率	72.08	数量/个	44	180	77	23
			比例/%	13.58	55.56	23.77	7.10
	综合得分	68.82	数量/个	2	143	161	18
			比例/%	0.62	44.14	49.69	5.56

12.2.7　创新能力

我国创新能力指数平均分值为 66.41 分，总体属于一般水平。优秀等级的城市共 58 个，占城市总数量的 17.90%；达到良好级别的城市为 44 个，占城市总数量的 13.58%；95 个城市评估分值为一般水平，约占城市总数量的 29.32%；127 个城市为较差水平，城市占比达到 39.20%（表 12-11）。

表 12-11　创新能力指数评估结果

指数	指标	分值	项目	优秀	良好	一般	较差
创新能力	R&D 经费投入强度	64.15	数量/个	35	57	91	141
			比例/%	10.80	17.59	28.09	43.52
	每万人 R&D 人数	68.67	数量/个	74	39	73	138
			比例/%	22.84	12.04	22.53	42.59
	综合得分	66.41	数量/个	58	44	95	127
			比例/%	17.90	13.58	29.32	39.20

12.2.8　教育投入

我国教育投入指数平均分值为 74.25 分，总体属于良好水平。优秀等级的城市共 106 个，占城市总数量的 32.72%；达到良好级别的城市为 65 个，占城市总数量的 20.06%；107 个城市评估分值为一般水平，约占城市总数量的 33.02%；46 个城市的教育投入指数得分属于较差水平，约占城市总数量的 14.20%（表 12-12）。

表 12-12　教育投入指数评估结果

指数	指标	分值	项目	优秀	良好	一般	较差
教育投入	教育经费支出占 GDP 比例	74.25	数量/个	106	65	107	46
			比例/%	32.72	20.06	33.02	14.20

12.3　主体功能类型生态文明发展水平评估

2019 年我国四个主体功能类型生态文明发展水平以及发展优势与短板存在一定差异。优化开发区生态文明指数得分最高，随后依次是重点开发区、农产品主产区和重点生态功能区，只有农产品主产区的生态文明发展水平低于 70 分，属于一般水平。

12.3.1　优化开发区生态文明发展水平

优化开发区生态文明指数平均得分为 76.27 分，属于良好水平。26 个城市中，没有城市为较差水平，有 7 个城市达到优秀水平，17 个城市达到良好水平，2 个城市为一般水平，分别占城市总数量的 26.92%、65.38%和 7.69%（表 12-13）；生态文明发展水平最高的是杭州市，为83.23分。

表 12-13　优化开发区生态文明发展水平

领域	分值	项目	优秀	良好	一般	较差
绿色环境	70.60	数量/个	2	13	9	2
		比例/%	7.69	50.00	34.62	7.69
绿色生产	82.85	数量/个	19	7	0	0
		比例/%	73.08	26.92	0	0
绿色生活	75.14	数量/个	0	25	1	0
		比例/%	0	96.15	3.85	0.00
绿色创新	76.99	数量/个	8	16	1	1
		比例/%	30.77	61.54	3.85	3.85
综合评估	76.27	数量/个	7	17	2	0
		比例/%	26.92	65.38	7.69	0

优化开发区经济发展方面表现强劲，但生态环境质量相对较差。4个领域中，绿色生产分数最高，为82.85分，绿色环境得分最低，为70.60分；8个指数中，产业优化指数得分以86.78分排名第一，生态状况指数为59.28分，名列最后；就具体指标而言，城镇化率得分最高，为93.44分；生境质量指数得分最低，为59.28分（表12-14）。

表 12-14　优化开发区生态文明发展水平评估结果

领域	指数	得分	指标	得分
绿色环境	生态状况	59.28	生境质量指数	59.28
	环境质量	75.44	环境空气质量	72.70
			地表水环境质量	78.19
绿色生产	产业优化	86.78	人均GDP	92.84
			第三产业增加值占GDP比例	77.69
	资源效率	80.23	单位建设用地GDP	87.35
			万元GDP用水量	81.37
			化肥施用强度	70.60
绿色生活	城乡协调	80.57	城镇化率	93.44
			城镇居民人均可支配收入	74.98
			城乡居民收入比	69.00
	城镇人居	71.52	人均公园绿地面积	66.74
			建成区绿化覆盖率	76.31
绿色创新	科技能力	85.50	R&D经费投入强度	76.73
			每万人R&D人数	94.28
	教育投入	64.22	教育支出占GDP比例	64.22

12.3.2　重点开发区生态文明发展水平

重点开发区生态文明指数平均得分为72.17分，达到良好水平。96个城市中，没有城市为较差水平，6 个城市达到优秀水平，59 个城市为良好水平，31 个城市为一般水平，分别占城市总数量的 6.25%、61.46% 和 32.29%（表 12-15）；生态文明发展水平最高的是厦门市，为 83.16 分。

表 12-15　重点开发区生态文明发展水平

领域	分值	项目	优秀	良好	一般	较差
绿色环境	74.65	数量/个	25	45	24	2
		比例/%	26.04	46.88	25.00	2.08
绿色生产	69.96	数量/个	19	31	30	16
		比例/%	19.79	32.29	31.25	16.67
绿色生活	70.86	数量/个	60	34	1	96
		比例/%	31.41	17.80	0.52	50.26
绿色创新	70.72	数量/个	7	41	45	3
		比例/%	7.29	42.71	46.88	3.13
综合评估	72.17	数量/个	6	59	31	0
		比例/%	6.25	61.46	32.29	0

4 个领域中，绿色环境分数最高，为 74.65 分，绿色生产得分最低，仅为 69.96 分；8 个指数中，环境质量指数得分以 79.14 分排名第一，生态状况指数为 64.17 分，名列最后；就具体指标而言，城镇化率得分最高，为 82.97 分；万元 GDP 用水量得分最低，为 56.52 分（表 12-16）。

表 12-16　重点开发区生态文明发展水平评估结果

领域	指数	得分	指标	得分
绿色环境	生态状况	64.17	生境质量指数	64.17
	环境质量	79.14	环境空气质量	76.16
			地表水环境质量	82.12
绿色生产	产业优化	75.31	人均 GDP	77.80
			第三产业增加值占 GDP 比例	71.59
	资源效率	66.39	单位建设用地 GDP	74.81
			万元 GDP 用水量	56.52
			化肥施用强度	68.09
绿色生活	城乡协调	72.58	城镇化率	82.97
			城镇居民人均可支配收入	67.83
			城乡居民收入比	63.47
	城镇人居	69.71	人均公园绿地面积	65.44
			建成区绿化覆盖率	73.98
绿色创新	科技能力	71.37	R&D 经费支出占 GDP 比例	68.68
			每万人 R&D 人数	74.05
	教育投入	69.74	教育经费支出占 GDP 比例	69.74

12.3.3　农产品主产区生态文明发展水平

农产品主产区生态文明指数平均得分为 68.92 分，属于一般水平。105 个城市中，无城市达到优秀水平，45 个城市达到良好水平，59 个城市为一般水平，1 个城市为较差水平，分别占城市总数量的 42.86%、56.19% 和 0.95%（表 12-17）；生态文明发展水平最高的是衢州市，为 78.53 分。

表 12-17　农产品主产区生态文明发展水平

领域	得分	项目	优秀	良好	一般	较差
绿色环境	72.36	数量/个	26	36	34	9
		比例/%	24.76	34.29	32.38	8.57
绿色生产	63.43	数量/个	0	18	58	29
		比例/%	0	17.14	55.24	27.62
绿色生活	68.19	数量/个	0	41	61	3
		比例/%	0	39.05	58.10	2.86
绿色创新	68.36	数量/个	2	51	38	14
		比例/%	1.90	48.57	36.19	13.33
综合评估	68.92	数量/个	0	45	59	1
		比例/%	0	42.86	56.19	0.95

资源效率较低是农产品主产区最突出的短板。4 个领域中，绿色环境分数最高，为 72.36 分，绿色生产得分最低，仅为 63.43 分；8 个指数中，环境质量指数得分以 77.07 分排名第一，资源效率指数为 55.13 分，名列最后；就具体指标而言，地表水环境质量得分最高，为 81.42 分；万元 GDP 用水量得分最低，为 40.74 分（表 12-18）。

表 12-18　农产品主产区生态文明发展水平评估结果

领域	指数	得分	指标	得分
绿色环境	生态状况	63.60	生境质量指数	63.60
	环境质量	77.07	环境空气质量	72.71
			地表水环境质量	81.42
绿色生产	产业优化	68.97	人均 GDP	69.40
			第三产业增加值占 GDP 比例	68.68
	资源效率	55.13	单位建设用地 GDP	55.86
			万元 GDP 用水量	40.74
			化肥施用强度	68.88
绿色生活	城乡协调	67.45	城镇化率	71.35
			城镇居民人均可支配收入	65.34
			城乡居民收入比	64.37
	城镇人居	69.09	人均公园绿地面积	65.55
			建成区绿化覆盖率	72.62
绿色创新	科技能力	62.55	R&D 经费支出占 GDP 比例	61.09
			每万人 R&D 人数	64.02
	教育投入	74.17	教育经费支出占 GDP 比例	74.17

12.3.4　重点生态功能区生态文明发展水平

重点生态功能区生态文明指数平均得分为 70.65 分，刚达到良好水平。97 个城市中，

1 个城市达到优秀水平，58 个城市达到良好水平，34 个城市为一般水平，4 个城市为较差水平，分别占城市总数量的 1.03%、59.79%、35.05% 和 4.12%（表 12-19）；生态文明发展水平最高的是丽水市，为 81.16 分。

表 12-19　重点生态功能区生态文明发展水平

领域	分值	项目	优秀	良好	一般	较差
绿色环境	76.19	数量/个	50	20	21	6
		比例/%	51.55	20.62	21.65	6.19
绿色生产	64.51	数量/个	0	27	43	27
		比例/%	0	27.84	44.33	27.84
绿色生活	66.55	数量/个	0	26	56	15
		比例/%	0	26.80	57.73	15.46
绿色创新	71.02	数量/个	8	50	33	6
		比例/%	8.25	51.55	34.02	6.19
综合评估	70.65	数量/个	1	58	34	4
		比例/%	1.03	59.79	35.05	4.12

生态环境是重点生态功能区的最大优势，资源效率则是其最大短板。4 个领域中，绿色环境分数最高，为 76.19 分，绿色生产得分最低，仅为 64.51 分；8 个指数中，环境质量指数得分以 81.25 分排名第一，资源效率指数为 56.24 分，名列最后；就具体指标而言，地表水环境质量得分最高，为 84.41 分；万元 GDP 用水量得分最低，为 37.39 分（表 12-20）。

表 12-20　重点生态功能区生态文明发展水平评估结果

领域	指数	得分	指标	得分
绿色环境	生态状况	66.78	生境质量指数	66.78
	环境质量	81.25	环境空气质量	78.09
			地表水环境质量	84.41
绿色生产	产业优化	70.02	人均 GDP	67.87
			第三产业增加值占 GDP 比例	71.46
	资源效率	56.24	单位建设用地 GDP	55.64
			万元 GDP 用水量	37.39
			化肥施用强度	75.60
绿色生活	城乡协调	66.24	城镇化率	71.43
			城镇居民人均可支配收入	65.26
			城乡居民收入比	60.29
	城镇人居	66.94	人均公园绿地面积	65.38
			建成区绿化覆盖率	68.49
绿色创新	科技能力	60.57	R&D 经费支出占 GDP 比例	59.62
			每万人 R&D 人数	61.52
	教育投入	81.47	教育经费支出占 GDP 比例	81.47

12.4 中国生态文明指数年际变化

（1）中国生态文明建设进入快车道

2015～2019 年我国生态文明指数得分提高了 5.02 分，全国各地生态文明发展水平普遍提升（表 12-21）。生态文明指数显著提升和明显提升的地级及以上城市共有 145 个，占评估城市的 44.75%。生态文明指数得分等级提升的地级及以上城市共有 170 个，其中从等级 C 提升到等级 B 的城市最多，还有少数城市的生态文明指数等级从 D 跨越到 B 或者从 C 跨越到 A。

表 12-21　2015～2019 年中国生态文明指数等级情况

项目	城市数量/个				ECC
	A	B	C	D	
2015 年	1	66	223	34	65.97
2019 年	14	179	126	5	70.99
变化	13	113	−97	−29	5.02

（2）中国突出生态环境问题得到明显缓解

"十三五"期间，我国加大生态环境治理力度，损害群众健康的突出环境问题得到缓解，污染防治取得显著成效。空气质量与地表水环境质量持续改善，生态环境保护工作稳步推进，取得积极进展。环境质量指数未达标城市占比由 2015 年的 18.5%下降到 2019 年的 2.2%，空气质量指数（AQI）和城市水质指数（CWQI）平均下降 14.9%和 30.2%，为中国生态文明指数的增长贡献了 1.97 分，贡献率接近 40%（图 12-4）。生态文明指数提升较快的京津冀地区平均增加了 7.78 分，13 个城市中，6 个城市生态文明指数的增加

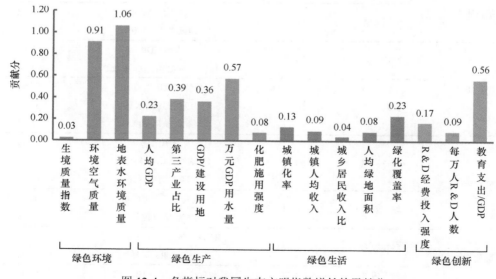

图 12-4　各指标对我国生态文明指数增长的贡献分

分超过 10 分；环境空气质量和地表水环境质量的改善为生态文明指数的增长贡献了 5.35 分，总贡献率达到 68.8%。这些结果充分说明了我国污染防治的决心之大、力度之大、成效之大前所未有。

（3）中国经济已由高速增长阶段转向高质量发展阶段

我国加大过剩产能和落后产能的淘汰力度，积极进行产业结构调整，走高质量发展之路。第三产业增加值占GDP 比例稳步提升，由 2015 年的 50.2% 提高到 2017 年的 53.9%，为中国生态文明指数的增长贡献了 0.39 分；与 2015 年相比，2019 年单位建设用地 GDP 提高约 25%，指标得分增加超过 10 分的城市有 95 个，一半以上的城市指标增加分超过 5 分，为中国生态文明指数的增长贡献了 0.36 分；万元 GDP 用水量由 2015 年的 90m^3 下降至 2019 年的 60.8m^3，用水效率明显提升，为中国生态文明指数的增长贡献了 0.57 分；R&D 经费投入强度、每万人 R&D 人数、教育经费支出占 GDP 比例等科技创新指标也在持续增长，对中国生态文明指数增长的总贡献率达到 16.3%。

（4）中国生态文明发展不平衡问题得到一定缓解

生态环境保护与经济发展不协调问题得到一定缓解。经济发达地区，在经济社会快速发展的同时，环境质量得到持续改善。环境质量指数与产业优化指数的分差由 2015 年的 10.34 分降到了 2019 年的 5.56 分，经济与环境之间的差距明显缩小（图 12-5）。

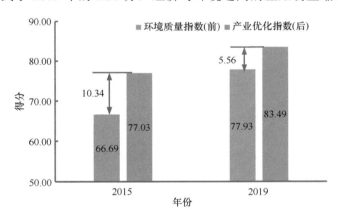

图 12-5　2015～2019 年高收入地区环境质量指数与产业优化指数得分对比

我国城乡发展不平衡程度逐渐缩小。相比 2015 年，我国 2019 年城乡协调指数得分增加 3.30 分，达到 69.66 分，接近良好水平。城乡居民收入比由 2015 年的 2.73 缩小至 2019 年的 2.64，城乡收入差距进一步缩小。

第 13 章 各省（自治区、直辖市）生态文明发展水平

13.1 北京市生态文明发展水平

2019 年北京市生态文明指数平均分为 80.65 分，达到优秀水平。4 个领域中，绿色生产得分最高，得分最低的是绿色环境；指数层得分最高的是产业优化和科技能力指数，为 100 分，得分最低的是生态状况指数，为 60.16 分。指标层得分最高的是人均 GDP、第三产业增加值占 GDP 比例、单位建设用地 GDP、城镇化率等 6 个指标，均达到 100分；得分最低的是化肥施用强度，未达到我国基本达标水平。

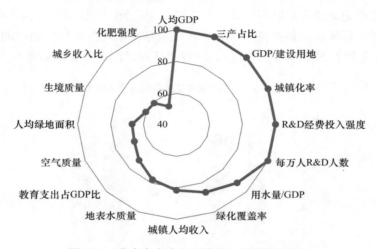

图 13-1　北京市生态文明发展水平指标层得分

图中的文字内容为简写，其中，化肥强度指化肥施用强度、城乡收入比指城乡居民收入比、生境质量指生境质量指数、人均绿地面积指人均公园绿地面积、空气质量指环境空气质量、教育支出占 GDP 比指教育经费支出占 GDP 比例、地表水质量指地表水环境质量、城镇人均收入指城镇居民人均可支配收入、绿化覆盖率指建成区绿化覆盖率、用水量/GDP 指万元GDP 用水量、GDP/建设用地指单位建设用地 GDP、三产占比指第三产业增加值占 GDP 比例。后图同

13.2 天津市生态文明发展水平

2019 年天津市生态文明发展水平平均分为 74.15 分，属于良好水平。领域层得分最高的是绿色创新，为 86.01 分；得分最低的是绿色环境，为 61.96 分；指数层得分最高的是科技能力指数，为 94.60 分；得分最低的是生态状况指数，为 52.09 分。指标层得分最高的是城镇化率、每万人 R&D 人数，均达到 100 分；得分最低的是生境质量指数，未达到我国基本达标水平。

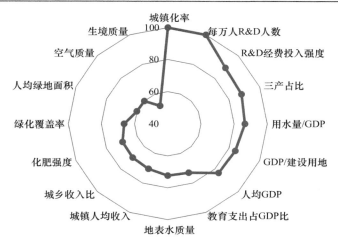

图 13-2　天津市生态文明发展水平指标层得分

13.3　河北省生态文明发展水平

2019 年河北省生态文明指数平均得分为 68.98 分，属于一般水平。11 个城市中，没有达到优秀水平的城市，5 个城市（唐山、秦皇岛、承德、张家口、石家庄）为良好水平，6 个城市（保定、廊坊、沧州、衡水、邢台、邯郸）为一般水平，分别占城市总数的 45.45% 和 54.55%；生态文明发展水平最高的是承德市，为 73.41 分。

4 个领域中，绿色创新、绿色生产、绿色生活 3 个领域得分相当，均达到良好水平，绿色环境得分最低，仅为 62.98 分；8 个指数中，教育投入指数得分以 80.43 分排名第一，生态状况指数为 54.75 分，得分最低；就具体指标而言，教育经费支出占 GDP 比例得分最高，达到优秀水平；单位建设用地 GDP 得分最低，为 41.83 分。

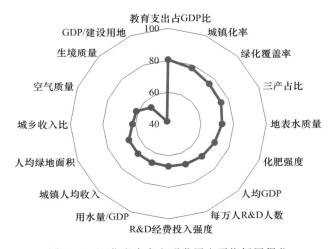

图 13-3　河北省生态文明发展水平指标层得分

13.4　山西省生态文明发展水平

　　2019 年山西省生态文明指数平均得分为 66.55 分，属于一般水平。11 个城市中，没有达到优秀水平的城市，1 个城市（太原）为良好水平，10 个城市（大同、朔州、忻州、阳泉、吕梁、晋中、临汾、长治、运城、晋城）为一般；生态文明发展水平最高的是太原市，为 71.84 分。

　　4 个领域中，绿色生产分数最高，为 68.93 分，绿色环境得分最低，仅为 60.90 分；8 个指数中，教育投入指数得分以 76.34 分排名第一，生态状况指数为 50.91 分，名列最后；就具体指标而言，城镇化率得分最高，为 79.49 分，接近优秀水平；生境质量指数得分最低，仅为 50.91 分。

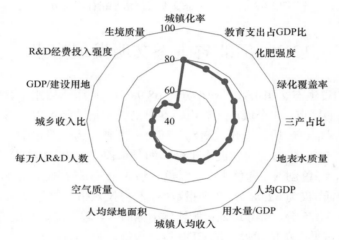

图 13-4　山西省生态文明发展水平指标层得分

13.5　内蒙古自治区生态文明发展水平

　　2019 年内蒙古自治区生态文明指数平均得分为 69.29 分，属于一般水平。12 个城市（盟）中，没有优秀水平和较差水平的城市，6 个城市（盟）（呼伦贝尔、兴安、锡林郭勒、包头、呼和浩特、鄂尔多斯）为良好水平，5 个城市（通辽、赤峰、乌兰察布、巴彦淖尔、乌海）为一般水平，1 个盟（阿拉善）数据缺失；生态文明发展水平最高的是呼伦贝尔市，为 72.66 分，巴彦淖尔市得分最低，为 63.50 分。

　　4 个领域中，绿色生活得分最高，为 71.95 分，绿色生产得分最低，仅为 63.30 分；8 个指数中，环境质量指数得分以 79.38 分排名第一，资源效率指数为 51.37 分，名列最后；就具体指标而言，城镇化率得分最高，为 83.87 分；单位建设用地 GDP 得分最低，为 35.07 分。

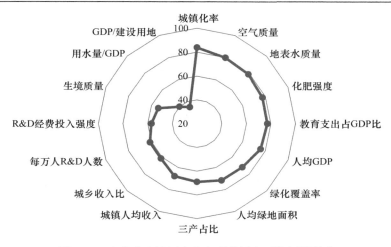

图 13-5　内蒙古自治区生态文明发展水平指标层得分

13.6　辽宁省生态文明发展水平

2019 年辽宁省生态文明指数平均得分为 69.38 分，属于一般水平。14 个城市中，没有优秀和较差水平的城市，5 个城市（沈阳、抚顺、本溪、丹东、大连）达到良好水平，9 个城市（朝阳、葫芦岛、阜新、锦州、盘锦、营口、辽阳、鞍山、铁岭）为一般水平，分别占城市总数量的 35.71% 和 64.29%；生态文明发展水平最高的是大连市，为 76.52 分。

4 个领域中，绿色环境分数最高，为 71.64 分，绿色生产得分最低，仅为 64.23 分；8 个指数中，环境质量指数得分以 74.07 分排名第一，资源效率指数为 57.20 分，名列最后；就具体指标而言，城镇化率得分最高，为 80.34 分；单位建设用地 GDP 得分最低，为 45.75 分。

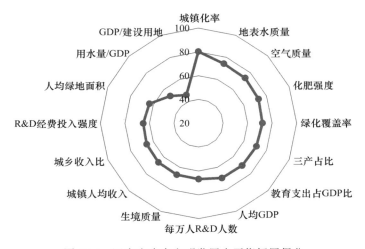

图 13-6　辽宁省生态文明发展水平指标层得分

13.7　吉林省生态文明发展水平

2019 年吉林省生态文明指数平均得分为 67.80 分，属于一般水平。9 个城市中，没有优秀水平和较差水平的城市，3 个城市（延边、白山、通化）为良好水平，6 个城市（白城、松原、四平、长春、辽源、吉林）为一般；生态文明发展水平最高的是白山市，为 74.34 分。

4 个领域中，绿色环境分数最高，为 76.96 分，绿色创新得分最低，仅为 50.76 分；8 个指数中，环境质量指数得分以 79.97 分排名第一，教育投入指数为 41.57 分，名列最后；就具体指标而言，环境空气质量得分最高，单位建设用地 GDP 得分最低。

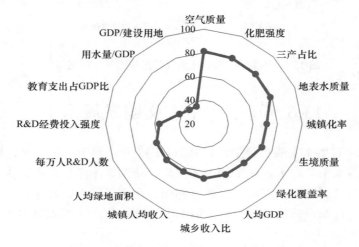

图 13-7　吉林省生态文明发展水平指标层得分

13.8　黑龙江省生态文明发展水平

2019 年黑龙江省生态文明指数平均得分为 69.40 分，接近良好水平。13 个城市（地区）中，没有优秀水平和较差水平的城市，4 个城市（黑河、伊春、鹤岗、牡丹江）达到

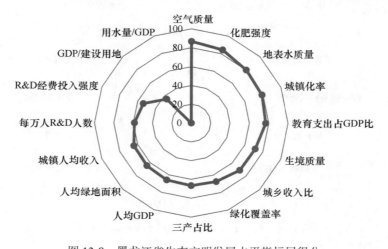

图 13-8　黑龙江省生态文明发展水平指标层得分

良好水平，8 个城市（齐齐哈尔、大庆、绥化、哈尔滨、七台河、鸡西、双鸭山、佳木斯）为一般水平，1 个地区（大兴安岭）数据缺失；生态文明发展水平最高的是伊春市，为 74.62 分。

4 个领域中，绿色环境分数最高，为 79.32 分，绿色生产得分最低，仅为 55.07 分；8 个指数中，环境质量指数得分以 83.46 分排名第一，资源效率指数为 40.16 分，名列最后；就具体指标而言，环境空气质量得分最高，万元 GDP 用水量得分最低。

13.9　上海市生态文明发展水平

2019 年上海市生态文明指数平均分为 80.53 分，达到优秀水平。领域层得分最高的是绿色生产，为 95.06 分；得分最低的是绿色环境，为 70.52 分。指数层得分最高的是产业优化指数，为 99.71 分；得分最低的是生态状况指数，为 50.58 分。指标层得分最高的是人均 GDP、单位建设用地 GDP、城镇化率、每万人 R&D 人数，均达到100 分。

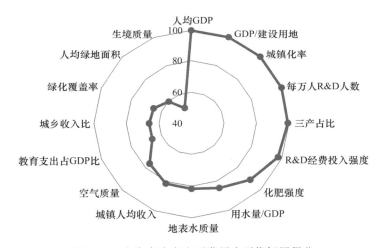

图 13-9　上海市生态文明发展水平指标层得分

13.10　江苏省生态文明发展水平

2019 年江苏省生态文明指数平均得分为 72.22 分，属于良好水平。13 个城市中，没有优秀水平和较差水平的城市，9 个城市（南京、无锡、常州、镇江、扬州、泰州、苏州、南通、盐城）为良好水平，4 个城市（徐州、宿迁、淮安、连云港）为一般水平；生态文明发展水平最高的是南京市，为 77.44 分。

4 个领域中，绿色生产分数最高，为 74.63 分，绿色环境得分最低，为 69.29 分；8 个指数中，产业优化指数得分以 81.74 分排名第一，生态状况指数为 58.37 分，名列最后；就具体指标而言，人均 GDP 得分最高，为 89.95 分；生境质量指数得分最低，为58.37 分。

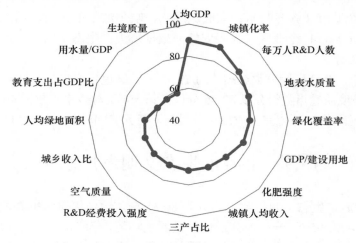

图 13-10　江苏省生态文明发展水平指标层得分

13.11　浙江省生态文明发展水平

2019 年浙江省生态文明指数平均得分为 79.88 分，接近优秀水平，11 个城市中，全部达到良好及以上水平，6 个城市（杭州、绍兴、宁波、台州、温州、丽水）达到优秀水平，5 个城市（潮州、嘉兴、衢州、金华、舟山）为良好水平；生态文明发展水平最高的是杭州市，为 83.23 分。

4 个领域中，绿色环境、绿色生产、绿色创新 3 个领域得分均超过 80 分，达到优秀水平，绿色生活得分最低，为 73.64 分；8 个指数中，科技能力指数得分以 87.52 分排名第一，城镇人居指数为 70.05 分，名列最后；就具体指标而言，每万人 R&D 人数得分最高，为 97.78 分；人均公园绿地面积得分最低，为 65.26 分。

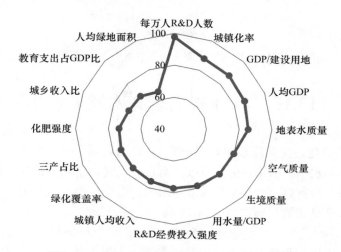

图 13-11　浙江省生态文明发展水平指标层得分

13.12　安徽省生态文明发展水平

2019 年安徽省生态文明指数平均得分为 70.69 分，属于良好水平。16 个城市中，没有优秀水平和较差水平的城市，9 个城市（六安、合肥、马鞍山、安庆、铜陵、芜湖、宣城、池州、黄山）达到良好水平，7 个城市（阜阳、淮南、亳州、淮北、宿州、蚌埠、滁州）为一般水平，良好水平占城市总数量的 56.25%，一般水平占城市总数量的 43.75%；生态文明发展水平最高的是合肥市，为 78.34 分。

在 4 个领域中，绿色创新分数最高，为 72.71 分，绿色生产得分最低，仅为 65.62 分；8 个指数中，环境质量指数得分以 75.09 分排名第一，资源效率指数为 58.32 分，名列最后；就具体指标而言，地表水环境质量得分最高，为 81.74 分；万元 GDP 用水量得分最低，未达到我国基本达标水平。

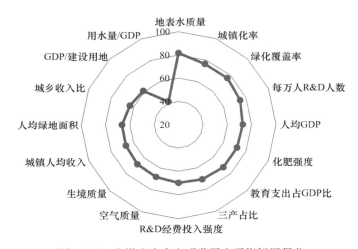

图 13-12　安徽省生态文明发展水平指标层得分

13.13　福建省生态文明发展水平

2019 年福建省生态文明指数平均得分为 76.63 分，属于良好水平。9 个城市全部在良好以上水平，2 个城市（福州、厦门）达到优秀水平，7 个城市（龙岩、漳州、泉州、莆田、三明、南平、宁德）为良好水平，分别占城市总数的 22.22%、77.78%；生态文明发展水平最高的是厦门市，为 83.16 分。

4 个领域中，绿色环境分数最高，为 84.23 分，绿色创新得分最低，为 70.48 分；8 个指数中，环境质量指数得分以 87.70 分排名第一，教育投入指数为 62.65 分，名列最后；就具体指标而言，环境空气质量得分最高，为 88.23 分；教育经费支出占 GDP 比例得分最低，为 62.65 分。

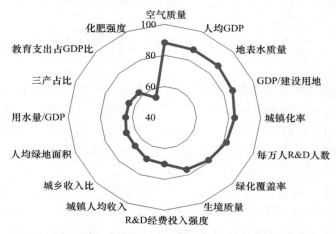

图 13-13　福建省生态文明发展水平指标层得分

13.14　江西省生态文明发展水平

2019 年江西省生态文明指数平均得分为 73.49 分，属于良好水平。11 个城市中，没有优秀和较差水平的城市，10 个城市（赣州、吉安、抚州、萍乡、新余、鹰潭、南昌、上饶、九江、景德镇）达到良好水平，1 个城市为一般水平；生态文明发展水平最高的是萍乡市，为 76.00 分。

4 个领域中，绿色环境分数最高，为 81.70 分，绿色生产得分最低，仅为 62.82 分；8 个指数中，环境质量指数得分以 83.57 分排名第一，资源效率指数为 54.04 分，名列最后；就具体指标而言，地表水环境质量得分最高，为 86.80 分；万元 GDP 用水量得分最低，为 30.45 分。

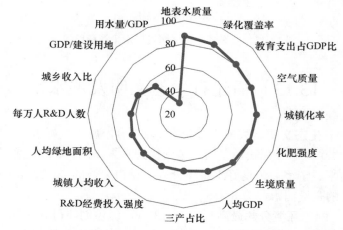

图 13-14　江西省生态文明发展水平指标层得分

13.15　山东省生态文明发展水平

2019 年山东省生态文明指数平均得分为 69.43 分，属于一般水平。16 个城市中，没有优秀和较差水平的城市，5 个城市（济南、淄博、青岛、烟台、威海）为良好水平，11 个城市（聊城、德州、滨州、东营、潍坊、日照、临沂、泰安、枣庄、济宁、菏泽）为一般水平，分别占城市总数量的 31.25% 和 68.75%；生态文明发展水平最高的是青岛市，为 76.36 分。

4 个领域中，绿色创新分数最高，为 73.63 分，绿色环境得分最低，仅为 62.61 分；8 个指数中，科技能力指数得分以 77.59 分排名第一，生态状况指数为 52.70 分，名列最后；就具体指标而言，城镇化率得分最高，生境质量指数得分最低。

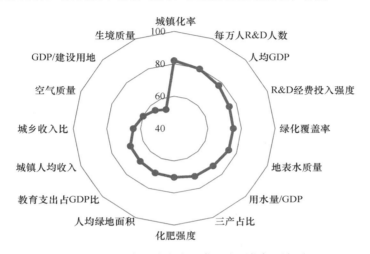

图 13-15　山东省生态文明发展水平指标层得分

13.16　河南省生态文明发展水平

2019 年河南省生态文明指数平均得分为 66.64 分，属于一般水平。18 个城市中，没有优秀水平和较差水平的城市，3 个城市（三门峡、洛阳、郑州）为良好水平，14 个城市（安阳、濮阳、鹤壁、新乡、焦作、开封、商丘、许昌、平顶山、漯河、周口、南阳、

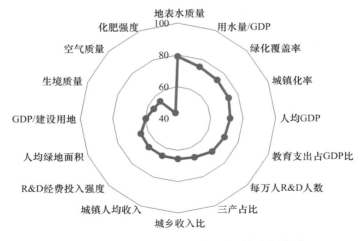

图 13-16　河南省生态文明发展水平指标层得分

驻马店、信阳）为一般水平，1 个城市（济源）数据缺失，分别占城市总数量的 21.43%
和 78.57%；生态文明发展水平最高的是郑州市，为 74.79 分。

4 个领域中，绿色创新分数最高，为 69.42 分，绿色环境得分最低，仅为 63.41 分；
8 个指数中，教育投入指数得分以 70.88 分排名第一，生态状况指数为 56.11 分，名列最
后；就具体指标而言，地表水环境质量得分最高，为 79.07 分；化肥施用强度得分最低，
为 43.69 分。

13.17　湖北省生态文明发展水平

2019 年湖北省生态文明指数平均得分为 71.49 分，属于良好水平。17 个城市中，8
个城市（地区）（恩施、十堰、宜昌、襄阳、荆门、武汉、咸宁、黄石）达到良好水平，
5 个城市（随州、孝感、荆州、鄂州、黄冈）为一般水平，4 个城市（地区）（天门、潜
江、仙桃、神农架）数据缺失；生态文明发展水平最高的是武汉市，为 78.22 分。

4 个领域中，绿色环境分数最高，为 75.59 分，绿色创新得分最低，为 67.48 分；8
个指数中，环境质量指数得分以 77.57 分排名第一，教育投入指数为 62.92 分，名列最
后；就具体指标而言，单位建设用地 GDP 得分最高，为 94.52 分，万元 GDP 用水量得
分最低，为 40.21 分。

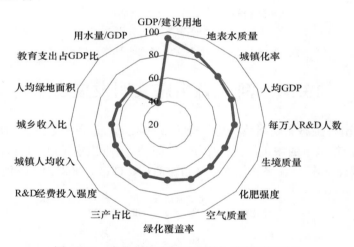

图 13-17　湖北省生态文明发展水平指标层得分

13.18　湖南省生态文明发展水平

2019 年湖南省生态文明指数平均得分为 74.32 分，属于良好水平。14 个城市（地区）
均达到良好及以上水平，1 个城市（长沙）达到优秀水平，13 个城市（地区）（湘西、
张家界、怀化、常德、益阳、娄底、邵阳、岳阳、湘潭、衡阳、永州、株洲、郴州）为
良好水平；生态文明发展水平最高的是长沙市，为 81.16 分。

4 个领域中，绿色环境分数最高，为 81.64 分，绿色生活得分最低，为 68.71 分；8

个指数中，环境质量指数得分以 82.63 分排名第一，资源效率指数为 61.96 分，名列最后；就具体指标而言，地表水环境质量得分最高，为 88.39 分；万元 GDP 用水量得分最低，为 31.39 分。

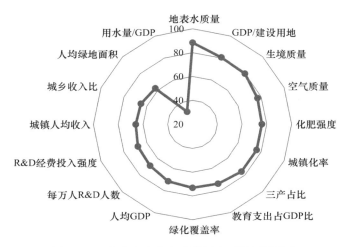

图 13-18　湖南省生态文明发展水平指标层得分

13.19　广东省生态文明发展水平

2019 年广东省生态文明指数平均得分为 73.96 分，属于良好水平。21 个城市中，没有较差水平的城市，2 个城市（广州、珠海）达到优秀水平，17 个城市（茂名、阳江、江门、云浮、中山、佛山、肇庆、深圳、东莞、惠州、清远、韶关、河源、汕尾、揭阳、梅州、汕头）为良好水平，2 个城市（潮州、湛江）为一般水平；生态文明发展水平最高的是珠海市，为 81.22 分。

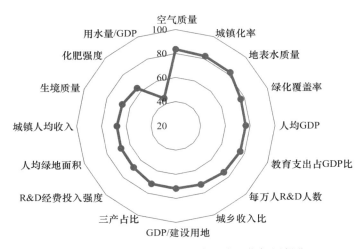

图 13-19　广东省生态文明发展水平指标层得分

4 个领域中，绿色环境分数最高，为 77.74 分，绿色生产得分最低，仅为 68.12 分；8 个指数中，环境质量指数得分以 82.80 分排名第一，资源效率指数为 60.15 分，名列最后；就具体指标而言，环境空气质量得分最高，为 83.44 分；万元 GDP 用水量得分最低，为 44.67 分。

13.20   广西壮族自治区生态文明发展水平

2019 年广西壮族自治区生态文明指数平均得分为 71.09 分，属于良好水平。14 个城市中，没有优秀和较差水平的城市，10 个城市（百色、崇左、防城港、南宁、河池、玉林、贵港、柳州、梧州、贺州）达到良好水平，4 个城市（桂林、来宾、钦州、北海）为一般水平，分别占城市总数量的 71.43%和 28.57%；生态文明发展水平最高的是防城港市，为 73.48 分。

4 个领域中，绿色环境分数最高，为 82.90 分，绿色生产得分最低，仅为 59.10 分；8 个指数中，环境质量指数得分以 88.14 分排名第一，资源效率指数为 47.10 分，名列最后；就具体指标而言，地表水环境质量得分最高，为 88.98 分；万元 GDP 用水量得分最低，为 16.19 分。

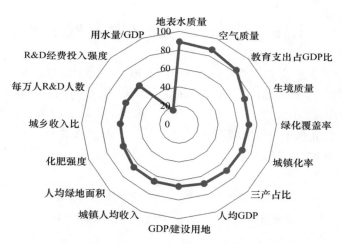

图 13-20   广西壮族自治区生态文明发展水平指标层得分

13.21   海南省生态文明发展水平

2019 年海南省生态文明指数平均得分为 75.12 分，达到良好水平。3 个城市全部达到良好水平；生态文明发展水平最高的是三亚市，为 77.24 分。4 个领域中，绿色环境分数最高，为 86.27 分，绿色生产得分最低，仅为 65.56 分；就具体指标而言，环境空气质量得分最高，为 93.47 分，万元 GDP 用水量得分最低，为 61.33 分。

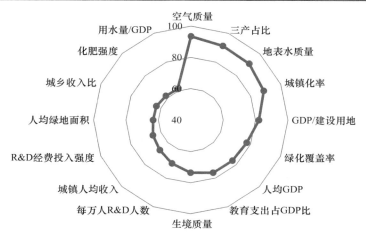

图 13-21　海南省生态文明发展水平指标层得分

13.22　重庆市生态文明发展水平

2019 年重庆市生态文明指数平均得分为 77.96 分，属于良好水平。4 个领域中绿色生产分数最高，为 82.34 分，绿色生活得分最低，仅为 71.57 分；就具体指标而言，单位建设用地 GDP 得分最高，达到 100 分；城乡居民收入比得分最低，为 59.89 分。

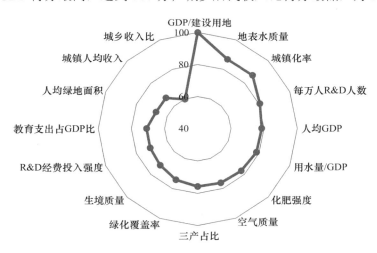

图 13-22　重庆市生态文明发展水平指标层得分

13.23　四川省生态文明发展水平

2019 年四川省生态文明指数平均得分为 74.16 分，属于良好水平。21 个城市全部达到良好水平，生态文明发展水平最高的是成都市，为 79.64 分。

4 个领域中，绿色环境分数最高，为 80.02 分，绿色生活得分最低，为 67.29 分；8 个指数中，环境质量指数得分以 84.07 分排名第一，科技能力指数为 63.08 分，名列最后；就具体指标而言，单位建设用地 GDP 得分最高，为 86.36 分；R&D 经费投入强度得分最低，为 61.68 分。

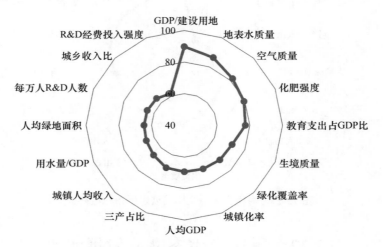

图 13-23　四川省生态文明发展水平指标层得分

13.24　贵州省生态文明发展水平

2019 年贵州省生态文明指数平均得分为 73.87 分，属于良好水平。9 个城市（地区）中，没有一般和较差水平的城市，1 个城市（贵阳）达到优秀水平，8 个城市（地区）（毕节、六盘山、黔西南、黔南、安顺、遵义、黔东南、铜仁）为良好水平，分别占城市总数量的 11.11% 和 88.89%；生态文明发展水平最高的是贵阳市，为 80.21 分。

4 个领域中，绿色环境分数最高，为 80.26 分，绿色生活得分最低，为 63.14 分；8 个指数中，环境质量指数得分以 90.20 分排名第一，科技能力指数为 60.11 分，名列最后；就具体指标而言，环境空气质量得分最高，为 91.52 分，万元 GDP 用水量得分最低，为 51.42 分。

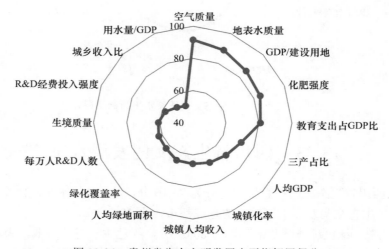

图 13-24　贵州省生态文明发展水平指标层得分

13.25 云南省生态文明发展水平

2019 年云南省生态文明指数平均得分为 71.19 分，属于良好水平。16 个城市（地区）中，没有优秀水平和较差水平的城市，11 个城市（地区）（德宏、保山、临沧、普洱、西双版纳、丽江、玉溪、昆明、文山、曲靖、昭通）为良好水平，4 个城市（地区）（迪庆、大理、楚雄、红河）为一般水平，1 个城市（怒江）数据缺失；生态文明发展水平最高的是昆明市，为 77.38 分。

4 个领域中，绿色环境分数最高，为 83.64 分，绿色生活得分最低，仅为 63.37 分；8 个指数中，环境质量指数得分以 87.04 分排名第一，资源效率指数为 52.39 分，名列最后；就具体指标而言，环境空气质量得分最高，为 90.53 分；万元 GDP 用水量得分最低，为 27.24 分。

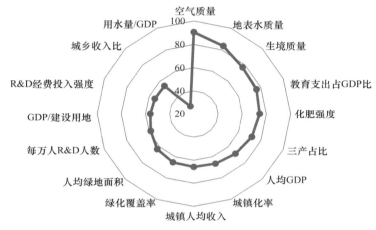

图 13-25 云南省生态文明发展水平指标层得分

13.26 西藏自治区生态文明发展水平

2019 年西藏自治区生态文明指数平均得分为 68.33 分，属于一般水平。3 个城市均为

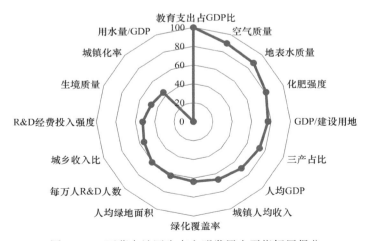

图 13-26 西藏自治区生态文明发展水平指标层得分

一般水平；生态文明发展水平最高的是昌都市，为 69.36 分。4 个领域中，绿色创新分数最高，为 76.71 分，绿色生活得分最低，为 58.27 分；8 个指数中，教育投入指数得分以 100 分排名第一，生态状况指数为 47.23 分，名列最后；就具体指标而言，教育经费支出占 GDP 比例得分最高，万元 GDP 用水量得分最低。

13.27 　陕西省生态文明发展水平

2019 年陕西省生态文明指数平均得分为 70.36 分，刚达到良好水平。10 个城市中，无优秀水平和较差水平的城市，6 个城市（汉中、安康、宝鸡、西安、商洛、榆林）达到良好水平，4 个城市（咸阳、渭南、铜川、延安）为一般水平，良好水平城市占城市总数量的 60%，一般水平城市占城市总数量的 40%；生态文明发展水平最高的是西安市，为 76.76 分。

4 个领域中，绿色环境分数最高，为 72.60 分，绿色生活得分最低，仅为 66.48 分；8 个指数中，教育投入指数得分以 79.82 分排名第一，科技能力指数为 62.87 分，名列最后；就具体指标而言，教育经费支出占 GDP 比例得分最高，为 79.82 分；城乡居民收入比得分最低，为 54.02 分。

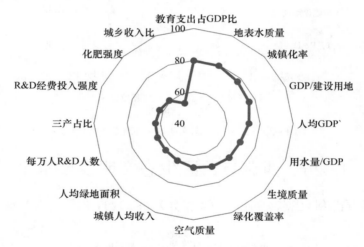

图 13-27　陕西省生态文明发展水平指标层得分

13.28 　甘肃省生态文明发展水平

2019 年甘肃省生态文明指数平均得分为 69.04 分，接近良好水平。14 个城市（地区）中，没有达到优秀水平和较差水平的城市，5 个城市（地区）（嘉峪关、兰州、甘南、天水、陇南）为良好水平，9 个城市（酒泉、张掖、金昌、武威、白银、临夏、定西、平凉、庆阳）为一般水平；生态文明发展水平最高的是兰州市，为 76.49 分。

4 个领域中，绿色创新分数最高，为 75.43 分，绿色生活得分最低，仅为 64.24 分；8 个指数中，教育投入指数得分以 90.41 分排名第一，生态状况指数为 48.37 分，名列最后；就具体指标而言，教育经费支出占 GDP 比例得分最高，为 90.41 分；万元 GDP 用水量得分最低，为 35.48 分。

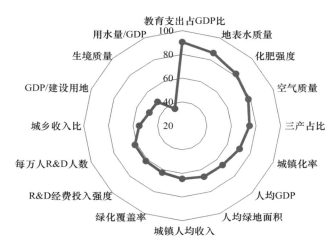

图 13-28　甘肃省生态文明发展水平指标层得分

13.29　青海省生态文明发展水平

2019 年青海省生态文明指数平均得分为 69.14 分，属于一般水平。3 个城市中，西宁市生态文明指数最高，为 73.93 分，其余城市均为较差水平。4 个领域中，绿色创新分数最高，为 70.14 分，绿色生产得分最低，仅为 62.17 分；就具体指标而言，教育经费支出占 GDP 比例得分最高，单位建设用地 GDP 得分最低。

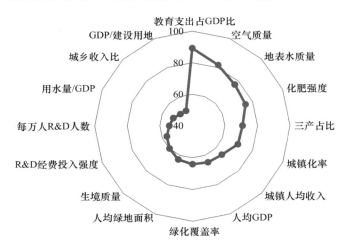

图 13-29　青海省生态文明发展水平指标层得分

13.30　宁夏回族自治区生态文明发展水平

2019 年宁夏回族自治区生态文明指数平均得分为 60.70 分，刚刚达到一般水平。5 个城市中，没有达到优秀水平和较差水平的城市，1 个城市（固原）为良好水平，4 个城市（石嘴山、银川、中卫、吴忠）为一般水平，分别占城市总数量的20%和80%；生态文明发展水平最高的是固原市，为71.99分。

4个领域中，绿色创新分数最高，为73.49分，绿色生产得分最低，仅为57.39分；8个指数中，教育投入指数得分以82.86分排名第一，资源效率指数为45.58分，名列最后；就具体指标而言，地表水环境质量得分最高，为83.69分；万元GDP用水量得分最低，为18.27分。

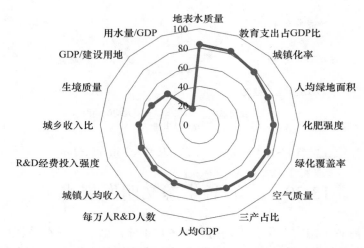

图13-30　宁夏回族自治区生态文明发展水平指标层得分

13.31　新疆维吾尔自治区生态文明发展水平

2019年新疆维吾尔自治区生态文明指数平均得分为62.62分，属于一般水平。14个城市（地区）中，没有达到优秀水平的城市，1个城市（乌鲁木齐）为良好水平，8个城市（地区）（伊犁、博尔塔、克拉玛依、塔城、昌吉、阿勒泰、吐鲁番、哈密）为一般

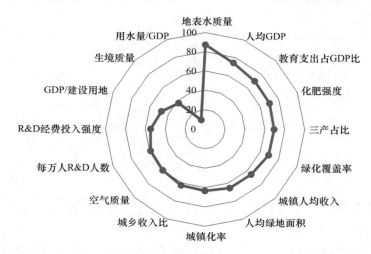

图13-31　新疆维吾尔自治区生态文明发展水平指标层得分

水平，5 个城市（地区）（克孜勒苏柯尔克、喀什、和田、阿克苏、巴音郭楞）为较差水平；生态文明发展水平最高的是乌鲁木齐，为 73.18 分。

4 个领域中，绿色生活分数最高，为 65.11 分，绿色生产得分最低，仅为 59.62 分；8 个指数中，环境质量指数得分以 73.59 分排名第一，生态状况指数为 37.61 分，名列最后；就具体指标而言，地表水环境质量得分最高，为 87.22 分；万元 GDP 用水量得分最低，为 10.34 分。

第 14 章 　 重点区域生态文明发展水平评估

14.1 　 京津冀生态文明发展水平评估

2014 年 2 月，京津冀协同发展上升为国家战略，探索建立科学持续、协同发展、互利共赢的区域发展示范区，实现京津冀优势互补、促进环渤海经济区发展、激活和带动北方腹地发展。京津冀地区是中国的"首都经济圈"，包括北京市、天津市和河北省的11 个地级市以及定州和辛集 2 个省直管市。京津冀位于环渤海核心地带，是中国北方经济规模最大的地区，2019 年，京津冀三地地区生产总值合计 84 580.08 亿元，占全国的8.5%。

14.1.1 　 京津冀生态文明发展水平总体状况

（1）京津冀生态文明发展水平整体达到良好水平

2019 年京津冀生态文明指数平均得分为 70.27 分，整体达到良好水平，比全国平均分略低 0.72 分，与全国平均水平相当（表 14-1）。14 个城市中，北京市生态文明指数为80.65 分，达到优秀水平，6 个城市为良好水平，其余 7 个城市为一般水平。京津冀作为北方最发达的城市群之一，仍有超过半数的城市为 C 级水平，生态文明建设任重而道远。

表 14-1 　 京津冀与全国生态文明发展水平指标层得分

地区	项目	A	B	C	D	ECC
京津冀	城市个数/个	1	6	7	0	70.27
	城市占比/%	7.14	42.86	50.00	0.00	
全国	城市个数/个	14	179	126	5	70.99
	城市占比/%	4.32	55.25	38.89	1.54	

（2）河北省生态文明发展与京津地区差距较大

从各省来看，北京市生态文明发展水平最高，生态文明指数达到 80.65 分，在全国城市排名中排第 12 名。天津市生态文明指数为 74.15 分，在全国城市中排第 77 名。河北省生态文明发展水平较为落后，生态文明指数为 68.98 分，属于一般水平；11 个地级市中，承德市生态文明指数得分最高，位居全国第 101 名，其余城市均处于全国150 名之后。

从指数层来看，在京津冀地区中，河北省多个指数均处于较低水平，特别是在产业优化、资源效率、城乡协调、科技能力等方面。这主要是由于河北省的基础远差于京津两个直辖市，河北省在自身不断加强生态文明建设的同时，也需要京津两市加大支持，带动京津冀协同发展。

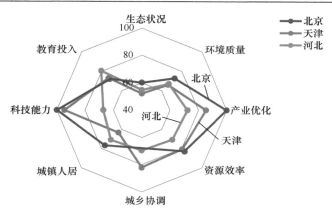

图 14-1　2019 年京津冀三省（市）指数层得分对比雷达图

（3）生态环境是京津冀生态文明发展的突出短板

从指数层来看，8 个指数中，仅生态状况指数与环境质量指数得分远低于全国平均水平，其余指数得分均高于或略低于全国平均水平。从指标层来看，生境质量指数、环境空气质量、地表水环境质量、单位建设用地 GDP 4 项指标平均分比全国平均分低近 10 分或以上。

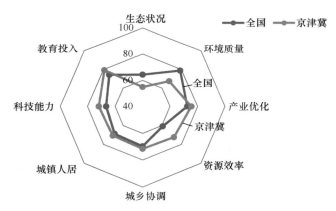

图 14-2　2019 年京津冀与全国指数层得分对比雷达图

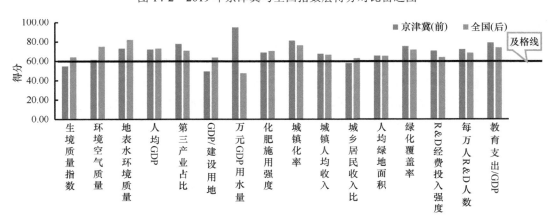

图 14-3　2019 年京津冀与全国指标层得分对比图

京津冀生境质量指数平均分仅为 54.97 分，比全国平均分低 9.41 分，这主要与其位于华北平原农业区有关，其土地利用类型以耕地为主，耕地占全部土地面积的 50% 以上，林地占比仅为 20% 左右；除北京、张家口、承德、秦皇岛 4 个城市外，其余 9 个城市的林地面积占比均不足 20%。环境空气质量平均分为 61.55 分，刚达到及格水平，比全国平均分低 13.79 分；13 个城市中，有 6 个城市的空气质量指数得分未达到及格标准。地表水环境质量平均得分为 73.32 分，达到良好水平，但比全国平均水平差 8.94 分，仅承德市的地表水环境质量优于全国平均水平。

14.1.2 京津冀生态文明发展水平年际变化

（1）京津冀生态文明发展水平明显提升

2015～2019 年京津冀生态文明指数得分提高了 7.77 分，明显高于全国平均水平（表 14-2）。参与评估的 13 个地级及以上城市生态文明指数均得到不同程度的提升，其中 6 个城市显著提升，提升分数超过 10 分；3 个城市明显提升，提升分数为 5～10 分。生态文明指数等级得到提升的城市为 11 个，占比达到 84.6%；2 个城市的生态文明指数等级还实现了跨越，北京市由 2015 年的 C 级变为 2019 年的 A 级，石家庄市由 2015 年的 D 级变为 2019 年的 B 级。

表 14-2 2015～2019 年京津冀地区生态文明指数等级情况

项目	城市数量/个				ECC
	A	B	C	D	
2015 年	0	1	7	5	62.50
2019 年	1	6	6	0	70.27
变化	1	5	−1	−5	7.77

（2）京津冀生态环境质量明显改善

生态环境协同治理是京津冀协同发展的重点领域之一，促进了区域生态文明发展水平的提高。16 个指标中环境空气质量、地表水环境质量 2 个指标的贡献率超过 15%，总贡献率达 62.68%，是京津冀生态文明发展水平提升的主要贡献因素；其余 14 个指标的贡献率均远低于 10%，总贡献率约为 37.31%（图 14-4）。

京津冀的水环境质量得到显著改善。地表水环境质量（CWQI）由 2015 年的 14.95 分下降至 2017 年的 6.89 分，降幅达 53.91%，对京津冀城市 ECC 增长的贡献分为 3.47 分，贡献率高达 43.79%。京津冀三地 2016 年建立京津冀及周边地区水污染防治联动协作机制，建立统一的水环境监测网，重点完善京津冀及周边地区监测预警、信息共享、应急响应等工作机制，并实施上下游横向生态补偿机制，促进了地表水环境的明显改善。

京津冀的大气污染防治也取得了明显的成效。空气质量指数（AQI）由 2015 年的 120 下降至 2017 年的 97，总体环境质量由轻度污染变为良好水平，对京津冀城市生态文明指数增长的贡献分为 1.50 分，贡献率高达 18.90%；13 个城市中，北京市由中度污染变为良好水平，唐山、承德等 6 个城市由轻度污染变为良好水平。京津冀及周边地区实施大气污染联防联控机制，实施煤改电、煤改气、"散乱污"企业整治等一系列工程，

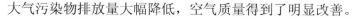

大气污染物排放量大幅降低，空气质量得到了明显改善。

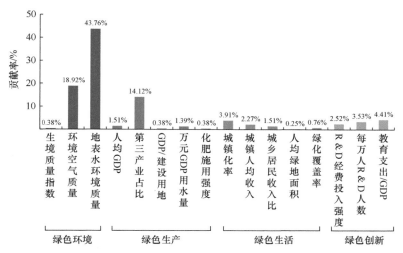

图 14-4　2015～2019 年京津冀地区生态文明指数各指标贡献分

（3）京津冀产业结构得到不断优化

产业对接作为京津冀协同发展率先突破的重点领域之一，三地之间的产业结构与布局得到不断优化。河北作为京津产业转移的承接地，抓住疏解北京非首都功能"牛鼻子"，围绕落实"三区一基地"功能定位，建立健全组织推进机制，构建完善省级层面规划体系，先后与京津签署三轮战略合作协议，积极吸引京津产业转移。2015 年北京市的三产比值为 0.6：19.7：79.7，天津市的三产比值为 1.3：46.5：52.2，虽然三产比例较大，但二产的比例仍然过大；河北省的三产比值为 11.54：48.27：40.19，第一产业具有明显优势，第二产业对经济发展起支撑作用，第三产业较为落后，但无论第二产业还是第三产业，其在产业技术层次上都与北京天津存在明显差距。2019 年三地的第二产业占比都逐渐减小，特别是河北省的第二产业比例明显减小，产业结构不断升级，第三产业成为主导产业。京津冀协同发展战略实施 5 年来，三地的产业结构与布局不断优化，产业协同发展取得了明显成效。

14.2　长江经济带生态文明发展水平评估

2016 年 9 月，《长江经济带发展规划纲要》正式印发，长江经济带发展国家战略正式实施。长江经济带横贯我国东中西三大区域，覆盖上海、江苏、浙江、安徽、江西、湖北、湖南、重庆、四川、云南、贵州 9 个省 2 个直辖市，共计 124 个地级市（自治州），总面积约 205 万 km²。长江经济带以占全国 21%的区域面积承载着全国 43%的人口和 45%的经济总量，是我国密度最高的经济走廊之一，也是目前世界上可开发规模最大、影响范围最广的内河流域经济带，在我国发展总体格局中具有举足轻重的地位。

14.2.1　长江经济带生态文明发展水平总体状况

（1）长江经济带生态文明发展水平整体全国领先

长江经济带生态文明指数平均分值为 73.40 分，属于良好水平，比全国平均分高 2.41

分，比黄河流域平均水平高 5.03 分。125 个评价单元中，优秀、良好等级城市数量分别为 9 个和 95 个，占长江经济带被评价城市总数量的 7.2% 和 76%；一般等级城市 21 个，占 16.8%，无较差水平城市。良好及以上等级城市的占比超过了 80%，比全国、黄河流域平均水平分别高 22.03 个百分点、49.34 个百分点。从排名来看，全国排名前十的城市中，长江经济带占据六席；125 个城市中，18 个城市位居全国前 50 名，21 个城市位居全国前 100 名。从各指标来看，长江经济带多项指标得分高于全国平均水平，特别是绿色环境与绿色生产领域的指标具有明显的优势。

表 14-3　长江经济带与全国生态文明发展水平指标层得分

地区		A	B	C	D	ECC
长江经济带	城市个数/个	10	92	23	0	73.40
	城市占比/%	8.00	73.60	18.40	0.00	
全国	城市个数/个	14	179	126	5	70.99
	城市占比/%	4.32	55.25	38.89	1.54	

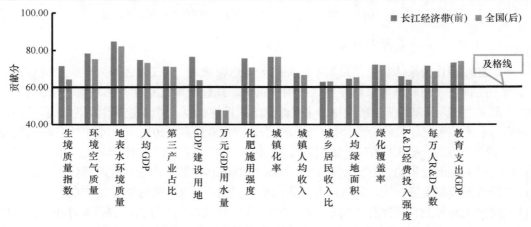

图 14-5　2015～2019 年京津冀地区生态文明指数各指标贡献分

（2）上游、中游、下游生态文明发展水平差异较小

长江经济带上游、中游、下游生态文明发展整体水平略有差异，但差异不大。上游、中游、下游生态文明指数平均分分别为 73.88 分、73.11 分、73.20 分，均达到良好水平。上游、中游、下游城市生态文明指数等级均以 B 级为主，城市占比在 50% 以上，上游和中游甚至达到 80% 以上；上游、中游、下游均有生态文明指数达到 A 级的城市，但主要分布在长江经济带下游。

表 14-4　长江经济带与全国生态文明发展水平指标层得分

区域	A		B		C		D		ECC
	数量/个	占比/%	数量/个	占比/%	数量/个	占比/%	数量/个	占比/%	
上游	1	2.17	41	89.13	4	8.70	0	0.00	73.88
中游	1	2.63	31	81.58	6	15.79	0	0.00	73.11
下游	7	17.07	23	56.10	11	26.83	0	0.00	73.20
全国	14	4.32	179	55.25	126	38.89	5	1.54	70.99

（3）长江经济带不同地区生态文明短板不同

科技创新是长江经济带上游地区的突出短板。8 个指数中，城乡协调指数、城镇人居指数、科技能力指数 3 个指数得分分别为 64.87 分、65.84 分、60.73 分，均为一般水平，且在上游、中游、下游中得分最低，是上游地区主要存在的问题。特别是科技能力方面，得分刚刚达到我国基本达标水平，距离下游有较大差距，并且上游 46 个评估城市中，29 个城市的科技能力指数得分低于 60 分，成为上游地区的突出短板。

资源效率是长江经济带中游地区的关键问题。中游地区资源效率指数的平均分为 61.59 分，刚达到我国基本达标水平，在上中下游中得分最低。中游地区资源效率较低主要是由于用水效率过低，万元 GDP 用水量指标平均得分仅为 34.13 分，距离及格分仍有较大差距；38 个评估城市中，33 个城市万元 GDP 用水量超过 90m³/万元，达到全国平均用水量（60.8m³/万元）的 1.5～3.2 倍。

下游地区生态环境质量尚需提升。下游地区各方面发展相对均衡，故生态文明发展水平相对领先。下游绿色生产、绿色生活、绿色创新 3 个领域的得分均超过 70 分，达到良好水平，明显高于中上游地区；然而绿色环境的得分虽然与其他领域相当，没有明显差距，却明显低于上游与中游地区的得分，生态环境质量有待进一步改善。

14.2.2 长江经济带生态文明发展水平年际变化

（1）长江经济带生态文明发展水平明显提升

2015～2019 年，长江经济带生态文明指数得分提升了 5.93 分，高于全国平均增幅。125 个评估城市生态文明指数均得到不同程度的提升，其中明显提升（5～10 分）和显著提升（>10 分）的城市达到 75 个，占比达到 60%。生态文明指数等级得到提升的城市共 81 个，其中由等级 C 提升到等级 B 的城市最多，达到 72 个，占所有评估城市的57.6%；特别是生态文明指数等级为 A 的城市由 2015 年的 0 个增加到 2019 年的 9 个，占到全国 A 级城市的 64.28%。

表 14-5　2015～2019 年不同生态文明指数等级城市转移矩阵　　（单位：个）

生态文明指数等级	A	B	C	D	合计
A	0	0	0	0	0
B	9	23	0	0	32
C	0	72	21	0	93
D	0	0	0	0	0
合计	9	95	21	0	125

（2）长江经济带生态环境质量持续改善

长江经济带生态系统独特、生物种类繁多，是我国重要的生态屏障区。在"共抓大保护、不搞大开发"政策指引下，一系列针对生态环境保护修护的专项行动得以有效开展，生态环境治理取得了明显成效。长江经济带城市空气优良率从 2015 年的 81.3%提高到 2019 年的 85.7%左右，空气质量指数（AQI）平均值由 84 下降至 69，四年间环境空气质量指标得分增加 8.57 分，空气质量不达标城市减少 25 个。2015 年以来，长江流域的水质优良比例也逐年提高，2019 年长江流域优良比例比 2015 年提高 9.9 个百分点，劣Ⅴ类水体比例降低 2.5 个百分点，城市水质指数（CWQI）平均值由 5.55 降至 2019 年的 4.20，地表水环境质量指标得分增加 5.78 分。"十三五"时期，国家林业局从保护森林资源、建设沿江绿色屏障、推进退化林修复、建设国家储备林、森林城市建设等多方面切实推进长江经济带林业生态保护修复工作，与 2015 年 41.5% 的森林覆盖率相比，2019 年提高 2.9 个百分点。

（3）长江经济带绿色发展战略成效显著

长江经济带发展国家战略实施以来，以生态优先、绿色发展为引领，依托长江黄金水道，在推动长江经济带地区高质量发展上取得了显著成效。2015 年以来，长江经济带各地区三次产业结构更加优化，第一、第二产业比例不断降低，第三产业比例持续上升，产业结构稳步升级；三次产业结构由 2015 年的 8.29∶44.33∶47.37 变为 2019 年的 6.68∶39.83∶53.49，服务业不断壮大发展，占据主体地位。长江经济带经过积极的结构调整和技术改造，单位用地、用能利用效率明显提高，单位建设用地 GDP、万元 GDP 用水量指标得分分别增加 9.68 分、18.04 分，产业结构绿色化明显。长江经济带创新驱动发展也持续向好，R&D 经费投入强度、每万人 R&D 人数、教育经费支出占 GDP 比例 3 个指标的得分也在不断提高，2019 年长江经济带研究与试验发展经费总额为 10 562 亿元，达到 2015 年的 1.69 倍。

14.3　黄河流域生态文明发展水平评估

黄河是我国仅次于长江的第二大河，全长 5464 km，横贯我国东中西三大区域，发源于青藏高原，流经青海、四川、甘肃、宁夏、内蒙古、陕西、山西、河南、山东 9 个省（自治区），自然流域范围涉及 69 个市（地、州、盟），流域总面积 79.5 万 km²，约占全国总面积的 8%，黄河流经 9 省（自治区）总面积 357.1 万 km²，约占全国总面积的 37%。黄河流域是我国重要的生态屏障和重要的经济地带，是打赢脱贫攻坚战的重要区域，在我国经济社会发展和生态安全方面具有十分重要的地位。保护黄河是事关中华民族伟大复兴和永续发展的千秋大计。2019 年 9 月，黄河流域生态保护和高质量发展上升为国家战略。

14.3.1　黄河流域生态文明发展水平总体状况

（1）黄河流域生态文明发展水平仍有较大差距

黄河流域生态文明发展水平在全国相对落后。2019 年黄河流域生态文明指数平均得分为 68.37 分，整体属于一般水平，比全国平均水平低 2.62 分，比长江经济带和京津冀地区分别低 5.03 分、1.09 分。黄河流域 62 个评估城市中，没有生态文明指数达到 A 级的城市；生态文明指数得分等级达到 B 级的城市有 20 个，仅占黄河流域城市数量的 32.26%；黄河流域整体上以仅达到我国生态文明达标水平的 C 级城市为主，有 42 个，占比 67.74%。生态文明指数达到优良水平的城市比例明显落后于长江经济带、京津冀地区和全国平均水平。

表 14-6　2019 年不同地区生态文明指数评估结果

地区	A		B		C		D	
	城市个数/个	城市占比/%	城市个数/个	城市占比/%	城市个数/个	城市占比/%	城市个数/个	城市占比/%
黄河流域	0	0.00	20	32.26	42	67.74	0	0.00
长江经济带	10	8.00	92	73.60	23	18.40	0	0.00
京津冀	1	7.14	6	42.86	7	50.00	0	0.00
全国	14	4.32	179	55.25	126	38.89	5	1.54

（2）黄河流域城市在全国生态文明指数中排名靠后

黄河流域生态文明指数排名前五位的城市分别是西安市、兰州市、济南市、郑州市、西宁市，全部为黄河流域省会城市，得分最高的西安市生态文明指数也仅为 76.76 分，在全国排到第 35 名，比全国第一低 6.47 分。62 个评估城市中，仅有 17 个城市生态文明指数得分高于全国平均分，45 个城市低于全国平均分；在排名方面，仅有 6 个城市排名全国前 100 名，15 个城市位于全国 100～200 名之间，其余 41 个城市均位于全国 200名之后。

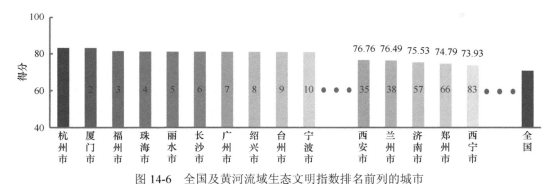

图 14-6　全国及黄河流域生态文明指数排名前列的城市

（3）黄河流域生态文明发展存在明显短板

与全国相比，黄河流域的生态文明发展短板主要表现在生态环境、资源效率、科技能力等方面。16 项评估指标中，黄河流域仅有 2 项指标优于全国平均水平，其余指标均差于或与全国平均水平相当；特别是生境质量指数、环境空气质量、单位建设用地 GDP、万元 GDP 用水量、城乡居民收入比 5 个指标未达标或者比全国平均水平低 5 分以上。

黄河流域生态环境问题不容乐观。生境质量指数指标得分为 54.88 分，未达到及格水平，比全国平均水平低 9.50 分。环境空气质量指标得分为 66.53 分，距离优秀水平仍有较大差距；仅有 1 个城市的空气质量达到优秀标准，19 个城市的空气质量未达标；特别是汾渭平原，空气污染严重，$PM_{2.5}$ 浓度比全国平均浓度高 19μg/m³，优良天数比例比全国平均水平低约 20 个百分点。地表水环境质量指标得分为 78.60 分，虽达到良好水平，但得分比全国平均水平低近 5 分；V 类及以下水体比例达到 14.6%，明显高于全国平均水平。

黄河流域产业发展相对比较粗放。产业结构方面，虽然黄河流域第三产业增加值占 GDP 比例指标得分达到 71.03 分，与全国平均水平相当，但三产占比超过 50% 的 28 个城市中，18 个城市的人均 GDP 仅为工业化初期和中期水平，工业化程度不高，制造业一直处于落后水平，故而导致服务业占比大。资源效率方面，单位建设用地 GDP 指标得分仅为 56.20 分，比全国平均水平低 7.73 分，42 个城市未达标；上游青甘宁蒙四省（自治区）用水效率过低，万元 GDP 用水量达到全国的 1.5～3 倍，部分城市甚至达到全国平均水平的 5～10 倍。

黄河流域科技创新能力基础薄弱。黄河流域 R&D 经费投入强度指标得分为 63.14 分，刚达到及格水平，与全国平均分相当，但 R&D 经费支出总额明显低于全国其他发达地区；所有评估城市中，仅有中下游 9 个城市的 R&D 经费投入强度超过全国平均水平；其他中西部城市中绝大多数小于 1.50%，这些地区经济实力相对落后，科技投入的基础相对薄弱，R&D 经费投入强度明显偏低。虽然黄河流域教育经费支出占 GDP 比例得分为 78.11 分，高于全国平均水平，但多数城市的经济发展相对落后，教育支出总额偏低；2019 年全国教育支出总额为 34 796.94 亿元，平均每个城市 111 亿元左右，黄河流域 55 个城市的教育支出总额低于此数值，大多数中上游城市甚至低于 50 亿元。

（4）黄河流域生态文明发展不平衡问题突出

黄河流域生态文明发展不平衡问题主要表现为区域经济发展不平衡、城乡发展不平衡、经济发展与环境保护不协调。黄河流域不同区域之间经济发展水平差异较大，总体呈现西部地区低于东部地区的空间分布特征。源头的青海玉树州与入海口的山东东营市人均地区生产总值相差超过 10 倍；山东省与河南省黄河流域城市的 GDP 总量比青海、宁夏、甘肃、内蒙古、陕西、山西六省（自治区）黄河流域城市的总和还要多。城乡差距方面，城乡收入比指标得分为 59.22 分，未达到及格水平，且低于全国平均水平；62 个评估城市中，54 个城市的城乡居民收入比大于 2，其中 12 个城市大于 3，城乡差距远大于发达国家 0.8～1.3 的平均水平。黄河流域上游环境质量指数得分比产业优化指数得分高 8.17 分，下游产业优化指数比环境质量指数得分高 6.08 分，经济与环境存在明显的背离现象（图 14-7）。

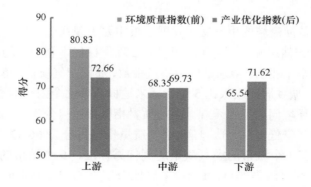

图 14-7　黄河上中下游环境质量与产业优化指数得分

14.3.2　黄河流域生态文明发展水平年际变化

（1）黄河流域生态文明发展水平明显提升

2015～2019 年，黄河流域生态文明指数得分提升了 5.63 分，略高于全国平均增幅。黄河流域城市生态文明指数均得到不同程度的提升，其中 33 个城市的生态文明指数明显提升或显著提升。黄河流域生态文明指数得分等级提升的地级及以上城市有 35 个，18 个城市从 D 级提升到 C 级，17 个城市从 C 级提升至 B 级（表 14-7）。黄河流域上游地区的生态文明指数提升较快，中下游地区相对偏慢。2015～2019 年，黄河流域青海地区、甘肃地区、宁夏地区和内蒙古地区的生态文明指数得分分别提高了 8.79 分、7.46 分、6.22 分和 6.04 分，高于黄河流域平均增幅；黄河流域陕西地区、山西地区、河南地区和山东地区低于黄河流域平均增幅。

表 14-7　2015～2019 年黄河流域和全国生态文明指数等级情况表

区域	年份	A	B	C	D
黄河流域	2015 年	0	3	41	18
	2019 年	0	20	42	0
	数量变化	0	17	1	−18
全国	2015 年	1	66	223	34
	2019 年	14	179	126	5
	数量变化	13	113	−97	−29

（2）黄河流域污染防治攻坚战取得显著成效

黄河流域环境质量得到明显改善，其中水污染防治成效显著，大气污染防治初显成效。地表水环境质量指标得分提升最快，指标得分增加 16.04 分，比全国平均增幅高 7.44 分（图 14-8）；根据中国生态环境状况公报，与 2015 年相比，黄河流域 2019 年 I～III 类水体比例增加 11.8 个百分点，IV～V 类水体比例降低 7.6 个百分点，劣 V 类水体比例降低 4.1 个百分点，高于全国平均水平。总体空气质量略微改善，环境空气质量指标得分提高 2.61 分，但汾渭平原等重点污染地区明显改善；2015～2019 年，汾渭平原 11 个城市的 $PM_{2.5}$ 浓度下降 11.3%，PM_{10} 浓度降低 13.0%。

在环境质量改善的同时，经济也在稳步发展，生态环境与经济发展之间不协调的突出问题得到较好缓解。黄河流域经济发达地区环境质量指数和产业优化指数之间的分差分别由 2015 年的 25.65 分变为 2019 年的 10.78 分，环境与经济的分差缩小了 14.86 分。

（3）黄河流域脱贫攻坚战取得显著成效

黄河流域脱贫取得了明显成效，农民人均可支配收入快速增加，城乡差距不断缩小。2015～2019 年，黄河流域农民人均可支配收入由 10 201 元增加至 14 088 元，增幅为 38.1%，明显快于城镇居民人均可支配收入 32.1%的增速；62 个评估城市中，58 个城市农民人均可支配收入增速高于城镇居民，城乡居民收入比不断缩小。截至 2019 年年底，山西、内蒙古、河南、陕西、青海五省（自治区）黄河流域内的贫困县全部实现脱贫摘帽，仅甘肃、宁夏两省（自治区）仍存在个别贫困县。

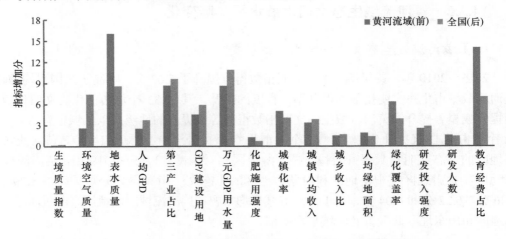

图 14-8　2015～2019 年黄河流域和全国生态文明指数各指标增加值

第 15 章　中国生态文明发展模式

15.1　生态文明发展模式理论分析

生态文明主要特征是和谐共生，和谐共生是生态文明的核心，它包括人与自然、经济与环境等多种关系的和谐共生。因此本研究认为生态文明发展模式是对经济社会与生态环境关系不同状态的反映，可以从经济社会与生态环境关系的演化中发掘生态文明发展模式。

人类社会发展经历了原始文明—农业文明—工业文明—生态文明的过程。在原始文明时期，经济发展水平很低，但生态环境优良，两者之间不受影响；农业文明时期，人类开始大规模发展农业，对环境造成了一定的压力，经济得到一定发展，但经济水平依然较低；进入工业文明时期以后，人类开始以牺牲环境为代价发展经济，经济得到飞速发展，但生态环境遭到严重破坏；之后，人类意识到生态环境的重要性，开始注重污染治理与环境保护，并逐渐认识到经济发展与环境保护是互利共生的关系，可以在改善生态环境质量的同时发展经济，这说明人类社会开始进入生态文明阶段。

基于经济与环境的关系，运用四象限模型将城市发展模式划分为四大类型，如图 15-1 所示。第 I 象限是"和谐共生型"，经济社会与生态环境共生增长，这是生态文明建设的终极目标；第 II 象限是"绿色贫困型"，这类地区生态环境优美，但经济社会发展相对落后；第 III 象限是"拮抗发展型"，这类地区生态环境恶化，经济发展受限；第 IV 象限是"金色污染型"，这类地区以牺牲环境为代价，经济得到快速发展，但造成了严重的环境污染。

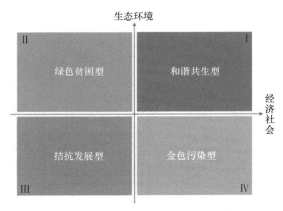

图 15-1　经济社会与生态环境的协调关系概念模型

环境库兹涅茨（EKC）曲线所描述的经济与环境的关系正是如此，目前多项研究都证实了 EKC 曲线的存在。如图 15-2 所示，多数城市的发展路径是从绿色贫困到拮抗发展再到金色污染，最后到和谐共生。在生态文明理念的指导下，绿色贫困型、拮抗发展型、金色污染型理论上可以跨越中间过程或者降低峰值，进入和谐共生。因此城市的产业发展路径总共有五条（A、B、C、X_1、X_2），其中三条生态文明路径（A、B、C），两条常规路径（X_1、X_2）。从产业发展角度出发，绿色贫困型城市应该主要依托自身的生态优势，做大生态产业，促进生态产品价值实现，实现"和谐共生"（路径 A）；拮抗发展型与金色污染型城市应该主要通过推动传统产业转型升级、发展高新技术产业实现"和谐共生"，提高生态文明发展水平（路径 B、C）；和谐共生型城市的生态环境较好，经济水平也高，应该发展各种产业，在各方面均衡发展，提高生态文明发展水平。

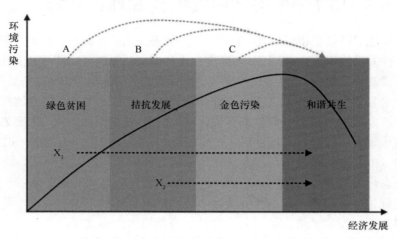

图 15-2　环境库兹涅茨曲线概念模型

15.2　生态文明发展模式识别方法

基于生态文明发展模式的理论分析，设计了生态文明发展模式与实现路径（图 15-3）。

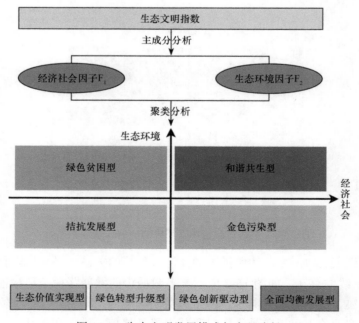

图 15-3　生态文明发展模式与实现路径

通过主成分分析方法，提取324个地级市及以上行政单元生态文明评价指标的"经济社会因子"与"生态环境因子"。依据因子得分，采用聚类分析方法，将所有城市聚类成4类，分别为"绿色贫困型""拮抗发展型""金色污染型""和谐共生型"。

在生态文明理念指导下，各建设模式存在向更加优化模式的发展路径，未实现"和谐共生"模式的地区可实现跨越式的生态文明建设。"绿色贫困"、"拮抗发展"和"金色污染"可分别通过生态价值实现型路径、绿色转型升级型路径和绿色创新驱动型路径实现"和谐共生"；已实现"和谐共生"的地区可通过全面均衡发展保持当前的发展状态。

15.3 中国城市生态文明发展模式

根据全国各城市在环境及经济方面的表现，评估城市可以划分为4种发展类型："和谐共生型""绿色贫困型""拮抗发展型""金色污染型"。

2019年模式识别结果如表15-1所示。"和谐共生型"城市经济社会因子和生态环境因子得分均处于高水平，共有95个，占评估城市总数的29.32%；"绿色贫困型"城市经济社会因子得分低，但生态环境因子得分高，共有71个，占评估城市总数的21.91%；"拮抗发展型"城市最多，其经济社会因子和生态环境因子得分均处于较低水平，共有106个，占评估城市总数的32.72%；"金色污染型"城市经济社会因子得分高，但生态环境因子得分低，其城市数量最少，共有52个，占评估城市总数的16.05%（表15-1）。

表 15-1 2019 年不同发展类型城市评估结果的描述性统计

项目		和谐共生型	绿色贫困型	拮抗发展型	金色污染型
城市数量/个		95	71	106	52
城市占比/%		29.32	21.91	32.72	16.05
经济社会因子得分	平均值	236.00	183.19	171.45	221.33
	最大值	290.64	199.95	199.69	266.40
	最小值	201.13	158.72	137.68	201.56
生态环境因子得分	平均值	193.31	184.52	155.06	164.43
	最大值	216.15	200.15	174.18	174.01
	最小值	174.39	174.49	86.19	144.51

从收入水平的视角分析，发现不同城市按收入水平从低到高沿经济社会轴分布的趋势明显（图15-4）。23个中低收入城市的经济社会发展水平较低，其生态文明发展模式为绿色贫困型或拮抗发展型。237个中高收入城市生态文明发展模式的分布则较为分散，四种模式均有涉及。64个高收入城市中，除个别城市外，其他城市的经济社会发展水平均较高，生态文明发展表现为金色污染与和谐共生模式，主要为和谐共生型城市。

中国城市的生态文明发展模式同样表现出地区集聚倾向。四种发展类型中，和谐共生型城市主要位于东部和南部地区，一般以福建、浙江、广东等省份为中心；绿色贫困型城市主要位于我国的西南、西北、东北等生态环境较好的偏远地区；在山西、河南、河北、甘肃等华北和西北地区，生态文明发展突出表现为拮抗发展主导模式；金色污染型城市则集中在山东、江苏、内蒙古等地。

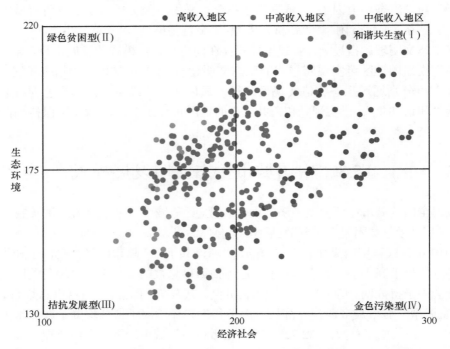

图 15-4　按收入水平划分的生态文明发展模式

15.4　中国城市生态文明发展路径

　　自 2015～2019 年，共有 135 个城市的生态文明发展模式发生了变化（表 15-2）。其中，60 个城市的生态文明发展模式由 2015 年的非和谐共生型优化至 2017 年的和谐共生型，75 个城市则在绿色贫困型、拮抗发展型、金色污染型 3 种模式间相互转化。2015 年生态文明发展模式为和谐共生型的 35 个城市在 2019 年始终保持生态文明和谐共生型状态。根据技术路线，可将 2019 年 95 个和谐共生城市的生态文明实现路径划分为生态价值实现型、绿色创新驱动型、绿色转型升级型、全面均衡发展型 4 类（图 15-5）。

　　1）全面均衡发展型（Ⅰ→Ⅰ）：包括杭州、丽水、厦门等 35 个城市，2015～2019 年始终为和谐共生型城市，这些城市主要位于浙江、福建等东南地区，促进第一、第二、第三产业融合协调发展，在经济快速发展的同时，全面推进社会事业进步与生态环境保护，实现生态美、产业优、百姓富的有机统一。

　　2）绿色创新驱动型（Ⅳ→Ⅰ）：包括上海、南京、深圳等 21 个城市，由 2015 年的金色污染型优化为 2019 年的和谐共生型，这些城市主要位于东部地区及省会城市等经济发达地区，产业结构也相对偏重，需要调整产业结构，发展高新技术产业，通过加大科技与教育投入，增强科技创新能力引领当地的可持续发展。

　　3）绿色转型升级型（Ⅲ→Ⅰ）：包括鹰潭、遂宁、黄石等 18 个城市，由 2015 年的拮抗发展型优化为 2019 年的和谐共生型，多是一些资源枯竭型城市，主导产业多为重工业，产业结构过重，对原有的传统产业进行转型升级，淘汰落后产能和过剩产能，走绿色高质量发展之路。

4）生态价值实现型（Ⅱ→Ⅰ）：包括黄山、南平、龙岩等 21 个城市，多是生态资源富集区、生态脆弱区以及重要生态功能区等"三区合一"区，被赋予了生态产品生产供给功能，但生态产品生产在很长一段时间未获得合理回报，且经济发展受限，形成了贫困地区特有的生态资源"诅咒效应"，守着绿水青山，陷入经济上的贫困状态，这类地区最佳的方式是依托当地的生态资源，发展生态农业、生态旅游业等，促进生态产品价值实现。

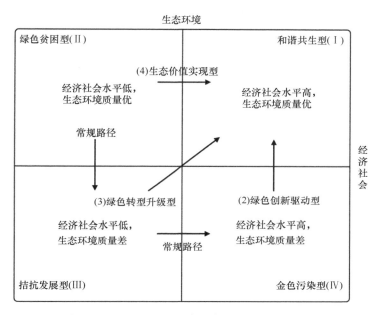

图 15-5　2015～2019 年全国生态文明发展路径图

表 15-2　2015～2019 年全国生态文明发展模式转移矩阵

发展模式	和谐共生型	拮抗发展型	金色污染型	绿色贫困型	总计
和谐共生型	35	0	0	0	35
拮抗发展型	18	105	27	47	197
金色污染型	21	1	25	0	47
绿色贫困型	21	0	0	24	45
总计	95	106	52	71	324

第 5 篇

中国生态文明建设的总结与展望

第16章 中国生态文明建设总结

党的十八大以来，以习近平同志为核心的党中央高度重视社会主义生态文明建设，坚持把生态文明建设作为统筹推进"五位一体"总体布局和协调推进"四个全面"战略布局的重要内容。生态文明建设功在当代、利在千秋，是中华民族永续发展和实现"两个一百年"重大目标的必要保障。

生态文明是人类文明发展的一个新的阶段，即工业文明之后的文明形态，是人类为保护和建设美好生态环境而取得的物质成果、精神成果和制度成果的总和，是贯穿于经济建设、政治建设、文化建设、社会建设全过程和各方面的系统工程，反映了一个社会的文明进步状态及人类对于经济发展和生态环境辩证关系的思考，是以人与自然、人与人、人与社会和谐共生、良性循环、全面发展、持续繁荣为基本宗旨的社会形态。

16.1 生态文明建设具有重大现实意义和深远历史意义

生态文明建设是中国特色社会主义道路的理论创新，把生态文明建设放在突出地位，对我国全面建成小康社会和建设美丽中国具有重要的战略意义。第一，是推动马克思主义生态文明理论与当代中国相结合，生态文明精神和要求丰富了马克思主义内涵，推动了其朝新角度发展，让理论覆盖面变得更广，其实从本质上看生态文明理论也可以理解为具有生态性的马克思主义理论。第二，是中国特色社会主义理论体系的深化发展，十八大将生态文明思想也植入社会主义理论体系中，同"三个代表"思想、科学发展观、马克思列宁主义、毛泽东思想等共同组成中国特色社会主义理论体系，是对中国特色社会主义体系的延伸。第三，是新常态下指导中国未来绿色发展的行为准则，生态文明建设要求人们形成绿色生产方式和生活方式。形成绿色生产生活方式，推动绿色发展，是建设美丽中国的重要途径，贯彻于美丽中国建设的始终。第四，有力彰显了中国在国际社会的生态环境责任，习近平总书记强调构建人类命运共同体，并将其作为新时代坚持和发展中国特色社会主义的基本方略之一，写入新修改的党章，同时多次在国际会议上倡导构建人类命运共同体，彰显了中国共产党不仅要为中国人民谋生态幸福、生态利益，也要为全人类的生态幸福而奋斗的决心和大国担当。

16.2 党中央不断探索深化生态文明建设方略

我国生态文明建设经历了十六大及之前的萌芽时期，十六大正式将可持续发展战略上升为中国发展战略，意味着中国从社会文明发展模式的高度审视生态文明建设。十七大正式提出建设生态文明，十七大报告中从国家战略的角度明确提出了"生态文明"的概念，制定了生态文明建设的战略思路。十八大后则是对生态文明的深化，十八大提出要全面落实经济建设、政治建设、文化建设、社会建设、生态文明建设"五位一体"的国家发展战略，并将生态文明建设放在突出地位，这一时期陆续完成了生态文明体制改革的主要方面。到十九大则是对生态文明的大力推进，十九大将生态文明建设提升到"中华民族永续发展的千年大计"的高度，生态文明建设成为新时代中国特色社会主义建设的基本方略之一。

16.3　习近平生态文明思想正式确立

2018 年 5 月，全国生态环境保护大会正式确立"习近平生态文明思想"。在 5 月 18 日召开的全国生态环境保护大会上，习近平总书记发表重要讲话，首次提出了"生态文明体系"，涉及生态文化体系、生态经济体系、生态环境质量目标责任体系、生态文明制度体系和生态安全体系五大方面。这里根本的意义在于，它实质上为我们所要建设的人与自然和谐的生态文明社会指明了怎样建设生态文明的实践体系，提供了基于经济建设、政治建设、文化建设和社会建设全方位、绿色化的转向、转型之路，也为从根本上、整体上推动物质文明、政治文明、精神文明、社会文明和生态文明协调发展提供了理论基石。

习近平生态文明思想是习近平新时代中国特色社会主义思想的重要组成部分，深刻回答了"为什么建设生态文明""建设什么样的生态文明""怎样建设生态文明"等重大理论和实践问题。其主要内容集中体现为"生态兴则文明兴、生态衰则文明衰"的深邃历史观、"人与自然和谐共生"的科学自然观、"绿水青山就是金山银山"的绿色发展观、"良好生态环境是最普惠的民生福祉"的基本民生观、"山水林田湖草是生命共同体"的整体系统观、"实行最严格生态环境保护制度"的严密法治观、"共同建设美丽中国"的全民行动观、"共谋全球生态文明建设之路"的共赢全球观。

16.4　中国生态文明制度体系基本形成

习近平总书记历来高度重视生态文明建设，他走到哪里，就把对生态文明建设的关切和叮嘱讲到哪里，与时俱进地提出坚持人与自然和谐共生、建设美丽中国需要遵循的一系列新理念新思想新战略，形成了系统科学的习近平生态文明思想。习近平生态文明思想深刻回答了"为什么建设生态文明""建设什么样的生态文明""怎样建设生态文明"等重大理论和实践问题，是党的十八大以来习近平总书记领导和推动生态文明建设生动实践的集中体现，是我们党的重大理论和实践创新成果，是习近平新时代中国特色社会主义思想的重要组成部分，是新时代推动生态文明建设的根本遵循。习近平总书记亲力亲为抓顶层设计，全面部署生态文明建设，相继出台《关于加快推进生态文明建设的意见》《生态文明体制改革总体方案》《生态文明建设目标评价考核办法》以及环境保护督察、生态保护红线、生态环境损害赔偿等 80 多项改革举措，生态文明体系"四梁八柱"基本形成。在习近平生态文明思想引领下，全社会对保护与发展关系的认识更加深刻，人与自然是生命共同体、"绿水青山就是金山银山"等理念正在牢固树立，抓环保就是抓发展、就是抓可持续发展逐步深入人心。越来越多的地方把推进生态文明建设作为机遇和重要抓手，越来越多的企业保护生态环境的主体意识正在形成，全社会生态文明建设的行动更加自觉。我国积极参与全球生态环境治理，生态文明建设日益得到国际社会认可，成为全球生态文明建设的重要参与者、贡献者、引领者。已批准加入 30 多项与生态环境有关的多边公约或议定书，率先发布《中国落实 2030 年可持续发展议程国别方案》，向联合国交存《巴黎协定》批准文书。2016 年，联合国环境署发布《绿水青山就是金山银山：中国生态文明战略与行动》报告，对习近平主席的绿色发展思想和中国的生态文明理念给予了高度评价。

16.5　中国生态文明建设战略研究取得系列重要成果

中国工程院、国家开发银行和清华大学于 2013 年正式启动实施了第 I 期"生态文明建设若干战略问题研究"重大咨询项目。项目组深入分析了我国现阶段开展生态文明建设的形势和面临的八大挑战，研究提出了我国生态文明建设的国土生态安全和水土资源优化配置与空间格局等九大领域的发展战略和若干重点任务，提出了"十三五"时期生态文明建设的目标与重点任务。项目综合成果上报国务院并报有关部委，为"十三五"规划纲要和国家生态文明建设决策提供了重要参考。

在 I 期研究基础上，中国工程院于 2015 年启动了"生态文明建设若干战略问题研究"（II 期）项目，围绕区域环境承载力制约对国土空间优化的影响、"城市矿山"二次资源开发利用对优化国家资源配置的战略作用、农业发展方式转变对乡村建设的影响、国土空间格局、资源能源优化配置以及生态文明建设全局的重大战略问题等，开展深入研究，为国家生态文明相关决策和福建省、青海省等生态文明建设实践提供支撑。

2017 年中国工程院适时启动实施了"生态文明建设若干战略问题研究"（III 期）项目，按照推动区域协调发展和推进生态文明建设，加快形成人与自然和谐发展的现代化建设新格局，为开创社会主义生态文明新时代提供决策参考的目标，选择典型地区、针对突出问题开展重大问题研究，为区域生态文明建设实践提供决策支撑。项目针对国家生态文明试验区福建、区域发展战略重点地区的京津冀地区和长江中游城市群，以及国家生态安全屏障建设区——青藏高原的羌塘和三江源地区的生态文明建设需求，开展重点研究，为地方生态文明建设实践总结经验、查找短板、形成模式、谋划战略，从而为"十三五"时期深化生态文明建设提供理论和决策支撑。

2019 年，为深入贯彻习近平新时代生态文明思想，丰富"绿水青山就是金山银山"理论体系，落实总书记"共抓大保护、不搞大开发"的指示精神，中国工程院启动了"生态文明建设若干战略问题研究"（IV 期）项目，第 IV 期项目突出长江经济带区域协同发展，聚焦"保护与发展"关系主线，坚持生态优先、绿色发展原则，坚持"山水林田湖草"系统观，着力解决突出的生态环境问题，实现经济社会发展与人口、资源、环境相协调，使绿水青山产生巨大生态效益、经济效益、社会效益，以科学咨询支撑科学决策，以科学决策引领长江经济带打造生态文明建设示范带、建设高质量经济发展带、东中西互动合作的协调发展带，为中华民族的母亲河永葆生机活力奠定坚实基础。本研究所提"若干战略问题"是指在考虑到长江经济带区域协同发展和"保护与发展关系"的背景下，重点聚焦研究"生态环境空间管控与产业布局和城市群建设"、"产业绿色化发展战略"、"水安全保障与生态修复战略"、"生态产品价值实现路径与对策研究"以及"区域协同的长效体制机制"等战略问题。

16.6　贯彻落实"两山"理论，形成一大批生态文明实践案例和创新模式

积极探索践行"绿水青山就是金山银山"的理念，形成了一批生动鲜活的生态文明建设创新模式。"两山"理论是习近平生态文明思想的核心理论基石，在这一科学理念指引下，全国上下开展了不同层级、不同领域的大量生态文明创新实践。福建积极建设国家生态文明试验区，形成了一批可复制、可推广的生态文明制度创新成果，形成生态环境"高颜值"和经济发展"高素质"协同并进的良好发展态势。"两山"理论发源地安吉坚定走生态立县发展之路，实现了生态保护和经济发展的双赢，获得"联合国人居奖"，成为中国美丽乡村建设的成功样板。山西右玉 70 年坚持不懈造林治沙，坚韧不拔改善生态，造就了"迎难而上、久久为功"的右玉精神。塞罕坝林场通过三代人努力，历经 55 年在荒漠建成了亚洲最大的人工林，被联合国授予最高环境奖——"地球卫士奖"。湖南十八洞村原是山高路远的贫困村，精准扶贫激发内生动力，充分发挥生态资源和民族文化优势，成为生态精准扶贫的样本村。同时，我国生态文明建设为世界可持续发展贡献了丰富的中国智慧和中国方案，发展成为影响并激励其他国家发展的示范模式，我国逐渐由世界可持续发展的旁观者、跟进者、参与者、贡献者转变为引领者。

16.7　生态文明绩效评估表明，中国生态文明建设取得了前所未有的历史性成就

一是我国生态文明发展水平整体接近良好水平。2017 年我国生态文明指数得分为 69.96 分，达到优秀或良好水平的城市总数为 179 个，占所有评估城市总数的比例超过 55%，约占国土面积的 44%。二是我国生态文明建设明显提速。与 2015 年相比，2017 年我国生态文明指数得分提升了 2.98 分，这是我国付出了前所未有的努力才取得的快速发展的局面。两年期间，在经济社会快速发展的同时，环境质量得到持续改善。人均 GDP 年平均增长 6.2%，为中国生态文明指数的增长贡献了 0.19 分；空气质量指数（AQI）和城市水质指数（CWQI）平均下降 11% 和 20%，分别为中国生态文明指数的增长贡献了 0.53 分和 0.48 分。三是生态文明的突出短板得到明显缓解。损害群众健康的突出环境问题得到缓解，环境质量指数未达标城市占比由 2015 年的 18% 下降到 2017 年的 9%，环境空气质量与地表水环境质量的提升分数大于 5 分的城市分别有 157 个和 89 个；重点区域的环境质量明显好转，生态文明指数提升最快的北京市增加了 7.54 分，环境质量改善为生态文明指数的增长贡献了 6.38 分；经济发展与生态环境保护不协调的问题得到缓解，环境质量指数与产业优化指数同步提升的城市达到 142 个，占所有评估城市总数的比例超过 43%。

我国生态文明建设进入快车道，充分说明了党和国家关于生态文明建设的战略部署

高瞻远瞩、高屋建瓴，为我国的生态文明建设明确了思想，指明了方向。一是污染防治攻坚战取得明显成效。我国污染防治攻坚战决心之大、力度之大、成效之大前所未有，环境基础设施加速推进，生活污水和生活垃圾处理率分别提高了 4.01% 和 3.64%，共为中国生态文明指数的增长贡献了 0.33 分；加大过剩产能和落后产能的淘汰力度，单位 GDP 主要水污染物排放强度和大气污染物排放强度降幅均超过 50%，共为中国生态文明指数的增长贡献了 0.84 分。二是我国经济已由高速增长阶段转向高质量发展阶段。单位建设用地 GDP 提高约 14%，提升分数超过 5 分的城市有 111 个，为中国生态文明指数的增长贡献了 0.13 分；第三产业占比稳步提升，由 2015 年的 50.2% 提高到了 2017 年的 51.6%，为中国生态文明指数的增长贡献了 0.22 分。三是生态文明理念已经深深烙入我国各级政府、各行各业和各族人民的心中。从东部经济发达地区到贫困偏远山区，从政府工作人员到各族人民群众，对生态文明理念地贯彻执行发自内心、不折不扣。参与评估的城市生态文明指数均有不同程度地提升，分数提升超过 2 分的城市有 234 个，约占国土面积的 63%。努力建设"机制活、产业优、百姓富、生态美"的福建省，在省级生态文明指数中排名第一，充分发挥"排头兵"的作用，积极推进国家生态文明试验区建设的厦门市，生态文明指数达到优秀水平，在评估的地级及以上城市中位列首位。

第17章 中国生态文明战略研究展望

生态文明建设是关系中华民族永续发展的根本大计，"生态兴则文明兴，生态衰则文明衰"。党的十八大以来，党中央、国务院先后做出了一系列重大决策部署，从中央到地方各级政府在生态文明建设方面开展了一系列重大实践，并取得了举世瞩目的成就，使我国成为全球生态文明建设的重要参与者、贡献者、引领者，为世界各国提供了生态文明建设的"中国样本"。

党的十九大和十九届五中全会对未来生态文明建设提出了新的战略目标和任务要求，总体来看，围绕推进2035年美丽中国建设和相关目标任务的实现，我国生态文明战略研究将聚集如下十大重点领域。

（1）中国特色社会主义现代化生态文明理论与方略研究

相关研究将聚焦描绘2035年和2050年我国社会主义现代化的情景和蓝图，分析我国现代化进程的演进及其相关经济、政治、社会、人口、资源、环境等各领域大轮廓情景。研究生态文明建设、美丽中国与中国梦的理论定位、历史逻辑、内在联系与基本要求，明晰新时代生态文明建设的理论内涵、外延、实现路径、历史方位、主要矛盾、核心使命。

（2）现代化国家生态文明治理模式与制度研究

以2035年和2050年我国社会主义现代化进程实现程度为时间维度，以国际现代化国家为国际维度，分析我国与发达国家的生态文明治理模式、法律法规体系、环境质量改善进程、政策保障体系，评估中外环境绩效。

（3）重大区域流域战略和省域生态文明建设研究

根据国家整体的重大战略部署以及不同战略区域流域的现代化进程和生态环境要求，明确不同区域、流域和地域，包括京津冀、长江经济带、黄河、长三角、粤港澳、成渝、边疆少数民族等地区的生态文明建设目标和重点领域。深入研判不同省域、城市和乡村生态文明建设现代化进程的差异，分析不同阶段的现代化进程对不同区域和城乡生态文明问题的影响，提出重要目标和战略任务。

（4）美丽中国与生态文明建设总体战略与目标指标研究

按照党的十九大提出的战略目标要求，研究美丽中国的理论内涵，制定美丽中国的战略框架。研究美丽中国目标指标体系，明确生态环境领域美丽中国建设的标志性指标，提出生态环境领域美丽中国建设进程评估的思路、方法、实施路径。提出基于不同区域绿色发展程度与资源环境差异，分析全国不同区域的美丽中国建设进程、重点领域和主要任务。

（5）中国生态环境空间布局与管控体系研究

基于整体生态文明建设战略思路，综合考虑不同区域经济社会发展和资源环境状况，提出能够反映不同区域现代化进程及其阶段性环境特征的环境保护区域战略，针对重点区域研究生态环境空间布局，构建生态环境空间管控体系。

（6）"山水林田湖草"统筹的生态保护修复路线图研究

以提供更多优质生态产品、提升生态系统质量和稳定性为目标，开展"山水林田湖草"系统治理实施路径与模式研究，提出全国生态廊道和生物多样性保护网络建设、现有重要生态系统保护和修复重大工程优化方案，研究耕地、草原、森林、河流、湖泊休养生息制度和市场化、多元化生态补偿机制。

（7）面向美丽中国的环境质量改善路线图研究

面向 2050 年，重点围绕 2035 年生态环境根本好转，研究生态环境保护各要素、各领域、区域等质量状况、治理水平、治理方式以及治理能力。大气、水、土壤等要素领域的质量状况，改善环境管理、环境设施、环境健康等的治理进程。

（8）实现乡村振兴的农村生态文明对策研究

按照"生态宜居"的乡村振兴战略总要求，系统评估国家实施"以奖促治"政策近 10 年来的农村环境整治成效，制定农村环保中长期战略，开展农业面源污染防治、畜禽养殖污染治理、农村人居环境整治、美丽乡村建设等专项行动方案研究。

（9）生态文明治理体系与治理能力现代化研究

研究支撑实现社会主义现代化生态文明目标的治理体系和能力现代化问题，提出建设美丽中国对近中远期的生态文明治理体系和能力现代化的要求，提出适应新时代的生态文明统筹协调治理体制、机制、重大政策。深化生态文明体制改革研究，加快制定生态文明体制改革的"施工图"，明确需要做好的相关改革准备、政策储备、相关安排。

（10）全球生态文明治理体系与中国的绿色引领研究

研判全球可持续发展与全球生态环境治理的走向趋势以及我国在其中的地位、角色和影响等，提出发挥我国引领作用的具体方案。回溯我国可持续发展和生态环境治理历程，与典型发达国家和发展中国家的发展历程进行国际对标研究，总结其经验教训，提出碳达峰、碳中和以及强化"一带一路"建设过程中中国绿色引领的措施、路径和方案。

参 考 文 献

白杨, 黄宇驰, 王敏, 等. 2011. 我国生态文明建设及其评估体系研究进展. 生态学报, 31(20): 6295-6304.

鲍云樵. 2008. 我国能源和节能形势及对策措施. 西南石油大学学报, (1): 1-4.

陈健鹏. 2020. 生态文明建设目标责任体系及问责机制: 演进历程、问题和改进方向. 重庆理工大学学报 (社会科学版), 34(5): 1-9.

陈寿朋. 2008-1-8. 浅析生态文明的基本内涵. 人民日报.

陈硕. 2019. 坚持和完善生态文明制度体系: 理论内涵、思想原则与实现路径. 新疆师范大学学报(哲学 社会科学版), 40(6): 18-26.

陈怡平, 傅伯杰. 2019-12-20. 关于黄河流域生态文明建设的思考. 中国科学报, (006).

董战峰, 陈金晓, 葛察忠, 等. 2020. 国家"十四五"环境经济政策改革路线图. 中国环境管理, 12(1): 5-13.

杜鹰. 2012. 中国可持续发展 20 年回顾与展望. 中国科学院院刊, 27(3): 269-273.

樊杰. 2007. 我国主体功能区的科学基础. 地理学报, 62(4): 339-350.

方世南. 2019. 习近平生态文明思想对马克思主义规律论的继承和发展. 理论视野, (11): 48-53.

方世南. 2020. 论恩格斯生态思想的鲜明政治导向. 苏州大学学报(哲学社会科学版), 41(4): 73-78.

傅伯杰. 2018-5-14. 建设"四季花园"须有国际视野. 中国科学报, (001).

高世楫. 2020-8-17. 全面把握良好生态产品的内涵特征. 学习时报, (002).

葛察忠, 李晓亮. 2020-3-9. 夯实生态文明和美丽中国建设的制度保障. 中国环境报, (003).

葛厚伟. 2019. 传统儒家思想对新时代生态文明建设的有益启示. 人民论坛, (34): 46-47.

谷保军, 郝钰叶. 2020. 中国古代生态思想对新时代生态文明的启示. 学理论, (3): 16-17.

谷树忠, 胡咏君, 周洪. 2013. 生态文明建设的科学内涵与基本路径. 资源科学, 35(1): 2-13.

国务院发展研究中心生态文明进展与建议课题组. 2018. 生态文明体制改革进展与建议. 北京: 中国发展出版社.

黄承梁. 2020. 习近平生态文明思想历史自然的形成和发展. http://www.qstheory.cn/zoology/2020-01/07/c_1125430884.htm[2020-1-7].

黄勤, 曾元, 江琴. 2015. 中国推进生态文明建设的研究进展. 中国人口·资源与环境, 25(2): 111-120.

姬振海. 2007. 生态文明论. 北京: 人民出版社: 2.

蒋洪强, 王飞, 张静, 等. 2017. 基于排污许可证的排污权交易制度改革思路研究. 环境保护, 45(18): 41-45.

蒋洪强, 吴文俊. 2017. 生态环境资产负债表促进绿色发展的应用探讨. 环境保护, 45(17): 23-26.

李博炎, 朱彦鹏, 李俊生. 2017. 建立国家公园体制的意义和重点. 中华环境, (10): 22-25.

李国俊, 陈梦曦. 2017. 习近平绿色发展理念: 马克思主义生态文明观的理论创新. 学术交流, (12): 53-56.

李海生, 傅泽强, 孙启宏, 等. 2020. 关于加强生态环境保护 打造绿色发展新动能的几点思考. 环境保护, 48(15): 33-38.

李晗. 2019. 儒家四书生态伦理思想研究. 北京: 北京林业大学硕士学位论文.

李红卫. 2004. 生态文明: 人类文明发展的必由之路. 社会主义研究, (6): 114-116.

李洪林. 2015. 试论中国古代生态思想的当代启示. 学理论, (6): 22-23.

李捷. 2019. 学习习近平生态文明思想问答. 杭州: 浙江人民出版社.

李俊生, 蔚东英, 朱彦鹏. 2017. 建立健全国家公园体制推进生态文明建设: 代国家公园制度创新专栏序. 环境与可持续发展, 42(2): 7-8.

李俊生. 2015-5-15. 生物多样性与生态系统服务价值. 光明日报, (011).

李莉. 2018. 马克思恩格斯生态文明观及其当代启示. 开封: 河南大学硕士学位论文.

李文华. 2012. 生态文明与绿色经济. 环境保护, (11): 12-15.

李政大. 2016. 生态文明研究现状、困境与展望. 西安交通大学学报(社会科学版), 36(6): 88-93.

李佐军. 2016. 推进供给侧改革 建设生态文明. 党政研究, (2): 5-8.

廖曰文, 章燕妮. 2011. 生态文明的内涵及其现实意义. 中国人口·资源与环境, 21(S1): 377-380.

刘静. 2011. 中国特色社会主义生态文明建设研究. 北京: 中共中央党校.

卢风. 2010. 老子对生态文明建设的启示. 南京林业大学学报(人文社会科学版), 10(4): 1-5.

卢风. 2017. 绿色发展与生态文明建设的关键和根本. 中国地质大学学报(社会科学版), 17(1): 1-9.

卢风. 2018. 生态文明新时代的新图景. 人民论坛, (4): 84-85.

吕一铮, 田金平, 陈吕军. 2020. 推进中国工业园区绿色发展实现产业生态化的实践与启示. 中国环境管理, 12(3): 85-89.

毛华兵, 闫聪慧. 2020. 习近平生态文明思想对马克思主义自然观的发展. 学习与实践, (7): 5-12.

牛文元. 2013. 生态文明的理论内涵与计量模型. 中国科学院院刊, 28(2): 163-172.

欧阳志远. 2008-1-29. 关于生态文明的定位问题. 光明日报.

钱易, 李金惠. 2020. 生态文明建设理论研究. 北京: 科学出版社.

钱易, 吴志强, 江亿, 等. 2015. 中国新型城镇化生态文明建设模式分析与战略建议. 中国工程科学, 17(8): 81-87.

钱易. 2016-3-4. 生态文明: 解决世界性难题的中国方案. 光明日报, (014).

钱易. 2017. 生态文明的由来和实质. 秘书工作, (1): 73-75.

钱易. 2020. 努力实现生态优先、绿色发展. 环境科学研究, 33(5): 1069-1074.

秦昌波, 万军, 王倩. 2017-11-23. 加快生态治理进程 补齐生态环境短板. 中国环境报, (003).

申曙光. 1994. 生态文明及其理论与现实基础. 北京大学学报(哲学社会科学版), (3): 31-37.

沈国舫, 李世东, 吴斌, 等. 2015. 我国生态保护和建设若干战略问题研究. 中国工程科学, (8): 23-29.

沈国舫, 李世东. 2015. 我国生态保护和建设概念地位辨析与基本形势判断. 中国工程科学, (8): 103-109.

沈国舫. 2016-4-21. 从生态修复的概念说起. 浙江日报.

沈国舫. 2018. 依据中国国情建设有中国特色的以国家公园为主体的自然保护地体系. 林业建设, (5): 7-8.

世界环境与发展委员会. 1997. 我们共同的未来. 王之佳, 柯金良, 译. 长春: 吉林人民出版社.

舒俭民, 张林波, 罗上华, 等. 2015. "十三五"生态文明建设的目标与重点任务. 中国工程科学, 17(8): 39-45.

孙治仁. 2017. 东江水源区生态补偿机制研究. 广州: 华南理工大学硕士学位论文.

万军, 李新, 吴舜泽, 等. 2013. 美丽城市内涵与美丽杭州建设战略研究. 环境科学与管理, 38(10): 1-6.

王铎燕. 2017. 马克思主义自然观视域下我国生态文明理念研究. 太原: 太原理工大学硕士学位论文.

王宏波. 2016. 坚持马克思主义指导, 开创中国发展新境界: 学习习近平系列讲话精神体会. 西安交通大学学报(社会科学版), (5): 7-14.

王金南, 2016-3-7. 重庆市"十三五"生态文明建设规划. 环境保护部环境规划院.

王金南, 蒋洪强, 何军, 王夏晖. 2017a. 新时代中国特色社会主义生态文明建设的方略与任务. 中国环境管理, 9(6): 9-12.

王金南, 蒋洪强, 张惠远, 葛察忠. 2012. 迈向美丽中国的生态文明建设战略框架设计. 环境保护, (23): 14-18.

王金南, 苏洁琼, 万军. 2017b. "绿水青山就是金山银山"的理论内涵及其实现机制创新. 环境保护, 45(11): 13-17.

王金南, 王东, 姚瑞华. 2017-1-9c. 把长江经济带建成生态文明先行示范带. 中国环境报, (005).

王如松. 2013. 在科学轨道上建设生态文明. 资源环境与发展, 14(1): 6-8.

王文兵. 2020. 从马克思恩格斯生态思想镜鉴我国生态文明之路. 人民论坛, (10): 124-125.

王晓广. 2013. 生态文明视域下的美丽中国建设. 北京师范大学学报(社会科学版), (2): 19-25.

魏华, 卢黎歌. 2019. 习近平生态文明思想的内涵、特征与时代价值. 西安交通大学学报(社会科学版), 39(3): 69-76.

吴舜泽, 李新, 王倩, 等. 2015. 中国绿色发展"再三步走"中长期战略路线图研究. 环境保护科学, 41(5): 1-6.

吴舜泽. 2016. 规划视角下的生态环境治理体系和治理能力提升. 环境保护, 44(1): 16-20.

习近平. 1992. 摆脱贫困. 福州: 福建人民出版社.

习近平. 2015. 知之深 爱之切. 石家庄: 河北人民出版社.

习近平. 2017. 决胜全面建成小康社会夺取新时代中国特色社会主义伟大胜利: 在中国共产党第十九次全国代表大会上的报告. 北京: 人民出版社.

习近平. 2017-10-28. 决胜全面建成小康社会 夺取新时代中国特色社会主义伟大胜利. 人民日报, (001).

习近平. 2019. 推动我国生态文明建设迈上新台阶. 求是, (3): 4-19.

夏爱君, 杨松. 2018. 马克思生态思想及当代价值. 法制与社会, (31): 227-229.

宣宇才. 2002-4-11. 省长调研"生态省". 人民日报.

杨朝霞. 2014. 生态文明建设的内涵新解. 环境保护, 42(4): 50-52.

于海霞. 2020. 马克思的生态思想及对生态文明建设的启示: 评《自然的伦理: 马克思的生态学思想及其当代价值》. 环境工程, 38(4): 186-187.

俞海, 刘越, 王勇, 等. 2018. 习近平生态文明思想: 发展历程、内涵实质与重大意义. 环境与可持续发展, 43(4): 12-16.

俞可平. 2005. 科学发展观与生态文明. 马克思主义与现实, (4): 4-5.

张高丽. 2013. 大力推进生态文明 努力建设美丽中国. 求是, (24): 3-11.

张林波, 高艳妮. 2018-10-18. 国家生态系统价值核算试点的厦门经验. 中国环境报, (003).

张林波, 李岱青, 李芬. 2017-6-27. 创新机制开展生态资产核算. 中国环境报, (003).

张云飞. 2006. 试论生态文明在文明系统中的地位和作用. 教学与研究, (5): 25-30.

赵越, 刘桂环, 马国霞, 等. 2018. 生态补偿: 迈向生态文明的"绿金之道". 中国财政, (2): 17-19.

中共中央文献研究室. 2017. 习近平关于社会主义生态文明建设论述摘编. 北京: 中央文献出版社.

中共中央宣传部. 2016. 习近平总书记系列重要讲话读本. 北京: 学习出版社, 人民出版社.

中华人民共和国中央人民政府. 2019. 中共中央关于坚持和完善中国特色社会主义制度推进国家治理体系和治理能力现代化若干重大问题的决定. http.www.gov.cn/zhengce/2019-11-05/content_5449023.htm. [2019-11-5]

中央党校采访实录编辑室. 2017. 习近平的七年知青岁月. 北京: 中共中央党校出版社.

周宏春. 2013. 生态文明建设的路线图与制度保障. 中国科学院院刊, 28(2): 157-162, 172.

周宏春. 2017-10-16. 坚定不移推进生态文明建设. 经济日报, (004).

周宏春. 2019-04-15. 生态文明建设要统筹兼顾 避免误区. 经济日报, (012).

周生贤. 2013. 走向生态文明新时代: 学习习近平同志关于生态文明建设的重要论述. 求是, (17): 17-19.

周延云, 李永胜. 2018. 习近平新时代中国特色社会主义思想蕴含的马克思主义基本原理. 西安交通大学学报(社会科学版), 38(5): 102-109.

Lubchenco J. 1998. Entering the century of the environment: a new social contract for science. Science, 279: 491-497.

UNDP. 2010. Human Development Report (2001-2010). Oxford: Oxford University Press.

World Bank. 2011. World development report (2000-2011). Washington DC: World Bank.